Academic Integrity And Research Ethics

学术规范与科研伦理

主编 童善保

上海交通大学出版社
SHANGHAI JIAO TONG UNIVERSITY PRESS

内容提要

本书从理、工、人文、社科、医学等学科角度全方位介绍了相关的学术规范与科研伦理，包括工程师和工程设计，实验数据采集、保存、共享、分析及发表，学术交流与演讲，学术论文写作，回复评审意见，人文研究，社会科学研究，动物实验，涉及人的生物医学研究等方面的规范与伦理。全书各个章节的内容既相互独立又互为补充，广大师生可根据具体的需求选取其中合适的章节进行讲授和学习。

图书在版编目(CIP)数据

学术规范与科研伦理／童善保主编. 一上海：上海交通大学出版社，2023.6
ISBN 978－7－313－27504－2

Ⅰ.①学… Ⅱ.①童… Ⅲ.①学术研究－规范－研究②科学研究－职业道德－研究 Ⅳ.①G30 ②G316

中国国家版本馆 CIP 数据核字(2023)第 022957 号

学术规范与科研伦理
XUESHU GUIFAN YU KEYAN LUNLI

主　　编：童善保			
出版发行：上海交通大学出版社		地　　址：上海市番禺路 951 号
邮政编码：200030		电　　话：021－64071208
印　　制：上海景条印刷有限公司		经　　销：全国新华书店
开　　本：710 mm×1000 mm　1/16		印　　张：17.75
字　　数：295 千字		
版　　次：2023 年 6 月第 1 版		印　　次：2023 年 6 月第 1 次印刷
书　　号：ISBN 978－7－313－27504－2		
定　　价：58.00 元		

前言

FOREWORD

学术规范与科研伦理是科学研究的基本准则,是对科学家、研究人员、科研机构作出的实践要求。目前,科学研究的规范和伦理意识整体上还是通过老师手把手地指导学生的方式在传承着。但学科领域的高度交叉以及新兴学科的出现,特别是数据科学、人工智能、元宇宙、基因编辑等技术的快速发展,对科研伦理和学术规范提出了新的问题和挑战。为在造福人类和探索自然的目标方向上正确前行,需要给学生开设一门课程,系统地培养和建立学生的基本科研伦理和学术规范意识。

教育部在 2020 年发布的《高等学校课程思政建设指导纲要》中明确指出:"理学类专业课程,要注重科学思维方法的训练和科学伦理的教育……工学类专业课程,要注重强化学生工程伦理教育……"中国工程教育专业认证协会制定的《工程教育认证标准》中,"毕业要求"的 12 条中至少有 4 条涉及伦理和规范相关的教育要求,要求学生在毕业后能够做到以下几条(节选):

C. 设计/开发解决方案:能够设计针对复杂工程问题的解决方案,设计满足特定需求的系统、单元(部件)或工艺流程,并能够在设计环节中体现创新意识,考虑社会、健康、安全、法律、文化以及环境等因素;

F. 工程与社会:能够基于工程相关背景知识进行合理分析,评价专业工程实践和复杂工程问题解决方案对社会、健康、安全、法律以及文化的影响,并理解应承担的责任;

G. 环境和可持续发展:能够理解和评价针对复杂工程问题的工程实践对环境、社会可持续发展的影响;

H. 职业规范:具有人文社会科学素养、社会责任感,能够在工程实践中理解并遵守工程职业道德和规范,履行责任。

如何培养学生的学术规范和科研伦理意识,也因此成为人才培养目标的重要指标。

本教材从准备到编写前后经过五六年的时间。2015 开始,为了准备工程教育认证,在审核和对照毕业要求后,上海交通大学生物医学工程学院的本科专业开设了一门新课《生物医学工程研究的伦理及学术道德》,讲授生物医学工程研究的基本伦理和规范,以符合工程认证对本专业学生的毕业要求。2017 年,上海交通大学面向全校的博士生开设了必修课《学术写作、规范与伦理》,内容包括学术论文写作规范,工程师和工程设计的伦理,科研数据采集、保存、分析和结果汇报的规范,学术交流的规范,生物医学实验的伦理规范,以及科学精神等。本教材的编写正是在这些背景下启动和完成的。

如果读者留意一下本书的作者,会发现几乎所有章节的作者都是各个学科的专业老师,他们在不同领域从事科研和教学工作,并不专门从事"伦理学"的研究工作。本书的每个章节分别从不同学科和角度,结合作者多年的科研实践介绍了相关的学术规范和科研伦理。所以,这本教材并不是面向"科学伦理学"的学生,而是面向理、工、人文、社科、医学等各类学科的本科生或研究生,让他们在开启学术之路的时候,了解科研中最重要和最基本的学术规范和科研伦理。本书的各个章节在内容上基本是完整独立的,因此,教师可以根据教学需要选择其中的部分章节进行讲授。

最后,感谢上海交通大学出版社教材出版基金和上海交通大学的教材培育项目的资助。上海交通大学生物医学工程学院的施妍和谢蒙蒙在教材编写过程中提供了很多协调和文字编辑上的帮助,上海交通大学出版社的编辑崔霞和蔡丹丹为本书提供了非常专业的意见和建议,如果没有她们的帮助,本书很难这么快完成。最后,向参与编写的作者们表示感谢,他们在繁忙的科研、教学工作和抗击新冠疫情的日子里,将自己多年的科研经验和体会融入这本教材,与读者分享,帮助学生未来成为更好的科研人员。本书撰写时间较短,每个章节难免有些不恰当甚至错误之处,恳请读者批评指正。读者对本书有任何建设性的意见或批评,欢迎发送至 stong@sjtu.edu.cn。

童善保

2023 年 4 月

目录
CONTENTS

1 工程师和工程设计的基本伦理与规范①

1.1 前言与学习目标 ●────────────────────────────●

在本章学习之前,我们先来看一个工程伦理的经典案例。平托(Pinto)是美国福特汽车在 20 世纪 70 年代设计研发的一款汽车。当时,由于石油危机带来的油价飙升和日本汽车公司对美国本土车企的冲击,福特汽车决定推出一款低价、高性能、高燃油效率的汽车,于是平托车型应运而生。该车型一经问世便受到了美国民众的追捧。然而,公众很快发现,平托车有着致命的设计缺陷,由于油箱安装在车辆的后座下部,哪怕车速并不是很快,一旦发生中等强度的追尾碰撞就可能引起爆炸。后来的调查发现,福特公司并非对这个设计缺陷一无所知,在平托车型的设计期间,公司的两名工程师就已经发现了这个隐患。他们曾明确提出要在油箱内安装防震的保护装置,但每辆车因此需要增加 11 美元的成本。即便在不少车毁人亡的悲剧发生后,福特公司仍旧决定不召回车辆,而是任由事故继续发生,并进行相应的伤亡赔付。他们是这样算账的:如果按照计划为所有需要生产的车辆增加该附加装置,多付的成本为 1 亿 3 750 万美元。但如果无视这个缺陷,任由事故发生的话,可能导致的赔偿为 5 000 万美元。1 亿 3 750 万和 5 000 万做比较,显然后者要划算得多。当然,事态的发展并非如福特公司所想的那样,受害者家属对福特公司发起了联名诉讼,最终的赔付额超过了 5 亿美元,几乎使福特公司破产,公司的形象和公信力也一落千丈。福特平托

---

① 编者:黄丹,上海交通大学航空航天学院副研究员。童善保,上海交通大学生物医学工程学院教授。

汽车事件也成了工程伦理学习最为经典的案例之一。

当今社会,创造性的工程活动、革命性的产品及创新型的工艺流程不断推进社会经济的发展进步,极大地提升了人们的生活品质,也改变了我们与世界的联系、对世界的认知,提高了我们应对自然灾害的能力。曾经只能在神话和科幻小说中出现的场景也逐步在现代社会中实现,展现出一幅人类在与自然抗争中不断胜利的精彩画卷。工程的本质就是创建世界上原本不存在的事物,新事物的出现往往具有两面性,正因为如此,工程活动在带来进步和便利的同时,也给道德与伦理领域带来了新的挑战。以航空航天领域的工程成就为例,太空探索和商业飞行是工程学上的巨大胜利,但 1986 年"挑战者"号航天飞机发射升空 73 秒后发生的爆炸,以及由波音公司的工程师错误的技术假设、波音公司管理缺乏透明度以及美国联邦航空管理局监管严重不足共同导致的波音 737MAX 飞机两起严重的机毁人亡事故,不仅给业界敲响了警钟,也对工程伦理提出了新的要求。在其他新兴领域,类似的争议和讨论也从未停息,包括公众普遍关注的核能利用、转基因食品以及当下发展得如火如荼的人工智能技术等。

学习工程伦理,无论是对于制定安全规范、保护环境、优化技术产品,还是对于彰显工程师工作的价值,都越来越重要。研究工程伦理可以帮助工程决策、工程设计和施工、工程项目管理的相关人员建立社会责任感和社会价值意识,以做出符合人类共同利益和可持续发展要求的判断和抉择。我们希望通过学习本章内容,学生能达成如下目标:

(1)掌握工程伦理的相关准则。

(2)理解工程伦理的道德复杂性。

(3)明确工程师的社会责任及体现。

(4)掌握工程伦理的重要规范(安全、诚信、环境等)。

(5)提高处理工程中复杂道德问题的能力。

1.2　工程伦理概述

工程实践的最终目标是创造与改变世界,其特点是约束条件多,且过程表现为众多工具的应用和众多学科领域的交叉。因此,工程专业的工程师们背负着较高的社会期待,应具有较高的专业水准和道德水平。工程师是工程实践的践行者,担负着坚守工程实践原则、实现工程目标的重任,必须提供专业、诚信、无私、公正及公平的服务,并应矢志维护大众的健康、安全和福祉。工程师们在思考工程问题时,还要考量技术背后的伦理因素,了解过往项目失败的根源,从而避免这类悲剧的重演。同时,我们也要避免让技术风险掩盖了其所能带来的工程效益,相关的伦理学研究不应该让人们忽略工程活动带来的巨大贡献,例如,"南水北调""西电东送""神舟"飞天、"嫦娥"落月、"天问"探火、高铁奔驰、C919首飞等重大工程的相继问世彻底改变了十四亿中国人的生活面貌,使中国逐步建设成为先进的工业国。

本章参考迈克·马丁(M. W. Martin)和罗兰·辛律格(R. Schinzinger)编写的《工程伦理简介》(*Introduction to Engineering Ethics*)一书中对工程伦理的基本阐述,将分析工程活动中的一些复杂道德问题,定义工程伦理的概念,进而阐述其目的、规范等。伦理是道德的近义词,是道德上要求的(正确的)、道德上允许的(好的)行为的准则。相应地,工程伦理学是研究工程实践中合乎道德要求的决策、政策和价值观的学科。学习工程伦理的直接目的是提高我们处理工程中复杂道德问题的能力,使我们能够对道德问题进行清晰而细致的评判和决策。学习工程伦理可以帮助我们在工程活动中建立道德意识和道德责任感;认识工程活动中涉及的道德问题;理解、阐释及评估道德问题;利用理性思考找出解决实际伦理困境的方案;尊重种族、宗教、文化上的合理差异;尊重和关心人类的福祉;保持工程师职业的信念和操守等。本章还将详细探讨如何在工程伦理困境中,把以上的学习目标转化为切实可行的实践原则,以社会责任、安全规范、诚信规范、环境规范等一系列工程伦理规范约束工程活动,并就当下最为热门的人工智能领域的工程伦理规范展开讨论,使读者掌握工程伦理的基本理论并具备应用工程伦理理论的能力。

1.3　伦理困境与应对准则

与其他领域类似,工程领域也存在伦理困境。鉴于道德价值观的多样性,不同的人可能会提出相互矛盾的主张,导致在具体情境下道德判断与抉择的两难困境。作为思维训练,可以参考电车难题(trolley problem)①这一著名思想实验的哲学和伦理讨论。而随着自动驾驶技术日益贴近我们的日常生活,电车难题似乎也不再仅仅是思维训练和哲学讨论,在工程师进行算法设计时,这就成了无法回避的伦理问题。接下来,我们将利用伦理准则,讨论解决工程伦理困境的方法及步骤。进而讨论职业道德规范在工程活动中的作用,并指出仅仅依靠道德规范进行工程设计可能存在的局限性。

工程活动的伦理问题通常包括四个要素,即安全性、对环境的影响、用户的便利性以及企业的经济效益。这四个要素在实际的工程活动中有时是相互关联而又相互矛盾的,因而不可避免地产生伦理困境。比如某化肥厂的环保工程师在分析生产流程设计时,发现公司可能向城市排放了含有重金属的污水,而另外一家公司将污染的水和污泥作为原料加工成另一种农业原料,并可能会影响到农作物中的重金属含量。初步调查让这位工程师相信,化肥厂应该实施更严格的污染控制,但主管说这样做的成本非常高,希望工程师不要再过问此事,毕竟从技术上讲,化肥厂是依法经营的。工程师该怎么办呢? 解决类似的道德困境需要具体分析工程活动在安全性、对环境的影响、用户的便利性以及企业的经济效益这四个方面的情况,才能做出更符合伦理的决策和替代方案。下面是对于伦理困境的一般解决思路。

1.3.1　确定相关的道德准则

首先,应当确定具体的伦理困境所适用的道德准则。最有用的参考资源是职业道德准则。大多数工程师协会、职业协会都会制定并在官方网站显著位置发布各自的伦理规范,定义作为一名工程师在进行相关的工程管理、设计、实践时应该遵守的道德准则,这在规范工程师的道德行为和进行工程伦理教育方面发挥着重要作用。例如《美国计算机学会(ACM)伦理章程与职业守则》规定,作为会员,应该遵守的一般的道德准则有"为社会和人类福祉做出贡献,避免伤害他人,诚实和可信任,公正和无歧视行为,尊重包括著作权和专利权在内的所有知识产权,尊重他人的隐私,尊重保密性"。又如,美国国家职业工程师学会

---

①　在著名的伦理哲学思想实验"电车难题"中,哲学家菲利帕·富特(Philippa Foot)提出了一个假设:一个人驾驶着刹车失控有轨电车,当前的轨道前方有 5 个工人即将被电车撞死,驾驶员可以选择将电车转向进入另一条轨道,但这样的话另一条轨道上也有 1 个工人将被撞死,请读者辩论,电车司机是否应该转向进入另一条轨道?

(NSPE)的六条基本职业道德准则如下：

（1）将公众的安全、健康、福祉放在最重要的位置。

（2）只在能力范围内从事专业的服务。

（3）只向公众发布客观真实的报告和声明。

（4）诚信地服务于每一位雇主和客户。

（5）避免欺骗行为。

（6）规范自己的行为，使之有荣誉感、合法、合乎道德规范，从而提升职业的荣誉、口碑与价值。

各个协会的伦理规范虽然在内容上稍有差异，但总体上都包含三个道德准则或责任。第一个准则是诚实，即只以客观和真实的方式发布声明或提供信息；第二个准则是忠实，即作为忠实的代理人或受托人，为每位雇主或客户处理专业事务，避免利益冲突，永远不违反保密规定；第三个准则是对公众的责任，包括对公众和环境的保护，把公众的安全、健康和福祉放在首位[①]，并保护环境。在前述化肥厂的案例中，受影响最直接的是本地农民，但危险化学品还可能会影响更多人，因为重金属会进入食物链。

1.3.2　明确主要矛盾

解决工程活动伦理困境的关键是找到影响道德选择的主要矛盾。例如，职业精神要求工程师成为雇主的忠实代理人，那么是一味地听从上级的指示，还是做从长远来看对公司有利的事情？特别是当上级主管采用可能损害公司长期利益的短视观点时，矛盾就可能会出现，这时工程师应该如何进行选择？在前述化肥厂的案例中，"把公众的安全、健康和福祉放在首位"是否意味着要做不利于公司利益的事？保持"客观和真实"是否仅仅意味着不撒谎，还是意味着披露所有相关事实（不隐瞒任何重要信息）？当这种披露将不可避免地损害雇主的利益时，工程师又该如何选择？

1.3.3　获取足够的相关信息

解决道德困境的主要困难有时来自事实的不确定性，而不是价值观本身的

---

① 美国国家职业工程师学会（NSPE）、美国电气与电子工程师学会（IEEE）、美国化学工程师学会（AICHE）、美国土木工程师学会（ASCE）、美国机械工程师学会（ASME）等专业学会都高度重视工程师伦理规范的制定，都提出工程师要"将公众的安全、健康和福祉放在首位"。

冲突。所以,在前述案例中,工程师需要一遍又一遍地检查,也许还需要询问同事的看法。公司似乎违反了法律,但实际上是这样的吗?我们需要更多地了解随着时间的推移微量重金属可能造成的危害,以及危害的可能性和严重性有多大。

1.3.4　考虑所有可能选项

伦理困境似乎迫使我们在两个选项中做出选择,要么服从主管的命令,要么向当地主管部门举报。然而,仔细思考具体的工程问题之后,我们可能会发现其他选项,这也是工程师创造性思维的显著特点。例如,这位环保工程师也许能提出一种新的研究路线,以提高去除重金属的效果;工程师可能发现当地的法律存在局限性,从而推动法律的修订;工程师也许可以想出一个方法,说服主管对情况进行全局性考量,特别是考虑到如果将来公司被发现违反法律,可能会损害公司的形象等。在处理类似的道德困境时,我们应该先尝试这些可能的方案,而尽可能避免所谓的"非黑即白"的选项。

1.3.5　做出合理的决定

虽然现有的各个工程师学会或职业协会的道德准则为伦理困境提供了直接的解决方案,但道德准则和规范不能完全包含所有可能的情况,对伦理困境的权衡和判断更不是计算机或算法可以完成的机械过程,而需要以符合道德的方式整合所有相关的理由、事实和价值观做出决策。前述案例中的工程师应该怎么办呢?现行绝大多数的行业职业道德规范都给出了答案。例如美国国家职业工程师学会已经确立了一个非常重要的原则:把公众的安全、健康和福祉放在首位。美国化学工程师学会还要求工程师"如果认为失职将对同事或公众目前或未来的健康或安全造成不利影响,则应正式向雇主或客户提出建议。"这一原则明确了作为忠实雇员的责任不能凌驾于对重大公共安全事务的专业判断之上。需要指出的是,现有的道德准则并不能确保诚实、公平、负责任的道德判断。而且在解释道德准则时也需要良好的判断力,因此,良好的道德意识是工程师职业素养的一部分,也是工程伦理的重要内容。

1.4　工程师的社会责任

工程师对社会的责任是什么？工程师是促进技术变迁和人类进步的主要力量，他们应不受利益和偏见的影响，对确保技术最终造福人类负责。因此，工程师们应采取积极行动，竭尽全力促使其成果造福社会（即不特定的多数人），并防止或减小其不利影响。虽然工程师是主要的技术推动者或促进者，但他们远不是唯一的相关方。工程活动还涉及管理层和公众，还对社会和环境产生影响。然而，工程师的专业知识使他们处于特殊的地位，可以监测项目进展，识别风险，并为客户和公众提供做出合理决策所需的信息。例如，外卖配送平台的工程师开发的用于即时配送外卖的智能调度系统，在接收订单之后，系统会考虑骑手位置、骑手能力、交付难度、天气、路况等因素，在最短的时间内将订单分配给最合适的骑手，而且在执行过程中随时预判订单超时情况并动态触发改派操作，通过算法实现订单和骑手的动态最优匹配。然而，骑手们永远也无法靠个人力量去对抗工程师算法，只能提升速度来避免超时，可能做出交通违法行为甚至造成交通事故。所以，算法工程师在开发算法的时候应该考虑算法系统对骑手和社会的影响。一名负责任的工程师至少需具备四个特征：尽职尽责、全面视角、道德自主性和责任感。

1.4.1　尽职尽责

工程师的尽职尽责是道德意识和道德责任的体现，是指对道德价值观和责任的敏感性，以及在工程活动中遵守伦理准则的意愿。现实中，工程师们往往会将道德视野局限于与员工身份相关的义务。此外，绝大多数工程师还承受着组织和机构的压力，出于谨慎的私利考虑，很容易将对雇主的义务放在首要位置。比如外卖配送平台的算法工程师会以平台利益最大化为目标来设计智能调度算法。逐渐地，最低限度的道德责任，如不伪造数据，不侵犯专利权，不违反保密协议，可能会被工程师视为他们全部的道德责任。而几乎所有的工程师职业伦理规范都要求工程师不仅要为公司（外卖平台）的盈利负责，更要为用户（骑手）的生命安全负责。在这个情境下，工程活动也属于一项社会活动，因此工程师需要承担公共利益卫士的角色,需要把用户的安全、健康和福祉放在首位,不应只寻求企业利润、狭隘地遵守规则或关注多数人的利益,而忽视了对少数人可能造成的伤害。

1.4.2　全面视角

需要指出的是,在缺乏相关信息时,也很难实现尽职尽责。因此,努力获取相关数据和信息,并进行合理的评估,是工程师履行道德责任的重要环节。例如,在设计外卖平台的智能调度算法时,如果工程师忽略了它将会增加外卖员遭遇交通事故的概率,算法就会缺乏对骑手的道德关怀。这就对工程师提出了更高的专业要求,需要从更全面的视角了解工程项目的背景和影响。

此外,现代工程活动的日益专业化和分工细化也容易使责任的划分变得模糊,阻碍了工程师对信息获得的完整视角,并使工程师倾向于将问题的责任推给其他人或部门。例如,一家公司生产的产品中可能包含过时的部件,这增加了不必要的能源消耗。遇到此类问题,工程师很容易把责任推到采购部门。事实上我们应当将工程项目视为一项社会实验,其成功很大程度上取决于是否全面地了解了相关背景。工程师应该考虑他们在项目中的专业活动可能会造成的社会影响,这种影响可能涉及工程本身以外的方面。因此,工程师们需要在工程相关的学科以及其他方面接受广泛的培训,以便获得工程活动的全视角信息,从而可以将工程项目中的专业活动放在更大的社会背景下进行审视,并结合相关的学科知识尽可能预见更多的潜在风险,做出符合工程伦理的设计和决策。

1.4.3　道德自主性

作为一名工程师,如果在职业伦理方面对自己的要求仅限于遵守行业技术规范或相关的行业标准、法律是远远不够的。道德自主性(moral autonomy)应成为每个工程师的自我要求。一方面,技术规范、行业标准以及法律的制定,往往落后于最前沿的技术,用过时的标准来要求自己,不仅违背了道德自律的要求,甚至还会给公众带来巨大的风险。著名的泰坦尼克号沉船事件发生后,很多人诟病工程师没有在设计时装备足够的救生艇,然而工程师却认为自己很"无辜",因为当时英国造船行业规定,船只排水量超过 1 万吨需要配备 990 个救生艇位。但泰坦尼克号属于超前的设计,而当时的规定已严重落后于造船技术,没有考虑到如此大吨位的船。对于泰坦尼克号这样的大船,原有的行业规定已经缺乏实际意义。工程师在设计时并没有考虑实际的载客数量,而是按照工作手册及法规的最低要求进行设计,导致泰坦尼克号最终仅配备了 1 178 个救生艇位,甚至不到设计载客数的三分之一。

人们的道德行为和行动原则是自发形成的,一般情况下,人们在道德上是自主、自律的,但是在为公司工作的时候,人们在道德上不再认同自己的行为,觉得失去了对自身行为的自主支配权,往往会把雇主的利益置于自发的道德准则之上。泰坦尼克号的设计师,也许很大程度上是从成本及雇主利益角度出发,减少了救生艇位的数量。工程活动中的道德自主性,一方面要求工程师将工程项目视为可能导致未知后果的社会实验,对企业利益标准和安全标准持批评和质疑态度;另一方面要求企业管理人员给予工程师在相关道德问题上行使专业判断的极大自由度,使其不只是追求短期的利益,而更要关注项目的社会影响和企业的长期利益,以便做出更加合理的决定。比如前面提到的外卖平台的算法工程师可能也知道骑手调度策略可能会引发交通违法和交通事故,但是为了平台业绩,追求更多的客户,仍然通过算法来激励骑手们以最快的速度来完成配送。这种做法在短期内虽然大幅提升了配送效率,但是也导致了大量骑手的违法行为和交通事故,从长期看,损害了公司的社会形象和长远利益。在这个案例中,配送平台应该给予算法工程师们更多自主性,并要求他们把用户的安全和企业的长远利益放在首位。因此,工程师在从事工程活动的时候,要能前瞻性地研判风险,充分发挥道德自主性,通过构建并不断优化风险识别及评价系统,去评估和预警风险因子、要素、成因、征兆、演化机制等,避免潜在的危机。

1.4.4 责任感

"负责任"很多时候被过于狭隘地理解为对不当行为承担后果。更恰当地说,"负责任"是指愿意将自己的行为置于道德审查之下,对他人的评估持开放和回应态度,并愿意为自己的行为提供道德上令人信服的理由。负责任的工程师会为自己的行为承担道德责任。服从于雇主的权威,会让许多人对自己的行为产生狭隘的责任感。这种狭隘性也体现在早期的职业伦理规范中,包括美国电气工程师学会(AIEE,即后来的电气与电子工程师学会的前身)以及 1914 年美国土木工程师学会所提出的伦理准则,都规定工程师的主要责任是做雇用他们的公司的"忠实代理人或受托人",为公司的利益服务。这些描述已经在后来的伦理规范中得到了修正,因为把工程师的社会责任狭隘地理解成对上级主管的服从,会产生很多违背道德甚至违法的行为。例如,公司质检员按照公司要求放宽对产品的质量把关和检验;推销员按照店主的要求违心地夸大产品的功效;财务人员按照主管的要求制造假账等。从外卖配送平台算法工程师的角度出发,如果其雇主允许调度系统的算法以危害外卖员安全的方式运行,会使得工程师们把自己的行为归因于他们认为合法的权威。技术的应用有其内在的逻辑性和科学性。随着科学技术的不断进步,技术在社会生活中的巨大作用日益凸显,对雇主的服从和忠诚已经不足以充分体现工程师的责任了,对雇主的忠诚应有其技术上的边界。

工程师直接主持着人类大大小小的工程活动,随着人类干预自然的能力越来越强大,这些工程活动的影响范围之大、意义之深远是空前的。强调工程师的社会责任意识,培养工程师的社会责任感,要求工程师不仅要对自己当前的行为负责,还要对未来负责,不仅要对可预见的后果负责,还要对不可预见的后果负责,这显得尤为必要。

1.5　工程伦理的基本规范

工程活动的特点是约束条件多。这些约束很多时候既是对工程师的保护,也可避免公众受不规范的工程活动影响。本节将就其中最为重要的三个因素,即安全规范、诚信规范以及环境保护规范展开相应的讨论。

1.5.1　安全规范

工程项目和工程产品的安全规范一直是工程伦理的核心要素。安全问题的复杂性在于我们无法定义一个所谓绝对安全的产品。对一些人来说可能足够安全的东西,对另一些人来说可能就不是了,要么是因为不同的人对什么是安全的看法不同,要么是他们可接受的安全程度不同。例如在成年人手中的塑料袋,只是简单无害的日用品,但一旦成为婴幼儿的玩具,就有可能成为致命的因素。需要强调的是,对所有人而言都完全无风险的活动或产品在现实中是不存在的,即使能实现,其成本也极高。这就对工程师提出了极高的要求:把产品的安全性做到什么程度,才既对公众的安全、健康、福祉负责,又让更多人在最大程度上受益？我们希望所有飞机的安全性都可以像国家领导人专机一样，但如果以这样的成本来生产飞机，恐怕没有航空公司能够承担其高昂的成本，公众也就无法享受飞行带来的便利了。

因此，工程上的安全问题通常是与风险联系在一起的。威廉·劳伦斯（W. W. Lowrance）在《论可接受的风险：安全的科学和决心》（*Of Acceptable Risk: Science and the Determination of Safety*）一书中给出了关于安全的定义："如果一个事物带来的风险被认为是可接受的，那么它就是安全的"。这个"可接受的风险"的定义，说明安全与具体人群有关，反映了不同的价值观，是一个相对的和比较的概念。例如，当说某种产品设计方案比另一种设计方案更安全时，意味着在用户数量相同的情况下，它将导致更少的用户伤害事故（死亡或致残）。通常我们在进行风险管理的时候，需要考虑风险的两个要素，即风险发生的概率和发生后所产生影响的大小。

工程实践总是与安全有关，随着技术对社会的影响越来越大，公众对技术风险的担忧也越来越多。除了生产过程中产生的可测量和可识别的风险之外，一些原本不太明显的风险也开始引起公众的注意。一方面是测量技术的进步，相关风险变得可识别；另一方面是经过时间和使用次数的积累，风险的大小发生了变化，超过了人们可接受的范围；或者是由于教育、经验、媒体关注的增加，公众对它们的看法发生了变化。基于劳伦斯的"可接受的风险"这一对安全的定义，人们能否接受一个产品的安全性包括五个影响因素：

（1）是否自愿接受风险。

（2）是否充分了解受伤害（或获益）的可能性。

（3）风险是否与工作相关，并且人们能否意识到（或忽视）风险。

（4）能否尽快识别危险活动。

（5）能否事先识别风险潜在的受害者。

基于劳伦斯对安全性的定义和上面五个影响人们对安全性考量的因素，在工程管理、设计和实践中，需要考虑如下几个问题：

（1）风险对成本的影响。改进工程产品的安全性能往往会增加成本，然而，不安全的产品往往会给制造商带来高额的二次成本，包括保修、客户流失、商誉损害等，甚至因产品安全问题而造成的停产损失等。因此，工程项目的实施过程中，企业内部要对特定产品的相关风险达成一定程度的共识，并知道降低这些风险可能需要多少成本。

（2）安全的不确定性。虽然经验和历史数据通常为标准产品的安全性提供了相关信息。但在实际工程活动中，可能因为技术保密等原因无法获得行业的历史数据，或者因为材料、技术的革新使得历史数据失去参考意义。因此，工程师要重视产品安全的不确定性，保持谨慎的态度，例如对产品进行必要的和严格的安全测试，并逐步扩大用户范围，以便在出现安全问题时，以最小的代价及时进行修正。

（3）风险和收益的权衡。许多大型项目，特别是公共工程，都要通过风险收益分析评估承担该项目相关的风险是否值得，从而证明其是否具有合理性。只要有足够的收益，项目各方会愿意承担一定程度的风险。例如，接种疫苗可能会使极少数人产生不良反应，但如果能抑制迫在眉睫的流行病蔓延从而拯救更多的生命，那么冒这个风险是值得的。再比如核能的利用可以在很大程度上解决化石能源短缺和国家的电力供应不足的问题，给公众带来极大的收益。尽管有切尔诺贝利核电站和福岛核电站事故的前车之鉴，但一代又一代工程师的努力让我们有足够的信心认为，核能的利用是安全可控的。如果风险和收益都可以轻易量化，那么通过风险收益分析来确定我们的预期收益就相对容易了。但实际上很多项目的风险和收益并不是很清晰，或者很难量化，这种情况下需要运用一些公众都能接受的公开的程序来研判项目的潜在风险是否可以被接受。

（4）影响风险承受度的因素。当工程活动可能对人产生危害性后果时，工程师们需要评估个人是否能够承受相应的风险。如果有足够的信息，个人可以决定是否参与一项存在风险的活动（实验）。与非自愿风险或无法控制的活动相比，个人更愿意承担自愿风险，有时甚至当自愿风险产生危害的可能性比非自愿风险高许多时也是如此。当我们考虑非自愿风险时，评估个人风险的难度就被放大了。假设公众都赞成在某个地区建造一座新的化工厂，并假设不少居民已经住在这个地区。那么当地居民试图否决化工厂的建设是正当的吗？如果化工厂是不顾当地居民的反对而建造的，当地居民有权获得赔偿吗？如果是的话，赔偿多少才算足够呢？这类问题在很多情况下都会出现。如果通过量化的方法来解决此类问题，在评估人身安全和风险方面就会遇到无数质疑。如何评估生命的金钱价值？同等情况下，谁的生命更值得拯救？诸如此类，这似乎是个无解之题。也有人会主张，如果市场价值可以发挥作用，那么该由市场做出决定。但生命没有场外交易，也无法定价，而且有些人对风险和伤害的承受能力远远低于平均水平，那么给他的补偿往往是不够的。当然，随着人群数量的增加，个人差异就会被平均掉,此时,就更容易决定公共风险(利益),因此,对于工程风险的评估更适合在宏观的层面展开。例如,在交通事故相关的赔偿中,可以基于大量人群的数据,根据事故造成的统计学意义上的收入损失等来决定赔付金额。

1.5.2　诚信规范

工程伦理对真实性的要求非常高,远远高于日常生活中的标准。在生活中,我们可能会认可所谓善意的谎言,但在工程活动中,这是绝对不允许的。工程伦理规定了许多绝对禁止的欺骗,并要求工程师树立追求真实的崇高理想。很多工程师学会将"只能以客观和真实的方式发表公开声明""避免欺骗行为"等与诚信相关的规范统称为诚信责任,要求职业工程师必须客观、诚实,不得欺骗。不诚信的行为包括明知是虚假仍意图误导他人的行为,故意歪曲、夸大和隐瞒相关信息(机密信息除外)以取得不该享有的荣誉或避免可能的谴责或惩罚的行为等。几乎所有工程师学会对工程师的诚信规范都强调两点:

(1)崇尚诚实守信。工程活动是在信任关系中开展的,以提供安全实用的产品为目的的职业活动。不诚实和不可信行为会破坏专业判断和沟通,破坏公众、雇主和其他必须依赖工程师专业知识的人的信任,甚至损害专业乃至行业的荣誉。

(2)避免自欺欺人行为。与欺骗他人不同,自欺欺人通常是无意识的或出于潜在的意图,例如一个工程师发现数据与自己想要相信的东西背道而驰,进而怀疑这可能推导出一个令人不安的现实,从而不诚实地面对数据,故意无视证据或淡化其影响。工程师的诚信责任要求其努力克服自欺欺人。

工程师在严格遵守诚信规范时,难免会遇到这样的矛盾:当公司或行业出现疑似违法、违规或者危害公共利益的行为时,工程师该如何抉择? 举报一定是最佳的选择吗? 这也几乎是工程领域最具争议的话题,对于这类情况,一般工程师应该遵循以下原则:

(1)除非格外紧急的情况,工程师首先应通过内部渠道进行充分沟通,表达自己的疑虑或担忧。

(2)沟通过程应就事论事,不带有个人偏见。

(3)与同事及相关专家充分沟通,确保相关的判断专业、准确。

(4)尽可能完整地收集相关信息,并通过各种可能的方式让上级了解,并做好相关记录。

（5）如果以上内部流程仍旧未能消除疑虑或者隐患，应咨询行业组织、协会等外部专业机构，确保工程活动对公众的安全、健康和福祉负责。

当然，对企业来说，不断优化内部沟通流程，鼓励更多自由开放的沟通，也是确保在不慎违规、违法的情况下能解决相关问题。

1.5.3　环境保护规范

我们面临的环境挑战无处不在，包括全球变暖、环境污染、物种灭绝、生态破坏、资源枯竭等。今天，各国政府普遍认为，我们需要协调一致的环境应对措施，在发展工业和经济的同时，在工程管理、工程设计、工程实践过程中，要有生态和环境保护意识。本节将讨论工程师、行业、公众和政府分担环境责任的一些方式，并将介绍环境伦理学领域的一些新观点。

1. 工程师的可持续发展意识

可持续发展概念的明确提出可以追溯到 1980 年世界自然保护联盟（IUCN）、联合国环境规划署（UNEP）、世界自然基金会（WWF）共同发表的《世界自然资源保护大纲》（*World Conservation Strategy*）。1987 年世界环境与发展委员会（WCED）（也称为布伦特兰委员会）发表了《我们共同的未来》（*Our Common Future*）报告，将可持续发展定义为既能满足当代人的需要，又不对子孙后代满足其自身需要的能力构成危害的发展。也就是说，人类的活动不应危及自然系统吸收人类活动影响的能力。在工程领域，可持续发展要求工程师在思考企业效益的时候，同时要考虑工程管理、工程设计、工程实践对环境和生态的短期和长期影响。而在此之前，工程师只对自己的项目负责对环境没有责任，这也是当时社会的主流观点。20 世纪 60 年代兴起的环保运动推动了一场社会变革，对工程师的影响超过了大多数职业。尽管一直以来工程师们对环境价值观存在争论，但共识是所有的工程师都应该认真思考和理解环境价值观，并用这些价值观来指导和解决工程实践中的问题；在工程管理中，要考虑工程整体上对环境和生态造成的短期和长期影响；在工程实践过程中，使用环保的工具、材料，并确保工程产出的废料等不危害环境。工程师在项目实践过程中应该鼓励和推动企业朝着更加关注环境的方向发展，设法使企业的这种关注在经济上可行，或者至少应该帮助企业遵守相关的环保法律。工程师的这些努力，是工程伦理准则的重要内容，例如，1977 年，美国土木工程师学会第一次将"工程师应当致力于改善环境以提高公众的生活质量"作为建议写入其伦理准则中。1997 年，该项准则从建议变成了要求："工程师应将公众的安全、健康和福祉放在首位,在履行其专业职责时要努力遵守可持续发展的原则。"另外,还增加了额外的要求,当雇主、客户和其他公司违反可持续发展的原则时,需要通知"相关当局"。美国国家职业工程师学会在工程师行为准则中明确要求"为了保护后代的环境,鼓励工程师秉承可持续发展原则来开展工程活动。"

2. 企业的环境责任

作为公司,可以通过创造性解决方案来解决工程活动或产品带来的环境和生态问题。以一家大型电气公司为例,该公司认为,在当今的商业环境中,保护生态能产生良好的经济效益,所以他们将环境友好的业务整合在一起,并进行了新的投资,收购了其他公司的风力涡轮机业务,加强了生物质燃料和其他可再生能源的研发。此外,他们还敦促政府在气候变化问题上采取行动。另外一个例子是某新能源科技公司。该公司积极开展电池材料回收研究,开发可持续发展的电池价值链,研发定向循环技术和正极材料合成技术,与产业链上下游及科研院所合作打造"电池生产—使用—梯次利用—回收与资源再生"的生态闭环,使原材料得以循环利用。企业的环保工作除了技术革新、产业调整、推动政府立法之外,还有许多形式,比如将环境损害的成本内部化,将环保成本附加到产品的价格上。许多产品的生产过程十分高效,产品也十分廉价(如农产品和塑料制品),这些产品的定价中通常只包括劳动力、原材料和设施使用的直接成本。但真正的成本必须包括许多间接因素,如污染的影响、能源和原材料的消耗和处置以及社会成本。如果这些成本均体现在产品的定价上,将有助于解决环境保护问题并提升企业和公众的环保意识。例如公众对高税收比较敏感,让特定服务或产品的用户支付其所承担的环保成本的做法正受到越来越多的青睐。工程师需要与经济学家、科学家、律师、政治家合作,设计出更好的产品定价和分销机制,通过自我纠正过程而不是仅仅依靠法律来保护环境。例如,针对产品和包装给公共垃圾处理或回收设施带来的负担,欧洲各国政府对产品和包装征税,由制造商预缴税款,并在产品或包装上进行说明。

3. 公众的环保意识

在西方工业文明发展的早期,人们从未将环境保护理念纳入制度考虑,漠视生态环境与自然资源的承载能力,将物质财富的积累作为衡量社会进步以及个人发展的准则;把无限扩张的市场和计划建立在自然资源是取之不尽、用之不竭的虚幻泡沫基础之上。伦敦毒雾、莱茵河污染等事件便是极好的佐证。

有两个案例经常被用来强调了市场对环境的潜在影响。第一个是亚当·斯密（Adam Smith）于 1776 年所出版的现代经济学的开山之作《国富论》（The Wealth of Nations）中的"看不见的手"①。尽管这个关于市场调控的比喻很有道理，但它并没有充分考虑到对环境的破坏。斯密写道，由于自然资源看似是取之不尽的，人们无法预见人口增长、不受管制的资本主义和市场的外部效应（即未计入产品成本的经济影响）带来的累积影响。对于环境，其中大多数是负面外部效应，即污染、自然栖息地的破坏、共享资源的枯竭，以及其他对"共同"资源（通常是无意识）的损害。第二个案例的主题源于亚里士多德（Aristotle）的观察，即我们往往对不为我们所独有的东西考虑不周，认为这些东西似乎是无限供应的。威廉·福斯特·劳埃德（William Forster Lloyd）也是这一现象的敏锐观察者。1833 年，他描述了生态学家加勒特·哈丁（Garrett Hardin）后来所说的"公地悲剧"②，即无约束的环境破坏最终将会伤害所有人的利益。同样的情况适用于工程活动中的无监管的竞争、无恶意但不假思索地开采人类共有的自然资源（空气、土地、森林、湖泊、海洋，甚至整个生物圈）等。因此，在人口激增、自然资源减少的当代，"公地悲剧"仍然是思考环境挑战的一个富有启发性的案例，它简单的逻辑背后是生态系统和生物圈的复杂性。生态系统是生物有机体与环境相互作用的系统，而生物圈是生物体赖以生存的土地、水和大气的整体。生态系统和生物圈是相互联系、密不可分的。工程项目的管理、设计和实施需要考虑当下的环境问题。

4. 政府的环保意识

2005 年 8 月 15 日，时任浙江省委书记习近平来到安吉县考察，他高度肯定当地关停污染环境的矿山转而发展生态经济的做法，提出了"绿水青山就是金山

① 斯密设想了一只看不见的手，以一种看似自相矛盾的方式统治着市场。根据斯密的说法，商人们只考虑他们自己的利益："我们的晚餐不是出于屠夫、酿酒师或面包师的仁慈，而是出于他们对自身利益的考虑。"然而，尽管"他只想要自己的利益"，他却"被一只看不见的手牵着去推动一个不属于他的意图的目标"。通过追求自己的利益，他常常比实际意图更有效地促进社会利益："我从来不知道那些假装为了公共利益而进行交易的人做了多少好事。"
② 劳埃德观察到，在村庄的公共牧场上饲养的牛比在私人土地上饲养的牛发育迟缓。公共牧场比私人牧场更破旧。他的解释始于这样一个前提，即个别农民出于自身利益，将他们放养在公共牧场的牛增加了一到两头，这是可以理解的，特别是考虑到他们采取的每一项行动都不会造成很大的损害。然而，如果所有农民都这样做，没有法律约束，就会造成过度放牧的悲剧，最终伤害了所有人的利益。

银山"的理念。中国经济已由高速增长阶段转向高质量发展阶段,生态环境的支撑作用越来越明显。只有把生态环境保护好,把生态优势发挥出来,才能实现高质量发展,这是经济增长方式转变、发展观念不断进步的过程,也是人与自然关系不断调整、趋向和谐的过程。上海杨浦滨江从"工业锈带"变为"生活秀带",昔日老工业企业集聚地成为居民后花园;宁夏贺兰山砂石矿区整治修复后成为葡萄酒庄,产业转型带来了丰厚回报;云南大理白族自治州古生村沿湖的鱼塘、耕地已退塘退耕,秀丽风光吸引的游客越来越多……事实证明,保护生态环境就是保护自然价值和增值自然资本,就是保护经济社会发展潜力和后劲。我国社会主义现代化建设具有许多重要特征,其中之一是人与自然和谐共生的现代化,注重同步推进物质文明建设和生态文明建设。这也是开展工程活动所必须遵循的理念和方向。

1.6 人工智能技术带来的伦理挑战及解决方案 ——●

作为新一轮科技革命的核心驱动力量,人工智能迅速发展并日益对人类经济和社会生活产生深远影响,同时也因其巨大不确定性和风险性而引发前所未有的伦理关切。由于深度学习等一些人工智能算法的不透明性、难解释性、自适应性、广泛应用性等特征,可能给基本人权、社会秩序、国家安全等诸多方面带来一系列伦理风险。例如,美国人工智能研究实验室 OpenAI 于 2022 年 11 月 30 日发布了聊天机器人程序 ChatGPT。作为人工智能技术驱动的自然语言处理工具,ChatGPT 能够通过理解和学习人类的语言来进行对话,像人类一样聊天交流,甚至能完成语言翻译、文案写作和艺术创作等任务。但 ChatGPT 的出现也引发了关于人工智能伦理问题的广泛讨论,以 ChatGPT 为代表的人工智能技术带来的伦理挑战可总结为以下几个方面。

1. 隐私保护存在隐患

数据是人工智能技术发展的核心,使人工智能算法以更为"智能"的方式运行。然而,由于数据的广泛使用,用户的隐私问题也随之而生。如今有成千上万的用户使用购物、聊天软件等,将个人信息暴露于互联网之上,进而生成了庞大的用户数据库。以 ChatGPT 为例,开发人员利用互联网提供的海量语料库对模型进行训练,从而使 ChatGPT 具有了人性化的特质。用户的身份信息和行为习惯等隐私信息存在被利用进行商业开发的风险,例如,"大数据杀熟"现象,即同样的商品或服务,老客户看到的价格反而比新客户要贵出许多。用户的消费记录成为某些网络平台侵害消费者权益的助推器,保护用户隐私对人工智能技术的开发应用提出了更高的要求。

2. 安全防范能力不足

人工智能算法的典型特征是其具有较强的不确定性和不透明性,算法的"黑箱"性质给使用者带来了一定的安全隐患。人工智能算法在学习训练过程中,其使用的数据被不断挖掘,被保护的信息可能存在安全风险。同时,人工智能算法在决策时难以像人类一样对其行为的长期后果进行分析推理,可能做出符合当前使用者需求却违背社会伦理的决策。例如,在 ChatGPT 发布不久就有不法分子使用其生成假新闻并发布到各大网络平台,虚假信息的"狂飙"进一步增加了人工智能技术应用的不稳定因素,导致社会安全风险增加,且对此缺乏必要的监管机制。

3. 算法设计缺乏规范

人工智能技术的应用基础是算法的开发与实现,算法模型依赖于人类或者机器已有的数据。然而,数据的筛选和模型参数的设定往往取决于科研人员的判断,这些判断是否合法合规,且符合现实的应用场景,当前尚未形成统一的标准。以 ChatGPT 为例,问答系统生成的语句可能包含偏见甚至歧视性的内容,而算法模型本身又无法对此类问题进行甄别。人工智能算法所使用的数据中极有可能存在容易被程序员忽视的价值取向以及文化风俗特征。如何围绕设计流程对算法进行规制,避免人工智能技术在应用中出现超出人类理智的行为,是制约人工智能技术进一步发展的关键。

针对以上挑战,应用前文所述的伦理准则一定程度上可以解决人工智能带来的伦理困境,具体总结为以下几个方面:

(1) 以人为本。人工智能是由人类工程师开发、供人类使用的技术。因此,开发人工智能系统的工程师应当以增进人类的福祉为首要目标,使技术为人类服务,尽可能消除技术对人类的负面影响,在任何情况下都应当避免对人类产生伤害。

(2) 尽量保证公平。人工智能技术作为人类智慧的结晶,应当是全人类共同拥有的宝贵财产。因此,全人类应平等地拥有使用人工智能产品的权利。工程师在开发人工智能产品时,要避免技术垄断或者资本垄断对人们造成的伤害,并努力消除人类的数字鸿沟。

(3)信息公开透明。当前,人类尚未掌握能够完备地解释人工智能的理论,人工智能产品所做的决策和生成的行为对于人类来说都是"黑箱"模型。因此,在研发、设计和应用人工智能产品的过程中,从业人员和相关机构要尽可能保证所使用数据和模型的可解释性和可预测性。

(4)明确责任归属。为防范人工智能的潜在风险,明确工程师的责任性质和责任范围不可或缺。第1.4节中提到,负责任的工程师具有四个特征:尽职尽责、全面视角、道德自主性和责任感。人工智能工程师在以上四个特征的指导下,需要尽可能地预测和预防不良后果,尽可能避免人工智能系统产生过失。

1.7　本章总结

工程师的社会职责事关人类的前途和命运,工程师要对工程活动的全面社会意义和长远社会影响建立自觉的认识,承担起全部的社会责任。特别是如今工程活动的国际合作越来越普遍,同时社会的可持续发展对工程伦理提出了更高诉求,因而加强对工程伦理的学习刻不容缓。

工程伦理是指在工程实践中合乎道德要求的决策、政策和价值观,它对公众的安全、环境的保护、技术产品的贡献都极其重要。通过学习工程伦理,可以提高处理工程中复杂的道德问题的能力,使我们能够对道德问题进行清晰而细致的思考与决策。

学习工程伦理最大的挑战是处理相关的伦理困境,伦理困境通常是指因道德原因发生价值观的冲突,或者因道德价值观应用不清而不能立即做出明确决策的情况。从广义上理解,很多工程行为都可以看作一系列的道德选择,即涉及道德价值的决定,其间夹杂着一定的道德困境。通常,在面临道德困境时,应确定相关的道德价值观,明确关键概念,获取有关情况,考虑所有可能的选项,从而做出合理的决定。在这些过程中,我们需要掌握的最为重要的几个工程伦理规范包括安全规范、诚信规范以及环境保护规范等。

当然,学习工程伦理也需要考虑社会价值观和国情。各国的现实国情,如发展速度、人口规模、地理特征等,都是我们在学习工程伦理时需要考虑的维度。

工程师应当突破技术眼光的局限,具备在利益冲突、道义与功利矛盾中做出道德选择的能力,除对工程进行经济价值和技术价值判断外,还必须对工程进行伦理价值判断,致力于保护公众的健康、安全和福祉,对社会大众、环境以及人类未来负责。

思考与练习

练习与简答

1. 面对工程实践中的道德伦理困境,一般的应对准则和流程是什么?

2. 可持续发展的理念是什么?

3. 针对以下案例,回答下列问题:

案例:一位软件工程师发现一位同事一直在下载受限制的文件,其中可能包含新产品的商业机密。他知道这位同事一直有财务问题,担心这位同事出售这些机密,或者离开公司再用这些机密创办自己的公司。公司政策要求他通知上级,但这位同事是他的密友。他是应该先与朋友交流,还是应该立即通知他的上级?

(1) 什么是道德困境?在陈述道德困境时,明确所涉及的不同道德价值观。

(2) 在处理道德问题时是否有相关概念需要澄清?

(3) 你认为对案例做出可靠判断可能需要进行哪些事实调查?

(4) 你认为可以解决道德困境的选项有哪些?其中哪个选项是必需的?

思考与讨论

执行道德上有问题的项目的一个常见借口是"如果我不做,别人就会做。"对于处在竞争环境中的工程师来说,这一理由可能很有诱惑力。根据工程师的社会责任,你认为这个理由是否合理?如认为不合理,不合理的地方在哪里?更为合理的处置方式是什么?

（提示：可以从道德自主性角度展开讨论。）

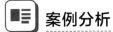 **案例分析**

1. 一名工人在获得每年 2 000 美元的奖金后,接受了一份危险的工作。这名工人已知在任何一年可能因工伤亡的概率是万分之一。因此,奖金可以被解释为对个人生命的自我评估,其价值等于 2 000 美元除以万分之一,即 2 000 万美元。如果某一时期发生致命事故的可能性为 1/200,工人在此期间得到的是统计上几乎相同的补偿,即 10 万美元的奖金,从安全与风险的角度分析,工人接受这份工作的可能性是高还是低? 这样量化的评价有什么伦理问题?

（提示：从安全规范角度展开讨论。）

2. 结合工程学、生态学、经济学、工程师的社会责任以及环境保护规范,讨论以下案例中涉及的伦理问题。

2016 年开始,我国规定在 8 年或 12 万千米的质保期限内,电池性能"衰减不得超过 20%",否则厂家要进行免费更换。也就是说当动力电池容量低于80% 的时候,动力电池就要从新能源汽车上退役。据中国汽车技术研究中心测算,2020 年国内动力电池退役总量累计约 20 万吨,而到 2025 年该数字将升至约 78 万吨。预计 2025 年之后,每年退役电池数量的增长更将超百万吨,而未来的形势会更加严峻。然而,数据不透明阻碍了退役电池的回收和再利用。无论是磷酸铁锂电池,还是价值更高的三元锂电池,第三方企业很难从车企或电池企业拿到数据,无法利用大数据手段对电池寿命进行评估,只能对电池进行传统的拆解检测。

（提示：从环境保护规范、可持续发展角度展开讨论。）

参考文献

［1］MARTIN M W, SCHINZINGER R. Introduction to engineering ethics［M］. New York：McGraw Hill Companies, 2010.

［2］HARRIS C E, Jr, PRITCHARD M S, RABINS M J, et al. Engineering ethics：concepts and cases［M］. 6th ed. Wadsworth, Boston：Cengage, 2014.

［3］LOWRANCE W W. Of acceptable risk：science and the determination of safety［M］.

[S. l.] William Kaufmann，1976.

[4] World Commission on Environment and Development. Our common future[M]. Oxford：Oxford University Press，1987.

[5] 李正风,丛杭青,王前. 工程伦理[M]. 北京：清华大学出版社,2016.

2 实验数据采集、保存及共享的基本规范[①]

2.1 前言与学习目标 ─────────────────────●

  实验数据是科学研究和创新过程中重要的基础素材。随着科技发展和信息流通,海量的数据快速产生。越来越多的政府、科研机构、企业意识到数据正在成为组织中的重要资产。为了支持有效的数据分析,如何进行数据质量把控和数据管理则成了非常重要的问题。此外,在数据采集和数据分享、成果交流的过程中,新技术也带来了新的伦理问题。因此,建立数据管理的标准既便于研究的开展,也对保护被研究对象有深远的意义。

  2020 年,新冠疫情暴发,世界各地都在加紧研制特效药。年初,基于一些前期小样本研究的结论,世界卫生组织将羟氯喹纳入了"团结试验"的临床实验研究计划;然而 5 月 22 日,美国的曼迪普·梅拉(Mandeep R. Mehra)等人在顶级医学期刊《柳叶刀》(*The Lancet*)上发表文章称,基于 96 032 名曾分别于 671 家医院就医的新冠住院患者的治疗分析,羟氯喹/氯喹单药或与大环内酯联用对新冠住院患者无益,反而增加了院内死亡风险[1]。世界卫生组织迅速基于文献报道做出反应,于 5 月 25 日在新冠肺炎例行发布会上表示,暂停在"团结试验"中使用羟氯喹[2]。然而,仅仅几天后,数百名科学家联名发布了一封致研究者和《柳叶刀》的公开信,质疑上述文章的数据。经调查,这篇文章使用了二手数据,而作者无法证明原始数据的可靠性。在质疑声中,曼迪普·梅拉等人宣布撤回论文。世界卫生组织也于 6 月 3 日宣布,基于现有数据,决定恢复羟氯喹抗新冠病毒试验。在

[①] 编者:罗洁,上海交通大学生物医学工程学院副教授。

这次波折中我们可以看到,医学研究的实验结果可以迅速影响相关部门的决策,甚至可以说与我们的生活息息相关。而实验结果背后真正的支柱是实验数据。

本章将从实验数据采集、保存和共享几个方面来讲解在科研工作中可能出现的问题,以及研究人员应该遵守的规范。在学习过程中,鼓励大家对工作中可能出现的问题积极进行讨论,并且对随着科技发展而来的,人与数据关系的转变、数据分享形式的转变以及相应而生的伦理问题进行思考。

我们希望通过学习本章内容,学生能达成如下目标:

(1) 了解实验数据采集的规范。

(2) 了解实验数据保存的规范。

(3) 了解实验数据共享的规范。

(4) 辨析不规范的行为和操作。

2.2　实验数据采集规范

2.2.1　数据采集的前期准备

巧妇难为无米之炊。数据采集是后续研究分析的基础,数据采集的质量也直接影响着后续分析的价值。数据采集之前需要做哪些准备工作呢? 首先应该明确的是,实验数据采集是有成本的。举例来说,我们想要研究植物在失重的条件下如何生长,就要把植物种子放在宇宙飞船上发射入太空进行研究。如果在实验开始之前没有做好计划,导致植物生长的光照、水分等参数与地球上没有可比性,或者记录人员错过了植物生长的关键时期,没能记录种子萌发过程,最后采集到的信息不完整或者不适用于研究,将是对研究人员、科研经费以及社会资源的极大浪费。当然你可以找到很多成本更小的研究,但是不管是什么研究,至少是要消耗研究团队成员的时间。

准备过程需要几个要素:

(1) 明确数据来源:包括产生数据所使用的仪器、实验的原材料或者是来自互联网的信息源等。

(2) 明确抽样方案、样本大小:实验中潜在产生的数据量是巨大的,我们需要根据研究需求来预设过程中获取多少数据。例如前面提到的植物生长研究,我们需要提前设置多长时间观察一次,一共观察几次;时间间隔是否前期密集后期稀疏;是否需要在发芽之后定期摘下一片叶子,制作成标本拿回来放在显微镜下细细分析?

（3）明确数据采集方法:确定采集方法与过程中辅助材料的准备密切相关。植物生长研究是用肉眼观察,在笔记本上记录,用摄像机记录,还是用特殊实验设备例如红外摄像头记录? 记录是否存在不同角度? 叶子摘下来久置会腐烂,制作标本的流程在空间站内完成的可行性如何?

（4）明确数据分析方法:也许你认为可以等到数据全部拿到之后再思考如何分析数据。事实上,提前设计好数据分析流程可以帮助我们更有效地收集数据,并且确保收集到的数据可以服务于数据分析。

（5）明确参与人员和场地的时间安排:许多数据收集涉及公用的仪器设备,或者具备特殊技能的工作人员需要为不同的项目收集数据。提前安排好所有参与者的时间也是保证成功的重要因素。

2.2.2 一手数据和二手数据

数据采集可以大致分为两种情况,一手数据(primary data)采集和二手数据(secondary data)采集。一手数据和二手数据的特点如表 2-1 所示。

表 2-1 一手数据和二手数据比较

	一 手 数 据	二 手 数 据
获取方式	由研究者首次采集的数据	由第三方或现有资料获取的数据
数据形式	原始数据	往往是已经处理过的数据
可靠性	往往由研究者本人或所在团队收集,采集过程细节清楚,可靠性好	他人收集,如果过程参数不明,过程控制不详,可靠性会打折扣
适用性	是针对研究需求采集的,因此适用性高	是其他人为了他们自己的研究收集的,不一定适用
时间成本和经济成本	收集往往耗时较长,也需要较高的经济成本	相对于同类研究的一手数据来说,时间和经济成本都大大降低

1. 一手数据

一手数据,顾名思义,是指直接获取、没有经过加工或者第三方传递获得的数据。比如望远镜观测数据,又比如通过传统调研中的问卷测评、小组访谈、面对面沟通等形式获得的数据,或者是互联网用户直接填写的个人信息数据以及平台抓取的行为数据等。

在收集一手数据的过程中,我们要考虑以下问题:

(1) 收集数据的对象是否涉及伦理。例如研究对象是人体或者动物,那么一定要确保在展开数据收集工作之前已经拿到科研院所伦理部门的批件。

(2) 研究对象的时间和空间稳定性。待测对象的表现往往是有条件的,例如随时间变化,在不同温度、压强下呈现不同的性质。因此在设计数据收集的流程时也要考虑到条件的控制和记录,以保证数据的稳定性和可重复性。

(3) 实验仪器的选择。简单来说,假如实验原料或实验产品的重量记录需要精确到毫克,那么需要选用分析天平而不是普通的电子秤进行称量。

(4) 实验仪器的校准。许多仪器在使用前都需要进行参数调整和与标准品的对照,需要仔细了解操作原理和数据解读的原理方可得到有意义的数据。

(5) 实验记录。这里的记录包括实验前后和实验过程中的记录。现在许多自动化仪器会对实验流程中的仪器参数进行自动记录,实验数据的收集时间也自动留下印记,大大方便了研究人员的使用。然而这也给一些初学者带来误区,以为不再需要自己对实验进行记录,额外的记录是在重复机器的劳动。实际上,实验前我们的实验准备往往包含了可调的条件参数,对于它们也需要在实验准备阶段尽量实时进行记录。事后的记录需要回忆,往往会遗漏重要细节,导致难以重复实验。另外,实验后,我们还需要及时对实验进行总结,回顾本次实验测试目的,数据是否符合假设,是否需要调整实验流程,并且对下次实验方案进行设想。这些都是实验记录的一部分。良好的记录习惯对研究的成功会有促进作用。

(6) 实验数据和实验记录的保存媒介。在数据收集过程中,有时因为时间紧急,可能会把原始记录写在随手拿的草稿纸上。但从数据的持久性和可获得性角度考虑,我们需要及时把数据和相关信息录入一个预先选定的比较合适的保存媒介。数据保存的具体注意事项在下一节会有更加详细的讲解。

2. 二手数据

二手数据指的是通过第三方或者是现有的数据资料获取的数据。二手数据采集费用低、时间短,研究者可以在较短的时间内以较低的成本获得必要的信息。然而其局限性在于,数据往往是别人为满足其特定的研究目的而收集的,与你目前的研究需求可能不一致,也许针对的问题已经过时,也许数据本身的质量存在问题,是不可靠的数据。因此在使用之前,甚至是大规模收集之前,需要对二手数据进行评估。二手数据的来源又可以分为公开资源和非公开资源。公开资源有国家统计局数据、政府的指导文件、交易市场的公开数据、知名学术期刊中罗列的数据等；非公开资源有研究机构内部的研究人员尚未发表的数据、公司研发部门未在公开场合使用的数据、政府机构或者公司的保密文件和数据等。因为二手数据的分析和使用场景、目的很可能区别于数据最初获取时的情况，所以使用二手数据之前也需要考虑伦理问题。

举例来说，2020 年 6 月 4 日，《柳叶刀》《新英格兰医学杂志》(*The New England Journal of Medicine*，*NEJM*)两家顶级临床医学杂志各撤回了一项有争议的研究，两篇文章都使用了二手数据，而作者们却无法证明原始数据的可靠性。2020 年 5 月 22 日发表在《柳叶刀》上的这项研究，纳入了 96 032 名曾分别于 671 家医院就医的新冠住院患者，显示羟氯喹/氯喹单药或与大环内酯联用对新冠住院患者无益处，反而增加了院内死亡风险[1]。当时新冠已经成为世界范围内的大流行病(pandemic)，其治疗也受到全世界范围内的科学家们热切关注。世界卫生组织甚至因此叫停了一项正在进行的相关临床实验。5 月 28 日，数百名科学家联名发布了致研究者和《柳叶刀》的一封公开信，对研究的统计分析和数据完整性等提出了质疑，要求研究小组公开原始数据。列举的问题包括文中实验没有通过伦理审查、提供数据的医院没有被列入作者名单或者致谢、文中数据与各国公开数据不匹配以及一系列统计分析中的错误。随后，各路质疑声不断，期刊要求文章作者提供数据可靠性证明，并且开始找第三方机构对实验数据进行审查。随着调研深入，公众愈发看到数据来源不明朗，多家医疗机构明确声明自己没有提供过数据，却没有机构站出来说自己提供了数据，文章作者则始终没有拿出原始数据或相关证明。在这个例子中，二手数据来源于各医疗机构，这些数据不是公开数据，当研究人员使用这样的数据时，需要非常注意记录自己的数据"采集"流程和分析流程。相应地，对于来路不明的二手数据，读者也应非常警惕。

2.2.3　数据采集的宏观规范

数据采集，也称为数据获取，既可以通过仪器测量、问卷调查、采访、沟通等方式获得一手资料，也可以从现有、可用的数据中搜集提取想要的二手数据。不管用哪种方法得到数据的过程，都可以叫作数据采集。例如麦克风、摄像头，都是数据采集的工具，用它们收集到的音频和视频信号可以以数据的形式存储，这些原始数据又可成为研究者的资源。在各个专业领域，数据采集方式的技术特点或有不同,相应采集过程的操作要点也会非常多样。本章主要讨论的是在科学研究中宏观普适的规范。

数据采集之前,首先要保证即将实施的采集过程符合伦理规范(参见本书第9、10章),并且保证整个采集计划符合统计学规范(参见本书第3章)。

采集数据质量要符合 ALCOA＋原则,即可归因性(attributable)、易读性(legible)、同时性(contemporaneous)、原始性(original)、准确性(accurate)、完整性(complete)、一致性(consistent)、持久性(enduring)和可获得性(available when needed)。

以医学数据为例,数据质量和真实完整性是对整个临床试验的有效性和安全性进行正确评价的基础,是药品监管科学的核心要素。ALCOA＋原则是欧盟 GCP 监察官工作组(EU GCP IWG)在美国食品药品监督管理局于 2007 年提出的指导原则《临床研究中使用的计算机化系统》中的 ALCOA 原则的基础上进一步阐释的,主要记录在 2010 年发布的《关于临床试验中对电子源数据和转录成电子数据收集工具的期望的反馈书》中。我国原国家食品药品监督管理总局在其 2016 年发布的《临床试验的电子数据采集技术指导原则》中也纳入了ALCOA＋原则。这些指导原则既适用于药品监管科学对于医学研究中的数据采集,在大多情况下也适用于其他领域的数据采集。

(1) 可归因性:数据都是有来源的,应当保留完整和准确的原始文件和试验记录,让读取数据的人可以了解该数据是怎么产生的。如果对源数据进行修改也不能遮掩最初的记录,需要有相应的备注,给出修改理由。

(2) 易读性:采集的数据需要被人阅读和理解,无法识别的数据也无法正确使用。在电子设备普及前,大部分数据记录用手写,易读性是针对有些手写体过于潦草的情况,要求记录人员尽量用印刷体记录。在数字化时代,电子记录(electronic record)非常普及,易读性则针对记录过程中的符号选择以及记录格式。难懂的术语缩写或者自定义的符号变量如果不加说明,会给读取的人(也可能是记录者本人)造成理解障碍或误解,最终导致数据无法使用或误用。

(3) 同时性:数据的实时记录应当伴随着数据的实时观察完成,且在一定的时间窗内输入数据库。延迟数据的输入可能造成数据记忆的偏差或模糊化而产生错误。电子数据采集系统中数据的输入都伴有输入日期和时间,这也方便了同事或者第三方监查人员能比对数据输入与数据实际产生的日期和时间。

(4) 原始性:针对直接收集的数据,首次被记录的原始数据要进行保留。

（5）准确性：数据记录和计算、分析等转换过程是正确可靠的。

（6）完整性：包括所有数据，如重复采集或者样品重分析在内的所有数据。

（7）一致性：记录过程与实际事件生成的逻辑顺序一致，与操作发生顺序一致。

（8）持久性：不要使用废纸进行记录，要确保在规定的时间窗内数据可以被完好保存。

（9）可获得性：在回顾或审计期间可以见到，不会被隐藏或者丢失。

2.2.4 案例分析

下面是在一手数据采集过程中可能出现的情景，请你分析。

情 景 小 剧 场	问 题 分 析
赵：王老师，我按照咱们讨论的设想做了实验，第一步就看不到效果。我认为要推翻之前的想法，重新设计实验。 王：赵同学，这个实验第一步是ABC，这是文献中多次报道的经典环节，如果别人都能做出来，你要再找找原因。 赵：我重复做了三次，实验组和对照组信号忽高忽低，根本没有统计显著性。我觉得再按照同样的方法做也做不成。 王：你的实验记录拿给我看看？ 赵：等等我找一下……这张纸是第一次实验的记录，后面两次重复实验都差不多，就没记。 王：实验记录每次都是需要的。我看看你第一次的记录吧。 赵：好。 王：怎么没有一个本子啊？这里写的是几？字迹已经模糊了。 赵：…… 王：你这样是不行的，实验失败之后没有留下足够的记录，无法总结经验教训。再次重复实验也是原地踏步，无法达到不断进步的效果。这样吧，下次实验你叫上我。	数据采集记录的完整性。
（实验中） 赵：王老师，我现在要开始收集第一个数据点。 王：你开始测试样本之前不需要把仪器校准一下吗？ 赵：啊？ 王：仪器在不同的外部环境中会有不同的背景噪声，为了保证实验结果可靠，每次测试实验样本之前要用标准样品进行校准。这在你们实验课中应该学过呀。 赵：不好意思，老师，我忘记了。	数据采集过程的"标准化"。

讨论环节

上面这个情景,凡是涉及实验数据采集的学科,都可能遇到。大家可以讨论一下:

(1) 为什么上述例子属于一手数据采集?

(2) 在实验记录过程中,赵同学违反了哪些数据采集的指导原则?

(3) 在实验过程中,赵同学违反了哪些指导原则?

下面是二手数据采集过程中可能遇到伦理问题的情景:

情 景 小 剧 场	问 题 分 析
(个人信息) 孙:王老师,我从媒体上用爬虫代码,爬到很多人的社交行为模式数据,我们来搞个 XYZ 分析,这是不是很有意义?看看面部表情,研究一下这些人的社交面具。 王:这个里面是不是有个人信息呀? 孙:没有啊。 王:个人信息可不只是身份证号,比如现在咱们支付刷脸就可以,所以脸部照片就是可以识别个人身份的数据了。 孙:哦!那我确实收集到了不少有人脸的照片。 王:这样的话必须通过伦理委员会审查。 孙:好。 王:还有个问题,你能联系到这些数据的主人么?这些照片是属于他们的,因此要用他们的数据做研究,需要得到他们的允许。 孙:啊?这么麻烦呀! 王:是啊! 孙:那我还是用公共数据库吧。	二手数据的收集也需要考虑知识产权、伦理问题。
(调研数据) 李:王老师,我们写文章想查找的市场调研数据,只有付费的来源,特别贵。不过我前天在旁听会议的时候拍下了一个专家讲座的 PPT,上面的数据可能正是我们需要的!给您看看。 王:这个数据很有意思,写文章的时候如果使用数据需要引用数据来源。你准备怎么引用呢?	知识产权问题。

情景小结

并非二手数据就意味着可以随意使用。在考虑使用前也要特别注意下列几点：

（1）符合平台规定；查看平台上标注的知识产权（copyright）归属，一般平台都会有专门的页面注明知识产权问题。

（2）个人用户在 YouTube 等网络平台发布的数据仍然归属个人。

（3）如果拟使用的数据包含了可识别个人身份（identity）的信息，还要经过伦理委员会的审查。

2.3　实验数据保存规范

2.3.1　数据保存的宏观指导原则

数据的保存包括了存储和良好的管理，其目的并不只是简单的数据留存，而是通过良好的管理通向后续的数据及知识的整合和再利用，这也是研究人员走向更多发现和创新的关键环节。传统的学术文章发表和流通方式并没有让人们得以最大化利用已经采集到的数据，因此相应地，在大数据时代到来之际，资方、出版商、政府机构开始要求在公共资源资助的实验中有数据管理以及制订数据管理计划，旨在建立更好的数据生态。除了适当的收集、注释和归档之外，数据管理包括对有价值的数字资产进行"长期护理"，目标是使它们可以被重新发现并重新用于下游调查，可以被单独使用，也可以被结合使用生成新的数据。因此，良好的数据管理的结果是高质量的数字出版物，这可以促进和简化持续的发现、评估，并在下游研究中重复使用。

带着定义为"良好数据管理"的目标，2016 年，马克・D. 威尔金森（Mark D. Wilkinson）等在《科学数据》（*Scientific Data*）上发表题为"The FAIR Guiding Principles for Scientific Data Management and Stewardship"的文章[3]，提出科学数据管理的"FAIR 指导原则"，即改善数字资产的可查找性（findability）、可获取性/可访问性（accessibility）、可互操作性（interoperability）和可重复使用性（reusability）。

（1）F——可查找性

F1（元）数据被分配一个全局唯一且持久的标识

F2 数据被丰富的元数据描述(由下面的 R1 定义)

F3 元数据清晰明确地包括了它所描述的数据的标识

F4 (元)数据在可搜索的资源中被登记或者索引

(2) A——可获取/可访问性

A1 (元)数据可通过使用标准化通信协议的标识符进行检索

A1.1 协议是开放的、免费的、普遍可实现的

A1.2 协议允许在必要时进行身份验证和授权程序

A2 元数据是可访问的,即使数据不再可用

(3) I——可互操作性

I1 (元)数据使用正式的、可访问的、共享的和广泛适用的语言来表示知识

I2 (元)数据使用遵循 FAIR 原则的词汇

I3 (元)数据包括对其他(元)数据的限定引用

(4) R——可重复使用性

R1(元)数据用多个准确且相关的属性进行了丰富的描述

R1.1 (元)数据通过清晰且可访问的数据使用许可发布

R1.2 (元)数据与详细的出处相关联

R1.3 (元)数据符合领域相关的社区标准

值得注意的是,FAIR 原则很好地概括了原始数据保存中需要注意的几点,但对中间数据的保存讨论不多。科研交流中,我们在发表的文章中,在公开会议中,甚至是在自己的课题组开组会时,向同行以图、表形式展示的数据,往往已经对原始数据经过多步预处理和分析;并且这些步骤并不是一成不变的标准步骤,每一步都包含可调的参数。缺少中间数据的保存很可能会导致同一组原始数据得出不同的分析结果。甚至同一个人都无法重现自己的研究。因此本书对中间数据的保存也提出了相关的建议:① 过程的可溯源;② 过程的可重现。

2.3.2 数据保存原则的实施

在研究中,我们会花大量的时间和精力收集数据,并且分析数据。对于科研工作中如何实践上述的宏观指导原则,读者也可以尝试对不同阶段的需求进行思考:

（1）研究开始时。

（2）研究遇到困难时。

（3）研究收尾时。

（4）研究发表后。

（5）工作汇报中。

（6）与同事合作交接时。

在这里，我们给出一些建议：

在课题起步阶段，往往涉及数据预处理的摸索，例如异常点筛查、噪声去除、伪影去除等。这个过程中会涉及很多参数设置，且这些参数往往与各研究组实验条件相关，难以完全套用别人的参数。在文献中甚至不会被写入"方法"环节。然而从另一个角度来看，这些参数选择对后续的数据分析成败又起到关键的作用。尤其是当你的课题立意新颖，准备研究一个尚不存在标准处理流程的问题时，数据预处理过程可以保证不错过重要信号。我们在这里想强调，这些参数应该像原始数据一样，需要注意记录和保存。它们是你实验的一部分。

在工作汇报中，中间参数和数据也有用。在讨论数据分析结果时，同事和导师也会对中间步骤感兴趣，尤其是在分析结果与文献报道或者与本课题组以往研究有差异时。如果你的汇报只有最终结果图表，避而不谈中间过程，很可能会陷入无法推进的僵局。当然如果是比较大规模的会议，或者是时间紧张，可以不占用所有人的时间进行讨论，因为这些中间过程往往是小众关心的技术细节。

当你需要加入别人正在进行的项目，或者是别人要加入你的项目时，为了保证高效的合作，你们需要共享数据处理的中间步骤以及相应的参数。如果新加入的成员手上只有原始数据，一切中间步骤从头摸索，这对于科研人员和课题组来说，都是时间和精力的浪费。从另一个角度来说，如果你的同事拒绝将中间步骤和参数非常清晰地展示出来，它也许是一个警示信号：他忘记保存？他自己也无法重复自己的研究？他的处理过程前后并不一致？他对数据存在不合规的挑选？抑或是他并不欢迎你加入团队？总之，一个有延续性的课题，相关的数据处理中间过程是需要妥善标注和保存的。虽然这部分的缺失与原始数据的丢失相比，要相对容易填补，但是也会造成人力、物力的浪费。

当你的课题接近尾声时，中间数据与参数也不要丢弃。在投稿阶段，审稿人可能会对结果提出一些有意义的问题，例如你汇报了 A 与 B 和 A 与 C 的相关性分析,但审稿人认为 B 与 C 直接的相关性或者是差异性分析和讨论对研究也很有意义,可以增加文章的深度与完整性。导师也同意审稿人的意见。这时如果你没有保存中间数据,则会面临重做整个数据处理和分析流程的工作,也许你觉得这没什么关系,因为全部做一遍耗时并不长。但如果你连处理流程和参数也没有保存好,则会面临重新摸索以及难以完整重复结果的尴尬情况。这里还要提一下,虽然数据处理和分析参数一定要保存,流程中产生的中间数据则可以根据计算的时间成本和数据存储空间成本的平衡进行考虑。比如,对 1G 的数据,进行一个滤波操作只需要几分钟,生成的中间数据还是 1G,每一个小步骤产生的中间数据都保存就会占用空间而且是没有必要的。另一种情况下,对一个 100M 的图像进行精细分割,需要 12 小时,产生的分割结果是二值掩模,有 20M。这个中间数据的保存则是非常必要的,会避免耗时的重复劳动。

在研究成果发表后,中间过程的保留也是相当重要的。一个非常完整的易于重复的流程往往可以增加成果的引用量。而一个引起了同行兴趣却无法重复的研究则会败坏你的学术声誉。这里我们可以想一想此前学术界发生过的一些丑闻,应引以为鉴;与之相反也可以多看看一些成功的范例,比如人类基因组计划(Human Genome Project)、阿尔茨海默病神经影像学计划(Alzheimer's Disease Neuroimaging Initiative,ADNI)都通过数据在学术界创造了非常好的合作环境,这些工作自身也获得非常高的引用量。它们的数据收集、数据存储、数据共享都有非常缜密的计划[4]。

2.3.3   FAIR 原则的实施

FAIR 原则没有停留在学术论文中。自 2018 年以来,GO FAIR 社区一直在努力实施 FAIR 指导原则。这种集体努力形成了一个三点框架,该框架规定了必不可少的步骤,为的是实现最终目标——一个全球性的"FAIR 数据和服务互联网"。

我们在实践中一方面需要注意对新产生的数据进行符合 FAIR 原则的保存,另一方面也要考虑如何将以往的数据规范化,如何持续保持数据的 FAIR 属性。

对于非 FAIR 数据,GO FAIR 社区采用 7 个步骤将之"FAIR 化"[5]:① 检索非 FAIR 数据;② 分析检索到的数据;③ 定义语义模型;④ 使数据可链接;

⑤分配许可证;⑥定义数据集的元数据;⑦部署 FAIR 数据资源。数据的 FAIR 化流程如图 2-1 所示。

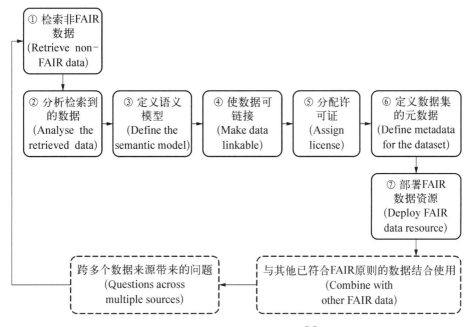

图 2-1　FAIR 化流程示意图[5]

2.3.4　数据保存的安全和保密

上面讲述的 FAIR 原则看上去都是在为方便数据共享而努力。这里要强调 FAIR 原则并不代表数据的无条件公开。我国 2018 年颁布的《科学数据管理办法》中明确规定,"政府预算资助形成的科学数据应该按照开放为常态,不开放为例外的原则"。例如在生物医学领域,研究过程中会涉及并积累大量受试者个人健康信息。因此,在这类数据的管理过程中要特别关注可能涉及隐私、安全和保密的情况。在 FAIR 原则实施过程中,本着实现"尽可能开放,尽需求封闭(as open as possible, as closed as necessary)"的原则,对于不同公开级别的内容,要在保存时就做出相关的设计,方便不同程度的取用。

另外,从实际储存的角度讲,我们常用的储存媒介有 U 盘、移动硬盘、学校云盘、商业云盘等。存储安全和备份方案也要有所考量。随着互联网和数据共享的发展,存储安全已经不只是存储设备所在的单个系统上的问题。一般来说有几个方面：① 备份建设；② 安全人员以及安全管理体系；③ 数据加密方案。
详细讨论如下：

1. 备份关键的数据

备份数据就是在其他介质上保存数据的副本。例如把所有重要的文件备份
到第二个硬盘上。有两种基本的备份方法：完整备份和增量备份。完整备份会
把所选的数据完整地复制到其他介质。增量备份仅备份上次完整备份以来添加
或更改的数据。

通过增量备份扩充完整备份通常较快且占用较少的存储空间。可以考虑每
周进行一次完整备份，然后每天进行增量备份。但是，如果要在崩溃后恢复数
据，则需要花费较长的时间，因为首先必须要恢复完整备份，然后才恢复每个增
量备份。如果对此不放心，则可以采取另一种方案：每晚进行完整备份；只需使
备份程序在下班后自动运行即可。

为了确保备份的存储介质和备份数据状况良好，可以设置一定频率的备份
测试任务，例如将删除的数据恢复到指定位置并且保留该数据的权限设置等。
测试频率视具体情况进行选择，例如每月一次或每周一次。测试有利于及早发
现问题。

2. 建立权限

操作系统和服务器都可对由于员工的活动所造成的数据丢失提供保护。通
过服务器，可以根据用户在组织内的角色和职责为其分配不同级别的权限。不
应为所有用户提供"管理员"访问权，这并不是维护安全环境的最佳做法，而应该
制定"赋予最低权限"策略，配置服务器，以便每个用户只能使用特定程序并明确
定义用户权限。

3. 对敏感数据加密

对数据加密意味着把其转换为一种可伪装的数据格式。加密用于确保数据
在网络之间存储或移动时的机密性和完整性。只有拥有解密加密文件工具的授
权用户才能访问这些文件。加密是对用户访问控制方法是一种补充，且对容易
被盗的计算机(如便携式计算机)上的数据或网络上共享的文件提供多一层保
护。与加密类似，在生物医学领域，涉及个人健康信息的数据在分享给更广泛的
研究人员使用之前就可以做一个可逆的匿名化(de-identification)操作。这样个
人健康信息既得到了保存，但是又不会轻易被其他的研究人员所接触，避免了
外泄。

2.3.5　案例分析

情　景　小　剧　场	问　题　分　析
王：张老师,您好! 我叫王××,在上海交通大学从事CDE 研究。 张：王老师,您好。 王：我看到您在《自然》(*Nature*)杂志上发表的成果,我对 此非常感兴趣! 张：谢谢! 王：张老师,我是研究新算法的,我想用您的数据来进行再 分析,请问可以吗? 张：我所有的数据都在文章里展示了。 王：不是的,我们需要原始数据。您可以分享数据吗? 张：我不确定呀。 王：但是您的工作已共享在 PubMed central 数据库,并 且接受了 NIH 资助,在《自然》上面发表时也写了数 据可用性声明。 张：是的。 王：因此您同意分享数据。我现在找您获取数据,可以给 我一份数据吗? 张：我不确定我的数据在哪里。 王：您的数据保存了吗? 张：我存在一个硬盘上了。 王：硬盘在哪里呢? 张：在我旧实验室的储藏室。我们刚刚搬了新楼。 王：那我可以获得这个数据吗? 张：储藏室里好多硬盘,太多了,而且没有贴标签。 王：……	数据存储如何保证"可查找"?
(过了一段时间,张老师把硬盘找到并且给了王老师。) 王：我拿到了您的数据,但是我读不了.rst格式的文件。 张：这个格式需要专用软件读取。 王：可以把这个软件给我吗? 张：我们已经不使用这个系统了,没有续费。 王：……	数据存储如何保证"可访问"?

情 景 小 剧 场	问 题 分 析
（又过了几天，）	
王：我找到了一个朋友，他有这个软件，我读了.rst 文件，但是无法理解里面的东西。	
张：有什么我能帮您的？	
王：您的数据的列的名字 ITR 是什么意思呢？	
张：是"importance topic rank"的缩写	
王：那 LSR-O 是什么意思呢？	
张：这不是很简单，是用 Optimizer 算法计算的 LSR。	
王：那 LSR-2 是什么意思？	
张：这个我不记得了。	
王：还有 LSR-3。有什么文件可以引导我理解您的数据么？	数据存储如何保证"可重复使用"？
张：有，我们发表的文章里解释了每个变量。	
王：你的文章里没有告诉我数据的每一行是什么意思。有没有任何记录能够解释数据中每行的含义？这个数据没有说明文件么？	
张：哦！我知道了！这篇文章的第一作者，李博士知道 LSR-3 还有其他的符号是什么意思。	
王：我可以联系李博士么？	
张：我不确定。他已经从我这里毕业了。他回老家了。	
王：我能联系到他么？	
张：他的名字叫李××，听说在 P 公司工作。毕业之后，他还没联系过我。您可以试试看。	

讨论环节

同学们可以扮演不同角色，表演上面的交流情景。基于上面这个交流的情景，表演的同学和观看的同学思考并讨论以下问题：

（1）张老师课题组的数据存储违反了上述数据存储 FAIR 原则中的哪几条？

（2）在数据管理过程中应该怎么做才能避免这些状况？

（3）对于已经存在的不符合 FAIR 原则的数据，如何将它们 FAIR 化？在你自己的科研领域内，会遇到什么样的实际问题？

2.4　实验数据共享规范

2.4.1　为什么要共享

说到实验数据的共享,我们要先讨论一下为什么需要共享数据。

有的人也许会说,实验数据是耗费了大量时间、金钱、人力成本得来的,光是优化数据采集的方法就耗费了几个月甚至几年的时间,我的数据就像我辛苦挖到的宝藏,为什么要把它们拱手送人呢? 别人动动手指就在网络上获取了我的劳动成果,凭什么? 我还要帮他做好标注,让他知道哪个数据对应了哪个实验;要告诉他读取步骤;还要花力气把我的数据匿名化,以求保护好我的被试的隐私;这项工作额外给钱么? 不是额外给钱的话,我把时间用在新的科研项目上不好么? 别人需要什么数据,直接从我们已发表的文章里面找不行么?

如果上面的想法戳中了你,那你并不是唯一一个。在2022年《自然》杂志新闻版块的一篇报道中,我们看到,90%以上在发表文章时声称会共享数据的作者,并没有在他人提出要求的时候给出数据。可见,在我们的学术研究圈,数据共享的执行还有很长的路要走(见图2-2)。

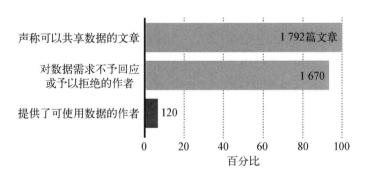

图 2-2　数据共享行为统计数据[6]

事实上,正是因为数据来之不易,高质量的数据共享对研究者个人、科研社群、资助机构等都有很重要的意义[7,8]。

从个人竞争的角度看,共享数据可以带来一些益处:

(1) 提高知名度。当你在公共可信存储库(如 Harvard Dataverse)中共享数据时,会自动获得数据集的正式数据引用,其中包含持久的统一资源定位器 URL(DOI)和适当的归属。作为学术规范的一部分,当其他人使用你的数据集时,他们会引用它,你的数据引用次数也会增加。共享数据可确保更多人了解你的研究结果和科研能力,从而帮助你在人群中脱颖而出。通过共享,不仅可以促进同行的科学研究,也可以为研究者本人提高知名度和影响力。

(2) 增加合作机会。科学和知识的进步不再是孤立地由个人或单一的科学领域实现的。合作是研究进展的关键部分,并且越来越多地包括多个学科和技能。公开共享数据使你所在领域以外的研究人员能够找到你的数据并促进跨领域的新合作。

(3) 加速研究进度。使你的数据易于访问,使其他研究人员能够从其他角度重用和分析数据,并有可能从原始工作中提出新的见解。也许你的研究会在你从未想过的领域和方式中发挥作用,但在此之前,这些领域的研究人员也不一定能想到来找你,正是因为你提供了数据资源,他们才会看到新的可能性。正如科学史上所表明的那样,从以前的实验或观察中获取数据对于新发现至关重要,开放数据资源有助于加快科学发展的步伐。

(4) 提高竞争优势。当开始一项科学研究时,保护数据集具有竞争优势的重点在于确保谁是第一个获得最激动人心的发现的人。但是,这些发现发表后,继续保持竞争优势的重点就会转化成最大限度地发挥它们的影响。例如很多人去参加会议,与同行交流,并在此过程中推广自己的工作。这时,主动将数据提供给同行是给自己创造竞争优势,这可以增加同行对你的工作的参与度,还可以鼓励读者并促进引用。对于数据集也可以分配一个数字对象标识符(DOI),由此可以直接跟踪它们被吸收和影响的程度。

(5) 延续自己的工作。或许你已厌倦了处理相同的旧数据集,但你知道它可以实现更多功能吗?转向其他领域并不意味着你在一个既定领域的影响力必须减弱。分享你的数据,让其他人接受挑战。用你的数据为下一代科学家提供资源,可以让他们在你所创造的基础上推进研究,并让你腾出时间从事新的工作。可以说这是用另一种方式延续自己的工作。

从科研群体的角度看,共享数据可以带来以下益处:

(1) 提升透明度和数据质量。学术出版物和科学声明是对研究工作及其结论的描述,但它们本身并不能完全披露研究是如何完成的。综合研究出版物或声明应附有用于得出结论的基础数据和分析。研究过程的这种透明度,包括共享数据和分析,使我们能够理解和验证结论。共享数据鼓励高水平的专业精神。当我们是唯一与数据集交互的人时,我们的命名约定、目录结构和格式可能会随着时间的推移变得不一致和难以理解。当我们共享数据时,我们会更加注重确保其结构一致、命名和存储系统合乎逻辑以及数据管理符合国际标准,这是 FAIR(可查找、可访问、可互操作、可重复使用)数据管理的原则之一。我们是否曾经多次阅读草稿,使我们的眼睛对文字反应迟钝,对错误不再敏感? 最好的解决方案是让我们的同事处理下一次修订。有时是我们的头脑(而不是我们的眼睛)对我们是专家的假设感到满意,从而导致没有什么能引起我们的注意。数据集也是如此。向另一双(或许多)不同的眼睛分享我们的结果可确保质量,这不论是对我们自己还是对其他任何人都是有益的。

(2)检验可重复性。科学真理必须是可验证和可重复的。然而,一些科学领域正在遭遇可重复性危机。无论是我们生活在可重复性危机中,还是我们现在比以往任何时候都更加意识到可重复性可能会在 21 世纪的大量科学出版物中消失,都使得我们需要对研究的可重复性进行分析和讨论。实现和提高可重复性的关键一步是共享声明随附的数据和分析。

(3)互惠互利。我们都在以多种方式为社会做出贡献:我们花时间担任编辑和审稿人,我们花时间组织和参加会议,我们为合作者提供时间和资源,我们提供网络以促进同事之间的联系。为什么在数据方面我们的慷慨经常会消失? 页面或屏幕上的某些数字真的比我们免费提供的其他东西更有价值吗? 你从网络上下载了多少次脚本、代码、数据集或单个结果? 你在自己的研究中多久参考一次别人发表的成果? 当然,你可以向其他研究人员提供对自己数据的访问权限,但根据具体情况响应个人请求是一种非常低效的回馈社区的方式。开放数据存储库是管理共享过程更明智的方式。

从政府和其他资助机构的角度看,共享数据具有以下作用:

(1)节约资金。资助计划的低成功率表明,好想法比资金能够支持的研究要多得多。另外,许多想法曾经被尝试(和被资助)过,但是都失败了。共享所有的数据,包括那些没能出现在顶级出版物中的失败的实验,也可以避免我们的资助机构一再支持相同的研究。分享"负面"结果最终将为真正的新想法和新科学方向腾出更多资金。许多资助机构也认识到数据驱动的重大发现的潜力。在许多情况下,包含强大数据管理和分析方面的研究受到好评,得到很好的支持。

(2) 推动领域发展。生成数据,将数据分类,和其他需要数据进行研究的人共享数据,可以推动整个领域的发展。为了保持卓越创新者的地位,推动下一代技术的发明和实施,我们需要采用新的方式来实现这一目标,而不仅仅是发布我们最喜欢的结果。当你的数据被该领域的其他人积极使用时,你的数据就与该领域相关。

2.4.2 数据共享的风险和挑战

尽管从数据共享中可获得许多好处,但研究人员在共享数据时必须注意一些重要的因素。因为其他人可能会不恰当地使用数据或使数据脱离最初的研究目的。此外,数据可能包含敏感信息,研究人员对维护机密性的担忧是合理的。最后,研究人员也可能会担心没有得到使用他们数据的其他人的认可,或者其他人会使用他们的数据来获得竞争优势。虽然这些都涉及伦理问题,但通常保持良好的数据共享、实践和编写全面的元数据可以在很大程度上解决其中的许多问题。

我们可以将风险点概括为如下几个方面[9,10]:

(1) 私密性的维护——既要共享,又要保密,看上去是矛盾的两个任务。鉴于巨大的可用数据量,研究界和监管机构面临着需要平衡双重目标的挑战,既要让研究人员可以访问数据,又要保护研究参与者的隐私——这绝非易事。需要权衡成本以及国家、公众和私人的合法利益,特别是利益相关者的权益(保护他们的隐私、知识产权和安全)。在涉及敏感数据的情况下尤其如此。需要保护隐私和知识产权以及其他合法的商业和非商业利益,否则除了存在对包括数据在内的权利持有人造成直接和间接损害的风险之外,还可能会削弱贡献数据和投资于数据驱动创新的动力。有证据证实,泄密风险导致用户更不愿意分享他们的数据,包括提供个人数据,在某些情况下甚至根本不愿意使用数字服务。在大规模个人数据泄露(多个权利人同时受到影响)的情况下,事件的潜在影响规模和范围可能会对社会造成不利影响,例如导致公众对管理数据方失去信任,并引发其对相关活动的广泛不安和恐慌。

（2）匿名化被重新识别——随着基因测序技术的发展和普及，不仅基因组数据的重要性在增长，而且在数量上它也以惊人的速度增长。在 21 世纪初期，只有两个人的基因组进行了测序，而据估计，到 2020 年，全球有超过 3 000 万人访问他们的基因组数据，此外，每年还会产生 2 亿到 400 亿字节的新数据。许多研究人员已经提出了一些技术保障措施来避免重新识别的问题，包括数据匿名化、去识别化和数据聚合。尽管如此，使数据真正匿名是困难的。在一项概念验证研究中，研究人员能够通过 Y 染色体上的短串联重复序列推断参与者的姓氏来重新识别研究的一些参与者。他们还发现来自全基因组关联研究的汇总统计数据并非完全不受隐私侵犯的影响，研究人员可以推断出参与全基因组关联研究的个人是一个特定的、潜在敏感的群体。

（3）数据滥用——对隐私和潜在数据滥用的担忧是阻碍公众参与基因组研究的主要因素之一。这些担忧不成比例地影响了代表性不足的社群的参与，从而影响了所收集数据的多样性，并限制了全球基因组研究的发展。一个是对数据安全的担忧，这并非没有根据，因为违反基因组数据的使用规范会使得隐私泄露，从而会暴露敏感信息，并可能导致医疗保险损失、歧视和污名化以及对家庭关系的损害。另一个担忧是，如果数据没有得到恰当的保护，最终可能会被用于某些不符合参与者最初提供知情同意的应用程序。

（4）共享数据造成的"偏见"——目前大多数可用的基因组数据都来源于欧洲血统的人，这阻碍了其造福于全球大多数人口。我们的学术研究成果发表本来就比较偏重发达国家，导致大部分人读到的工作成果仅仅代表了这些国家。数据共享进一步放大了他们的优势，使得很多发展中国家研究者花时间分析的共享数据并不能代表自己的族群或者自己的国家。

2.4.3　数据共享规范的一些建议

下面，我们将具体讨论数据共享过程中的一些规范，旨在达到更好的共享质量，让我们可以更好地发挥数据共享的优势，规避数据共享的风险。

我们在研究中越来越多地涉及不同课题组的跨学科合作，这也就意味着数据要在一定范围内进行共享。如果你是研究生，当有人找你索要数据的时候，你应该怎么做呢？师生在高校业务系统内产生的数据，应如何归属，属于学校还是师生？校外第三方若要调用这些数据，应通过什么流程？

1. 数据归属问题

在共享数据的过程中,我们要明确手头数据的归属,并不是说我采集了这个数据,它就是我的,我就可以凭自己的判断去决定如何分享它。实验数据归投资主体(时间、劳动、金钱都包括在内),而投资主体往往是个集体,涉及多人关系,包括高校师生、单位、投资方。一般来说,作为学生,如果你考虑要共享数据,需要征求项目负责人(principal investigator, PI)的意见,因为整个课题组的数据是一个共同归属。而作为PI,考虑到数据共享,则要征求自己单位的相关数据管理委员会、伦理委员会的意见,以及考虑到项目经费来源,要询问提供经费的机构是否同意共享。在有所有权(ownership)的各方都达成一致后,再进行共享才是比较妥当的。

个人信息永远归属个人。这是一定要再三强调的原则,尤其是在实验研究中涉及个人信息获取的时候。然而这个原则说起来容易,实际践行起来却有诸多挑战。个人信息数据是属于个人的数据,它是指对自然人的事实、活动的数字化记录。个人信息包括能够单独或者通过与其他信息的结合识别自然人个人身份的各种信息,例如姓名、住址、电话号码、社会账号、驾驶证号、金融账户号码、生物数据等。个人信息的范围很广,涵盖了个人的大部分敏感信息。非个人信息数据是指数据自身以及与其他信息结合不能识别自然人个人身份的各种信息,例如脱敏后的个人信息或者与特定人物无关的一般性统计数据等。与个人信息不同,非个人信息数据在处理和使用上不涉及个人隐私问题,因此相对来说更容易被处理和使用。这两种数据权利的取得依据是不同的。

在实验研究中,尤其是有人作为被试或者数据收集对象的情况下,难免需要收录个人信息。但是这不意味着研究人员可以随意处置或者在不同场合下分享被试的个人信息。本着个人信息归属个人的原则,实验中不得不获取的信息都需要告知对方收集信息的目的、信息的安全性、信息的用途,并且征得对方的同意。如果被试不同意,数据的收集就不能发生。原则上研究人员不能将所获得的数据用于被试同意范围之外的任务。

2. 共享的方式

数据共享对于知识的发现、技术的创新都有很好的推进作用。

在国家标准(GB/T 39725—2020)《信息安全技术　健康医疗数据安全指南》中,数据共享的五种方式及说明、适用类型如表2-2所示。

表 2-2 数据共享的五种方式

开放形式	说　明	适用共享类型
网站公开	统计概要类数据或经匿名处理后的数据，向大众开放，可以自行下载分析	完全公开共享
文件共享	由数据系统生成文件并推送至 SFTP 接口设备或应用系统，或采用移动介质（例如 USB）的共享	受控公开共享
API 接入	系统之间通过请求回应的方式提供数据，由数据系统提供实时或准实时面向特定用户数据服务应用接口，需求方系统发起请求，数据系统返回所需的数据	受控公开共享
在线查阅	在数据系统提供的功能页面上查阅相关数据	完全公开共享；受控公开共享
数据分析平台	提供数据分析平台、系统环境、挖掘工具、不含敏感数据的样本数据或模拟数据。平台用户共享或者专用硬件和数据资源，可以部署自有数据和数据分析算法，可以查阅权限内的数据和数据分析结果。平台所有原始数据不能导出，分析结果的输出、下载必须经审核	领地公开共享

其中完全公开共享，是指数据一旦发布后很难召回，一般通过互联网直接公开发布。受控公开共享，是指通过数据使用协议对数据的使用进行约束。领地公开共享，是指在实体的或者虚拟的领地范围内共享，数据不能流出到领地范围外。

3. 共享数据的使用范围

我们要明确共享数据的使用范围，获取数据的一方需要明确提出数据是用于什么任务，如果超过这个任务，是否需要重新申请数据提供方的同意。

（1）如果是小范围内的科研合作，一般是比较容易交流和达成共识的，明确任务之后，合作双方或者多方就可以基于共享数据开展工作。具体到工作任务，一般一个项目有个主导者，他不一定是导师本人，很可能是分析数据和撰写文章的主力。这位主导者往往会在项目推进过程中承担与各合作方密切沟通的责任，使得每个参与单位都了解数据的最新使用情况。尤其是在工作对数据提出了新需求时，或者工作中有什么新发现时，更加需要每个参与单位都比较明确当前项目的状况。如果有人不事先交流,直接使用数据,也是会破坏合作信任关系的。

(2)更大范围的数据共享机制中,分享数据的一方一般会对数据的使用范围进行详细说明。获取数据的一方在下载数据之前需要在申请中明确自己的数据用途。这样的机制可以明确并且使数据使用途径透明化。如果发生误用,也是可以溯源的。

4. 共享数据的安全性

如前所说,既要让研究人员可以访问数据,同时也要保护研究参与者的隐私,这是非常有挑战性的任务。为了在数据共享中保证数据安全,其机制设定涉及上一节"实验数据保存规范"中讲到的实践中"尽可能开放,尽需求封闭"的原则,对于不同公开级别的内容,要建立权限、加密机制,方便不同程度的取用。当我们从共享的视角来看待两者的联动,也更加能体现出存储规范的意义。

5. 共享数据的成本(费用、人力成本)

最近《自然》杂志调查显示,超过 90% 的文章,其作者在发表文章的时候承诺了共享数据,但是实际上有人索取的时候却没了回音。这么多人没有做到数据共享,不是人们故意说谎,部分原因是因为满足别人的数据需求是需要付出成本的。很多课题组没有这样的资本,例如课题组没有经费常年维护一个数据库;原来做项目的负责人离开了,后来的成员中没有人接手项目……那么数据共享的成本由谁来承担呢?对于每个课题组而言,为了避免负责人断档的情况,数据的管理模式和人员的前后衔接都宜早做计划。

对于资助机构而言,这个问题也是非常值得思考的。如果能够将一部分经费用于资助数据的共享,鼓励研究人员积极参与,也许比分别资助有重叠的研究方向的课题组经费利用效率要高。

6. 非正式共享

最后要讨论一种情况,因为现在的互联网和数据流动是有记忆的,有些公开场合,即便在展示时写了未出版(unpublished),一旦展示,也形成一种共享。我们下面列举一些可能出现的情况,供大家思考。

(1)公开场合的演讲和 PPT,线下会议有人拍照,线上会议有人录屏。

(2)使用移动硬盘,容易丢失。

(3)微信讨论工作,传输文件。

(4)当你遇上不合规分享的人。例如,合作者把含有大量个人信息的文件一股脑儿传送给你。

2.5　本章总结

最后,希望大家能够在科研中注重相关规范,使得工作开展更加顺利有效。对于新技术带来的新问题,要持续关注,保持敏感性。

思考与练习

▥ 练习与简答

1. 数据采集原则 ALCOA＋是指什么?

2. 数据采集之前需要注意哪些问题?

3. 下面的说法对吗?

　A. 数据采集只需要记录结果比较好的一次实验。

　B. 二手数据采集就不会存在伦理问题。

　C. 数据采集之前不需要提前思考数据分析需求。

　D. 数据可以先随便记录一下,事后想起来再记入正式的文档。

4. 数据保存原则 FAIR 是指什么?

5. 中间数据保存需要注意哪些问题?

6. 下面的说法对吗?

　A. 数据保存不需要考虑安全性。

　B. 如果比较老的数据保存不符合 FAIR 原则,我们也没什么办法。

　C. 数据保存不需要考虑如何访问。

　D. 数据保存的设置要考虑别人使用时可能遇到的问题。

7. 数据共享中有什么风险?

📑 思考与讨论

1. 版权问题，讨论 Sci-Hub 网站的合理性与合法性。

2. 你认为在我们周围数据共享行为常见吗？请举例说明。

3. 你有没有在研究中从别人提供的共享数据中受益？

4. 你愿意为促进数据共享付出什么努力？

5. 医院的医生为了做科研，把包含患者个人信息的数据拷入 U 盘，带回家进行数据分析。请问这种做法有什么问题？

6. 设想 A 是医院的医生，同时从事临床工作和科学研究。在科室之间讨论问题时需要展示数据，于是 A 直接通过微信将 30 个患者的数据转发给隔壁楼的科室合作者，方便接下来进行讨论。请问这样做是否合适？如果合作对象是高校的研究人员呢？

📑 案例分析

脸书(Facebook)丑闻

2018 年 3 月，根据爆料者克里斯托夫·维利的指控，剑桥分析公司(Cambridge Analytica)在 2016 年美国总统大选前获得了 5 000 万名脸书用户的数据。这些数据最初由亚历山大·科根通过一款名为"这是你的数字生活"(This Is Your Digital Life)的心理测试应用程序收集。通过这款应用，剑桥分析公司不仅从接受科根心理测试的用户处收集信息，还获得了他们的好友资料，涉及数千万用户的数据。能参与科根研究的脸书用户必须拥有约 185 名好友，因此覆盖的脸书用户总数众多。《纽约时报》(The New York Times)等最先曝出该事件的媒体预计，受影响的用户预计在 5 000 万左右，但 4 月 4 日，脸书首席技术官迈克·斯瑞普菲发表的一则博客文章称，脸书上约有 8 700 万用户受到该事件影响，其中大部分在美国。

英国国会议员戴蒙·柯林斯致信扎克伯格，要求他在英国议会数据、文化、媒体和体育委员会前作证。"委员会不断询问脸书相关负责人，这些公司是如何从其网站获得并持有用户数据的，尤其是这些数据是否在未经用户同意下获取。但他的手下的回答总是淡化风险，并误导委员会。"这封信写道。

脸书回应的声明称："马克(马克·扎克伯格)、谢莉尔(谢莉尔·桑德伯格)及他们领导的团队正在夜以继日地工作,努力收集所有事实证据,采取相应的行动,因为他们已经认识到问题的严重性。我们被欺骗了,整个公司都感到气愤。我们会积极推行自己制定的政策,保护用户信息,我们会采取一切必要措施达成目标。"

(3 年后,2021 年的 4 月 4 日。)

美国当地时间周六,一家黑客论坛的用户在网上免费公布了数亿脸书用户的数据,包括电话号码和其他个人信息。

泄露的数据包括来自 106 个国家和地区的超过 5.33 亿脸书用户的个人信息,其中包括超过 3 200 万条美国用户记录、1 100 万条英国用户记录以及 600 万条印度用户记录。这些数据囊括了用户的电话号码、脸书账号、全名、位置、出生日期、简历,在某些情况下还有电子邮件地址。美国媒体已经审查了泄露的数据样本,并通过将已知脸书用户的电话号码与数据集中列出的账号进行匹配来验证几条记录。此外,他们还通过测试脸书密码重置功能中设置的电子邮件地址来验证记录,密码重置功能可以用来部分显示用户的电话号码。

这已经不是第一次发现有大量脸书用户的电话号码被暴露在网上。2019 年发现的安全漏洞使得数百万人的电话号码从脸书的服务器上被窃取,违反了脸书的服务条款。脸书表示,该漏洞已于 2019 年 8 月修复。

脸书之前誓言要打击海量数据的窃取行为,此前剑桥分析公司违反了脸书的服务条款,窃取了 8 000 多万用户的数据,目的是在 2016 年美国大选中向选民投放政治广告。

网络犯罪情报公司 Hudson Rock 首席技术官加尔说,从安全的角度来看,脸书在帮助受影响的用户方面无能为力,因为他们的数据已经公开。但他补充说,脸书可以通知用户,这样他们就可以保持警惕,防止有人可能利用这些个人数据进行钓鱼或其他网络欺诈。

讨论问题:

1. 上述案例在数据采集、数据存储、数据共享这些环节中,违反了哪些规范?

2. 社会环境中有什么因素助长了不正之风?

3. 科研工作者应该如何在技术不断进步的时代,更新个人的行为规范?

参考文献

[1] MEHRA M R, DESAI S S, RUSCHIZKA F, et al. Retracted: hydroxychloroquine or

chloroquine with or without a macrolide for treatment of COVID-19: a multinational registry analysis[J/OL]. The lancet, 2020, 14240(395): 1820[2023-02-01]. https://www. thelancet. com/journals/lancet/article/PIIS0140-6736(20)31180-6/fulltext.

[2] WHO. Coronavirus disease (COVID-19): solidarity trial and hydroxychloroquine[N/OL]. (2020-06-19)[2023-02-01]. https://www. who. int/news-room/questions-and-answers/item/coronavirus-disease-covid-19-hydroxychloroquine.

[3] WILKINSON M D, DUMONTIER M, AALBERSBERG I J, et al. The FAIR guiding prinoiples for scientific data management and stewardship[J/OL]. Nature (London), 2016, 3(1): 160018[2023-02-01]. https://nature. com/articles/sdata 201618.

[4] Alzheimer's Disease Neuroimaging Initiative[DB/OL]. [2023-02-01]. https://adni. loni. usc. edu/.

[5] Go Fair. FAIRification process[EB/OL]. [2023-02-01]. https://www. go-fair. org/fair-principles/fairification-process/.

[6] WATSON C. Many reachers say they'll share data — but don't[J/OL]. Nature (London), 2022, 606(7916): 853[2023-02-01]. https://www. nature. com/articles/d41586-022-01692-1.

[7] The Open Data Assistance Program at Harvard. Benefits of sharing data[EB/OL]. [2023-02-01]. https://projects. iq. harvard. edu/odap/benefits-sharing-data.

[8] BARNARD A S. Ten reasons to share your data[EB/OL]. (2018-04-27)[2023-02-01]. https://www. natureindex. com/news-blog/ten-reasons-to-share-your-data.

[9] Anon. Walking the tightrope between data sharing and data protection[J/OL]. Nature medicine, 2022, 28: 873[2023-02-01]. https://www. nature. com/articles/s41591-022-01852-w.

[10] OECD. OECD digital economy outlook 2017[R/OL]. (2017-10-11)[2023-02-01] https://dx. doi. org/10. 1787/9789264276284-en.

3 实验数据采集、分析及发表的统计学基本规范①

3.1 前言与学习目标 ─────────────────●

生物、医学、工程、心理学等自然科学和社会科学领域的研究,往往都会涉及实验设计、数据采集、数据处理以及对数据的统计分析和结果的描述、报告、解释等。2016 年,《自然》杂志进行了一项关于科学研究结果可重复性的问卷调查,发现几乎所有主要学科领域的研究论文都存在可重复性较差的问题,尤其是生物医学领域,甚至顶级的国际期刊论文也不能幸免。2012 年,安进(Amgen)公司对前一年在顶级学术期刊上发表的 53 项肿瘤生物学领域的里程碑性工作进行了重复性研究,最终结果非常令人失望,仅有 6 项工作得到了完全重复,可重复率仅为 11%[1]。另外一项针对 4 本心理学顶级期刊上发表的 100 篇论文的重复性研究,发现了类似的可重复性危机,仅有 36% 的重复研究具有显著性,并且重复结果的效应(effect)大多小于原始研究。学术论文的可重复性危机已经越来越受到科研人员和公众的关注[2]。当然,研究也发现这样的重复性危机在物理等学科的情况好很多[3]。以实验和实验数据分析为主要研究方法的研究出现的可重复性危机,主要原因有如下几类:

夸大结果的意义(hype)。例如从少数几个样本得到的结果,被夸大到一般情况;或者从动物身上获得的初步研究结果被泛化地推论到了临床和人体上等;忽视了个别样本的随机性,以及动物实验与临床使用的复杂差异。

---

① 编者:童善保,上海交通大学生物医学工程学院教授。

学术造假（fraud）。这类问题在最近几年比较突出，比如论文工厂代写论文、虚假的同行评审以及对论文中的数据和图片的操控。Pubpeer 网站上经常有读者对已发表论文的图、表提出质疑，论文的作者会在网站上进行回应，或者补充发表更正结果，但有相当数量的论文确实存在图片操控问题，最终被撤稿。

研究人员发表论文的压力。很多研究机构都会要求研究人员不断地发表论文，并且论文发表的表现和他们的晋升密切相关，这导致研究人员可能会发表一些不是很严谨和可靠的工作成果。

期刊追求创新性，而不要求可重复性。绝大部分学术期刊，包括顶级的 CNS［即《细胞》(Cell)、《自然》(Nature)、《科学》(Science)］期刊，其评审最重要的标准是工作的新颖性，而结果的可重复性并不在论文评价标准的显著位置。CNS 及其子刊，都希望发表非常新颖的成果。

文件柜效应（file drawer effect）。因为期刊对新颖性的追求，它们往往只发表具有统计显著性差异的结果。研究结果如果没有发现统计显著性，那么投稿到期刊后，基本上不会被接受发表，这样就导致很多阴性（negative）结果发表不了，而被直接丢在"文件柜"了。文件柜效应导致的另一个问题是发表出来的具有统计显著性差异的结果，部分可能是样本的随机误差产生的，属于假阳性（false positive）结果。如果进行重复性实验，很难再次得到同样显著性差异的结果。

错误地使用了统计分析方法。比如过度依赖"零假设显著性检验（null hypothesis significance test，NHST）"方法以及对其结果的错误解释，特别是对 NHST 的 p 值的错误的解释。其他统计方法问题还包括违反方法的适用条件，p 值操控（p-hacking），根据结果提出假设（hypothesizing after the results are known，HARKing），低统计功效（low statistic power）问题等。

上面各种影响科研论文可重复性的因素中，统计学方法问题是最为隐性的，但又非常普遍和突出。夸大学术成果、数据造假等行为的危害都比较明确，当事人自己也清楚这样做是不对的。但很多人一直在无意地、错误地使用统计分析方法，从过去几十年来看，这方面的问题并没有得到改善，甚至有加重的趋势。例如，有非常多的人仍然把零假设显著性检验的 $p<0.05$ 作为实验是否有效的标准。特别是在生物医学、心理学及社会科学领域以实验为基础的研究中，类似的问题尤为突出。对于这类以实验为基础的研究，需要研究人员具有较丰富的统计学知识且经过一定的训练，才能逐渐改变这一情况。而现状是很多学生拿

到数据后,用几个可视化的统计软件进行分析,操作几个所谓的统计检验,然后把结果放到论文里,认为这就可以了。打个比方,研究生在做科研之前,如果没有经过系统的实验设计和统计分析方面的训练,相当于把一个未经过军事训练的士兵直接送到战场上,这样的做法很危险。

针对上面的问题,本章介绍数据采集、分析和汇报的统计学规范问题。我们希望通过学习本章内容,读者能初步掌握以下知识:

(1)了解实验研究的样本量大小的统计学规范。

(2)正确理解和使用基于零假设显著性检验的统计推断方法。

(3)了解几种影响研究结果可重复性的行为以及如何避免:p 值操控、HARKing 和 data leakage 等。

(4)如何在论文中规范地报告数据的统计分析结果。

本书并不是一本关于实验设计或统计分析的教材,所以并没有阐述系统的统计分析的理论和方法。本章将从一般研究的实验设计、数据采集、数据分析和结果汇报流程着手,围绕上面的四个目标,介绍每一个环节需要了解的统计学基本规范,如果你看完本章内容后,在研究设计、数据分析和结果描述中应用这些规范,并有意识地主动学习和掌握相关的统计学方法,那么学习本章的目标就达到了。

3.2 实验样本量估计的伦理及统计学规范

3.2.1 为什么要进行实验样本量设计

从统计理论上看,实验样本量的大小决定了以零假设显著性检验为基础的统计分析的统计功效(statistic power)和统计检验的显著性水平(即 p 值),可见实验样本量大小在实验和统计分析中的重要性。然而在实际中,对实验样本量的使用和理解存在着普遍的问题,原因之一是很多学生甚至研究人员对实验样本量设计相关理论缺乏了解(如果想系统地了解相关的理论,建议选修《实验设计》或类似课程)。我曾经多次询问已经完成学位论文的学生,他们

的实验以及数据统计分析中的样本量大小是如何确定的,得到最多的回复可能如下:

(1) 参考实验室学长、学姐的论文,或者别人的文献。

(2) 根据(导师)的经验或建议。

(3) 就只有这些数据。

(4) 越多越好。

(5) 先收集一些数据,看看结果,根据结果再决定是否增加样本量。

……

遗憾的是,能基于统计功效分析来确定样本量大小的人非常少。需要指出的是,上面的这些做法或多或少地都存在一些缺陷,甚至会严重影响结果的可重复性(参见本章 3.4 节"p 值操控行为及其避免")。

比较规范的做法是在实验之前通过统计功效分析来确定实验样本量的大小。上海交通大学的所有涉人研究(包括利用人体标本或生理数据)都需要通过学校的涉人科技伦理审查委员会(Institutional Review Board, IRB)的批准。所有动物研究同样需要动物饲养和使用委员会(Institutional Animal Care and Use Committee, IACUC)的批准。在一个研究计划开展之前,委员会需要审查项目的研究方案、数据采集、(涉人研究的)参与人员的知情同意书以及对人体安全和个人信息的保护等。其中一项必须被审查的内容是样本量大小的设计。IRB 和 IACUC 不希望实验样本量过大或者过小,原因如下:

(1) 如果样本量过大,会造成不必要的资源浪费或增加被试的风险。实验中的样本采集需要科研经费来支持,如果用 100 只动物就足够获得统计可靠的结论,就没有必要使用 200 只。即使是动物的成本以及饲养费用并不昂贵,不必要地使用动物也是伦理委员会不支持的。涉人研究也有同样的问题,样本量太大,除了浪费经费和人力资源外,还可能会使一部分被试没有必要地经受实验的风险。例如大量的药物或疫苗经过临床 I、II 期试验后发现无效,便终止了研究,因此过多招募的被试处于不必要的风险中。

(2) 如果样本量过小,会降低统计学功效,并带来诸如可重复性较差、检测效应偏差等一系列严重问题。为了便于理解,我们以常见 A/B 检验为例,先介绍一下统计功效的概念,即判断实验中的两组数据是否存在差异。A、B 两组可以是药物实验的药物组和对照组,也可以是同一组患者用药前后的数据。最简单的 A/B 检验例子就是连续样本变量的 t 检验,如图 3-1 所示。

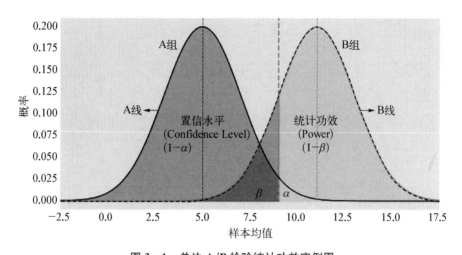

图 3-1 单边 A/B 检验统计功效实例图

图中表示 A(对照组)、B(实验组)的均值(样本大小 n/组)分布

图中 A 组和 B 组所示区域分别对应实际实验中的对照组和实验组样本均值的分布(注意这不是观测值本身的分布)。希望比较实验组数据和对照组数据的均值是否存在显著差异,从而来评价药物的干预效果。根据图中的数据,可以发现对照组的均值和实验组的样本均值分布存在一定的重合,有些对照组的样本均值比实验组的均值要高。如果以两组中间竖线所示的位置作为显著性阈值来确定药物是否有效(B,阳性)或无效(A,阴性)的话,会产生如下的误判:阈值右侧 A 线下面的数据(比例为 α)会被误判为阳性(B 组),而阈值左侧 B 线下面的数据(比例为 β)会被误判为阴性(A 组),前者通常被称为假阳性(false positive,FP),后者为假阴性(false negative,FN),显然阈值左侧 A 线下面的区域和右侧 B 线下面的区域分别对应真阴性(true negative,TN)和真阳性(true positive,TP)。有了这些定义后,我们就可以定义我们的统计功效了,即 power = TP/(TP+FN)。从 power 的定义可以看出,统计功效表示实际阳性(有效)的样本中(TP+FN)被正确地检测出(TP)的比例。根据统计学的中心极限定理,在样本量不是很小($n>30$)的随机采样情况下,样本的均值是一个以总体均值为均值的正态分布,其标准差(也称标准误)为 $\sigma/\sqrt{n}$,即 $N(\mu, \sigma^2/n)$(σ^2 为总体的标准差)。

如果我们针对同样的总体,在 A、B 组的均值和方差都不变的情况下,将样本量大小增加为原来的两倍($2n$ 每组),再看看它们的样本均值分布(见图 3-2):

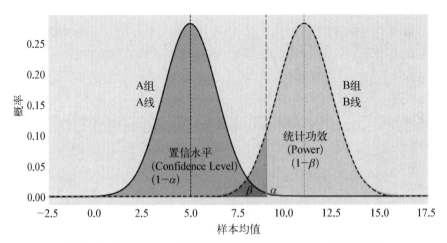

图 3-2　增加图 3-1 中样本量大小的情况下（图 3-1 的 2 倍），单边 A/B 检验统计功效示意图

图中曲线表示 A（对照组）、B（实验组）的样本（大小为 $2n$/组）均值分布。对比发现，在增大样本量后，A、B 样本的均值分布重叠减小，在相同的阈值判定线下，α、β 值都显著减小，即显著性水平 $(1-\alpha)$ 和统计功效 $(1-\beta)$ 都显著提升

对比图 3-1 和图 3-2 发现，在其他条件（总体均值差异、总体标准差）不变的情况下，增大样本量后，A、B 两组样本的均值分布变得更"瘦"了，重叠部分减小了，在用图 3-1 相同的 A/B 判定阈值的情况下，我们会得到更小的假阳性（α）和假阴性（β）值，对应的统计功效（$1-\beta$）相应地增加了。从两个图中还可以看出，在确定的效应大小（effect size）和总体标准差（σ）条件下，小样本实验的直接后果如下：

（1）统计显著性降低，采用零假设显著性检验（如 t 检验）得到的 p 值会偏大。很多学术期刊往往不愿意发表显著性低的结果，从而造成了"文件柜效应"和资源的浪费（虽然这是学术期刊本身的问题）。

（2）在小样本的情况下，即使发现了显著性的结果（比如 $p<0.05$），但由于统计功效较低，如果以相同实验条件（相同样本量大小）重复实验，会难以再次得到显著性的统计结果。

（3）低统计功效研究带来的第三个问题是即使发现了显著性的结果，但检测出的效应大小会比实际效应要大得多（如上面 A/B 检验例子中的效应大小是 A、B 总体均值差异 $\mu_b-\mu_a$），并且统计功效越低，这种偏差会越大，而这一点经常被研究人员忽视。换一种比较容易理解的方法解释，就是低统计功效实验中报道的有显著性的效应值比真实值偏大。为进一步直观地说明这个问题，我们在 R 语言中做一个仿真演示。假如某药厂研发了一种特效降压药,实际的效果是能把收缩压(SBP)从 150 mmHg 降到 130 mmHg(由于在世界上首次发现,刚开始的时候没有人知道这个实际效应),我们来模拟低统计功效对检测出的药效有什么影响。假定高血压人群的平均 SBP＝150 mmHg,用药人群的 SBP＝130 mmHg,进一步假定两组人的 SBP 标准差都是 25 mmHg。实验采用随机对照实验,随机招募 $2n$ 个高血压的被试,平均分配到两组,一组用药,一组不用药(作为模拟仿真,这里我们暂不考虑伦理问题)。

```
mu1<-150    # 对照组平均收缩压(SBP)
mu2<-130    # 用药组平均收缩压
sigma<-25   # 两组的血压标准差
p0<-0.05    # NHST 显著性水平的阈值
nc<-seq(15,200,5)       # 仿真不同的样本大小 15, 20, 25, …, 200
TPR<-vector()   # True positive rate
detected.effect<-vector()    # 检测出的 effect # 在每个样本大小 nc 下,根据
mu1,mu2, sigma 随机产生样本 x1, x2, 然后进行独立样本 t 检验,以 p0 作为显著性阈
值,重复实验10000次,计算对应的统计强度(TPR=TP/10000),以及实际检测出的效应
(effect)的均值
for (n in nc){
  reps<-10000
  P<-vector()
  d<-vector() # saving the effects in samples
  for (i in c(1: reps)){
    x1<-rnorm(n,mu1,sigma)
    x2<-rnorm(n,mu2,sigma)
    P<-append(P,t.test(x1,x2,var.equal = T) $ p.value)
    d<-append(d,mean(x1)-mean(x2))
    }
  effect.sample<-which (P<p0)
  TPR<-append(TPR, length(which(P<p0))/reps)
  detected.effect<-
append(detected.effect,mean(d[effect.sample]))
  }

library(ggplot2)
library(patchwork)
```

```
data<-data.frame(X=nc,TPR=TPR, DE=detected.effect)
#可视化：p1—实际检测的 effect
p1<- ggplot(data) +
  geom_line(aes(x = X,y = detected.effect),color = "red") +
  xlab("Sample Size (n)") +
  ylab("Detected Effects") +
  geom_hline(yintercept = 20, color = "blue",linetype = "dashed") +
  annotate(geom = "text", x = 40, y = 20.3, label = "True effect = 20 mmHg",
color = "blue")
#可视化：p2—不同样本大小的统计效应值
p2<- ggplot(data) +
  geom_line(aes(x = X,y = TPR),color = "red") +
  xlab("Sample Size (n)") +
  ylab("Statistic Power (1 - beta)")
p1 / p2
```

对照上面的仿真统计功效,以及检测效应随着样本增加的变化可以很明显地看出,虽然实际的药效是 20 mmHg,但在样本量比较小的时候,例如每组 $n=$ 15 时,统计功效 power$\approx$30%,检测出的平均药效约为 26 mmHg;但当样本 $n=$ 50 每组,统计功效 power$\approx$97%,检测出的效应基本上接近实际的 20 mmHg。通常情况下,包括很有影响力的期刊上的论文,因为是首次发现结果,在样本设计的时候,往往样本量比较小,导致统计功效比较低,一方面难以重复得到显著性结果,另一方面即使可以被重复,发表出来的效应往往小于实际的效应(见图 3 - 3)。

3.2.2　如何进行实验样本大小的设计

前面提到,实验样本设计是统计学里的"统计功效"分析的内容。任何一本关于实验设计的教材或者专著里都会有详细的讲述,所以本章并不打算重述这些实验设计的基本理论,我们希望从宏观上给没有经过实验设计训练的学生提几条建议和学习路径。

(1) 你需要系统地学习一下实验设计的方法和理论,这些理论与统计分析方法一样,是任何一个从事实验研究的学生的必修课程,如果你的学校没有开设这样的课程,你需要自学这些内容。

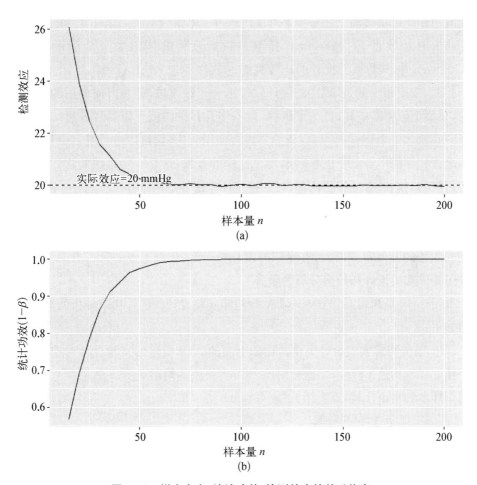

图 3 - 3 样本大小、统计功效、检测效应的关系仿真

（a）样本量大小与实际检测出的效应大小的关系 （b）样本量大小与统计功效的关系

（2）基于统计功效的样本量设计，实际上是根据样本大小（n）、效应大小（ES）、统计功效（$1-\beta$）、统计显著性水平（α）四个量之间的关系进行设计。样本量设计的目标是针对特定实验效应大小（比如两组间的均值差异大小），确定出要达到给定的统计显著型水平 α 和统计功效（$1-\beta$），至少需要的样本量 n。这四个量在统计上的相互制约关系为

$$1-\beta \sim ES \cdot \alpha \cdot \sqrt{n}$$

因此，当确定 ES、α、$1-\beta$ 后，就可以计算出需要的最小的 n 值。

（3）学会用统计功效软件来进行样本量的设计。需要记住的是要在理解研

究问题和统计功效理论的基础上再使用软件。本章后面我们结合常用的免费统计功效分析软件 G*Power,对样本量设计软件的使用做一个演示。除了 G*Power 外,其他值得推荐的比较优秀的软件还有 PASS (https://www.ncss.com/)。需要指出的是,现在的统计软件也一直在改进,朝着方便使用的方向开发,只要把数据准备好,点几下鼠标,差不多几秒钟内就可以得到分析结果。这很容易给人一个错误的印象,认为只要会使用软件,就可以进行统计分析了,很多统计软件的广告似乎也在暗示用户这样的效果,这是一个错误的认识。如果对研究的问题没有足够的认识,对各种统计方法的适用条件没有充分了解,以及对数据是否能回答问题都没有充分的分析,那么很难保证结果是否具有可重复性,也很难对分析结果做出正确的解释。很多研究机构都有专门的数据统计咨询和服务的办公室或部门,有专职的统计学专家,也有专业的第三方商业机构,专门提供实验设计和数据分析的服务。

图 3-4 是利用 G*Power 对 A/B 检验实验设计的统计功效分析的截图,步骤如下:

① 首先确定实验设计类型。比如上面的 A/B 检验的实验设计对应的是两个独立样本均值 t 检验,即比较对照组和实验组的均值差异。如果实验是多于两个样本的均值比较,需要用方差分析(analysis of variance,ANOVA)设计,在 G*Power 里是选择"F 检验"。

② 第二步是需要估计待检验的效应大小(ES),例如对于独立样本 t 检验,ES 的值是 $|\mu_a - \mu_b|/\sigma$,即标准化的两组均值的差。确定 ES 有时候有点困难,在本节的最后,我们会具体介绍确定 ES 的方法。

③ 下面的几个参数 α、$1-\beta$ 就是统计显著性水平和统计功效值,根据实验设计预先指定,比较容易确定。

④ 最后一个参数 N_2/N_1 是 A、B 两组样本量的比值,除非实验比较特殊,一般建议设定为 1,表示两组样本量平衡。在样本总数相等的情况下,平衡设计的实验,即 $N_2 = N_1$ 的时候,统计功效更高。

(4) 从上面统计功效分析原理和 G*Power 的例子可以看出,ES 的估计至关重要,那么实际操作中如何确定 ES 呢? 这里给大家提供几个关于估计 ES 的建议或方法:

① 根据文献中的数据来估计 ES。如果相关的工作在文献中已经有报道,可以借鉴文献中报道的效应大小来进行统计功效分析。

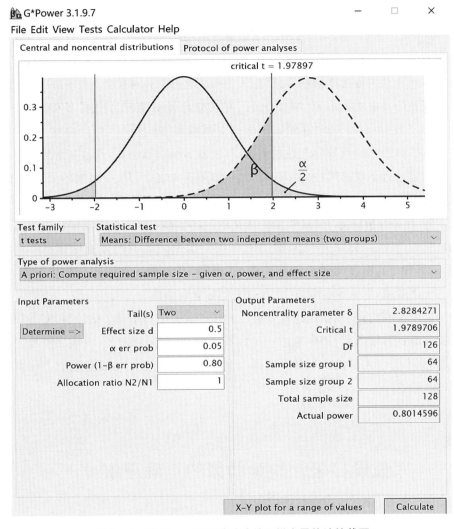

图 3-4 G*Power 进行统计功效和样本量估计的截图

② 借助初步的预实验数据来估计 ES。如果文献中没有报道相关的 ES,在研究条件允许的情况下,可以做一些预实验,大致估计 ES。

③ 依据常识来估计 ES。如果预实验不容易做,但是有一些常识经验可以参考,比如根据常识中身高和体重是强相关,那么它们的相关系数 r 可以粗略地按 $r=0.8$ 或 0.9 来估计。

④ 米德(Mead)等人[4]提供了一种关于因素分析(包括方差分析 ANOVA,协方差分析 ANCOVA)样本量的经验估计方法,就是在上面的方法都无法估计

ES 的情况下,可以依据下面的公式,也称米德(Mead)资源公式:$N-1=T+B+L+TB+TL+BL+TBL+E$。米德(Mead)资源公式的思想是至少要有 10 到 20 个样本来估计残差的方差。上面的公式中,N 是样本大小,T、B、L 分别是不同因素的自由度值,TB、TL、BL、TBL 分别表示因素交互作用的自由度,E 是残差的自由度。米德(Mead)公式建议的是最后残差自由度 E 要在 10 到 20 之间。比如有 20 只动物随机分配到对照组和实验组(干预自由度 $T=2-1=1$),如果研究的效应存在性别差异(自由度 $B=2-1=1$),并且在干预前后对每个动物进行了观测(自由度 $L=2-1$),如果不考虑 T、B、L 因素的交互作用,残差自由度 $E=20-1-T-B-L=16$,在 10 和 20 之间,因此样本量合适。

⑤ 相关分析研究中,如果无法从文献、预实验数据或者常识中获得相关系数 r 值的范围,可以采用与米德(Mead)的资源公式类似的方法估算样本量大小,计算残差自由度的样本量不少于 10。例如在简单线性回归分析模型中,只有一个因变量,那么至少需要 12 个以上的独立观测值。

需要说明的是,根据统计功效估计的样本量大小只是一个估计值,实践中还需要考虑到其他因素,如要考虑一定数量的样本因为各种因素没能完整地完成实验,或不符合入组条件。最终的样本大小需要在上面的估算值基础上保留一定的余量。

3.3 零假设显著性检验结果的正确理解

3.3.1 什么是零假设显著性检验

目前统计分析的两大主流方法为频率学派和贝叶斯(Bayes)学派。虽然贝叶斯统计方法比频率学派的统计方法具有更多的优点,更容易解释,更适合于小样本量的数据,而且从历史上看,贝叶斯统计推断理论比频率学派的零假设检验方法要早很多,但直到 20 世纪 90 年代马尔可夫链蒙托卡罗(Markov Chain Monte Carlo,MCMC)仿真算法出现前,贝叶斯统计因为计算比较复杂、难以实现,导致整个 20 世纪的统计方法一直是频率学派占主导,代表性的人物是 R. 费希尔(R. Fisher),J. 内曼(J. Neyman)和 E. 皮尔森(E. Pearson)等。以至于现在统计分析方法的入门课程都是主要介绍基于零假设显著检验的统计推断,甚至不提贝叶斯检验。打开任何一本期刊,即使在最新的论文中,绝大多数仍然在使用零假设显著性检验进行数据统计分析和结果报道。以至于如果没学过置信区间和零假设显著性检验方法(如 t 检验、ANOVA、卡方检验等),基本上看不懂现在的科研文献。但是零假设显著性检验在实践中存在着非常广泛的错误理解和解释,导致了很多问题,包括研究结果的可重复性危机等。我们下面将介绍常见的对零假设显著性检验的错误理解和解释,期望建立合理使用这些传统统计分析方法的规范。

我们仍然以 A/B 检验为例,看一下通常的零假设显著性检验的过程。假设我们进行了一次实验,得出实验组 A 和对照组 B 的数据(比如血压或血糖值),零假设显著性检验的目的是从样本的数据来推断对应的两个总体(即用药干预的人群和不用药的人群)是否具有显著差异,我们分别用 μ_A,μ_B 和 m_A,m_B 表示实验组和对照组的总体均值和样本均值,利用零假设显著性检验来推断 μ_A,μ_B 是否存在差异的过程如下:

步骤 1:提出零假设($H0$),比如这个例子中的用药与不用药的人的血糖值总体均值没有差异,$\mu_A = \mu_B$。

步骤 2:提出对应的备择假设($H1$),或 $H0$ 不成立的情况,即 $\mu_A \neq \mu_B$。

步骤 3:计算本实验样本对应的统计量,即样本均值差异 $d = m_A - m_B$。

步骤 4:计算样本差异的显著性水平 p 值。根据中心极限定理,在 $H0$ 成立和总体标准差未知的情况下,d 服从 t 分布。如果重复实验,发现实验组和对照组差异比样本差异更大的概率 p 值:$p = P(d \geqslant |m_A - m_B| \mid H0)$。

步骤 5:比较 p 与预先设定的显著性水平值,例如 $\alpha = 0.05$ 或 $\alpha = 0.01$,如果 $p \leqslant \alpha$,说明样本很显著(在零假设 $H0$ 成立下发生的概率小),因此我们拒绝 $H0$,接受备择假设 $H1$,从而推断 $\mu_A \neq \mu_B$。我们的代价是即使在 $H0$ 成立的情况下,我们重复实验,将做出错误判定(假阳性)的概率控制在 $< \alpha$。如果 $p > \alpha$,说明样本不很显著,因此我们不能拒绝零假设 $H0$。

上面五个步骤的零假设显著性检验非常广泛地应用在生物医学、心理学、药学等几乎任何涉及实验数据统计分析的学科领域,更详细的例子,以及不同类型的检验(如 ANOVA、卡方检验、正态性检验、方差齐性检验等)可以在任何一本统计学分析教材里找到。在阐述了零假设显著性检验后,我们下面详细介绍一下零假设显著性检验在实际应用中的常见错误理解和解释。

3.3.2 常见的零假设显著性检验的错误理解

1. 二值化解释的问题

以 $p = .05$ 阈值，认为 $p < .05$ 是具有显著性差异，$p > .05$ 不具有显著性差异。这种情况非常普遍，以至于很多科研人员只要得到 $p = .051$ 就很沮丧，因为这样的结果往往不会被学术期刊接受。但 $p = .0499$ 却是令人兴奋的结果，因为这个 p 值就可以声称结果具有"显著差异"了。这样的现状听起来非常荒唐，因为从统计上看 $p = .0499$ 和 $p = .051$ 几乎是一样的。费希尔最初在提出显著性检验的时候，也只是认为如果 p 很小，说明样本数据比较显著，那到底多小才算小呢，费希尔说"比如 0.05 吧"，费希尔显然并不是很认真地在建议，但几十年来，$p < .05$ 却已然成为众多科研人员尊崇的"标准"，导致了大量的"不显著"p 值的结果没有发表，也催生了追求得到 $p < .05$ 的 p 值操控行为（详见本章后面内容），加剧了研究结果的不可重复性。已经有些杂志认识到了这个问题，禁止发表用 p 值来解释结果的论文[5]。

提示和建议：不要用 p 值是否大于 0.05 对结果做二值化的结论，鼓励直接汇报 p 值，比如 $p = .03$ 和 $p = .003$ 都小于 0.05，但表示了不同的显著性水平，并且意味着不同的可重复性。

2. 把 p 值解释成零假设 $H0$ 成立的概率

这是继上面二值化解释 p 值后的另一个最常见的对 p 值的错误理解，甚至包括不少讲授统计学课程的教师也存在这一误解。产生这种误解的原因可能是当 p 非常小的时候，我们要拒绝 $H0$，从而认为 p 值是 $H0$ 成立的概率比较符合推断的结论。我们从前面的零假设显著性检验的过程可以看出，p 值的定义是"在零假设成立的情况下，发现当前样本以及比该样本更大效应的概率"。这句话的数学表达式是 $p = P(d \geqslant |m_A - m_B| \mid H0)$。也就是说 p 值是在假定 $H0$ 成立的前提下计算的，因此，从逻辑上讲，无论 p 值是多少，它都不具备反驳或者支持 $H0$ 成立的资格。即使 p 很小，样本数据很难支持 $H0$，也不能说明样本数据更支持 $H1$。要想知道样本数据是更符合 $H0$ 还是 $H1$，需要利用贝叶斯统计。需要说明的是，在观测到样本 D 的情况下，零假设 $H0$ 成立的概率的统计表达应该是 $P(H0 \mid D)$，其中 D 表示当前的数据，它显然与前面的 p 值定义 $P(x > D \mid H0)$ 是不同的。史蒂文·平克（Steven Pinker）在他的畅销书《理性：

它为何物,何以稀有,为何重要》(*Rationality: What It Is, Why It Seems Scarce, Why It Matters*)中提到,90%的心理学教授,其中包括80%教统计课的教授,都会错误地认为下面四条关于 $p < .05$ 的解释是正确:

> (1) $p < .05$ 说明零假设是正确的概率小于 0.05。
> (2) 实验存在效应的概率大于 95%。
> (3) 如果拒绝零假设,你做出错误决定的概率小于 5%。
> (4) 如果你重复这个研究,你仍然能成功获得 $p < .05$ 的概率大于 95%。

提示和建议:上面这四个解释是错误的。不要把 p 值解释成 $H0$ 成立的概率。p 与 $H0/H1$ 成立的概率无关。可以把小的 p 值解释成样本数据与零假设符合程度低。

3. 把统计显著性解释成实际中的显著性差异

如果读科研文献,对下面的统计结果描述应该很熟悉:

> **例 1**:独立样本 t 检验结果表明对照组均值显著低于实验组($p < .01$),因此该药物可以有效降低血压⋯⋯
> **例 2**:Pearson 相关分析表明,两个变量间存在很强的线性相关性($r = .30$,$p < .05$)⋯⋯

这两个都是"标准错误"的统计解释,把"统计显著性差异"解释成实际中的显著性。英文中"significant"一词在实际生活中确实是经常用于说明实际的效果,但统计学中的"显著性"有不同的含义,它是来说明样本数据是否"surprise"(意外)的。高的统计显著性对应了小的 p 值,并不能说明实际的统计量 $m_A - m_B$ 很大。当然,在其他条件(总体标准差 σ,样本量大小 n)不变的情况下,$m_A - m_B$ 越大,p 值会越小。但即使 $m_A - m_B$ 很小(即实际的效应很小),固定总体标准差 σ 条件下,只要增大样本量,我们就可以减小 p 值。换句话说,虽然实际的对照组和实验组的血糖值差异很小,我们仍然可以通过增加样本量 n,得到任意小的 t 检验的 p 值,这样的论断可能令人意外,但只要看一下 t 检验的 p 值计算公式就可以很直接地得到这个结论。零假设显著性检验的 p 值告诉我们的不是统计的效应大小(比如上面仿真中的 $\mu_A - \mu_B$),只是表明这个效应是否"存在",p 值越小,说明我们的数据越不可能符合零假设,我们越有信心来声明这个效应(差异)"存在",即使这个效应可能会很小,小到甚至没有实际意义。实际上,大量的研究论文中存在这样的对 p 值的错误理解。例如本小节开头提到的两个例子,都是把一个很小的 p 值,即统计显著性差异,解读成实际上(比如临床上)的显著性差异了。第一个例子中,如果没有实际的血压值变化(即效应值)的置信区间,我们是不知道这个药是否有降压效果的;而第二个例子中,判断相关性强弱,我们应该考察相关系数 r 的置信区间。我们再用一个仿真来说明"实际显著"和"统计显著"的不同。我们在 R 语言中产生一个自正态随机变量 $X \sim N(150,25)$ 采样的一个样本 x_1(长度 $n=100$),比如 x_1 可以是 100 名高血压志愿者的 SBP 值(均值 $m_1=150\,\mathrm{mmHg}$,标准差 $s_1=5\,\mathrm{mmHg}$)。 假设某种药的药效分布为 $N(-3,1)$,即 SBP 值平均能降低 $d=3\,\mathrm{mmHg}$,标准差为 $\sigma=1\,\mathrm{mmHg}$。 图 3-5 所示是该样本的高血压人群总体在用药前后的 SBP 分布图。

```
Library(patchwork)
## Plotting the two population distributions
mu<-c(150,147)
sigma<-c(5,sqrt(26))
set.seed(1110)
x<-seq(100,200,0.1)
pdf1<-dnorm(x,mu[1],sigma[1])
data1<-data.frame('X'=x,'pdf'=pdf1)
data1$Group<-"Baseline"
pdf2<-dnorm(x,mu[2],sigma[2])
data2<-data.frame('X'=x,'pdf'=pdf2)
data2$Group<-"Treated"
data<-rbind(data1,data2)
p1<-ggplot(data, aes(x=X, y=pdf,group=Group, fill=Group)) +
    geom_line(size=0.1) +
    geom_ribbon(data=subset(data,X>125 &
X<175),aes(x=X,ymax=pdf),ymin=0,alpha=0.2) +
    scale_fill_manual(name=', values=c("Baseline"="green4", "Treated"=
"red")) +
    xlab("Systotic Blood Pressure (mmHg)") +
    ylab("Probability Desensity Function") +
    geom_vline(xintercept=150, linetype='dashed',
color='green4', size=1) +
```

```
        geom_vline(xintercept = 147, linetype ='dashed',
color ='red', size = 1) +
        theme(legend.position = c(0.70, .75)) +
        scale_color_discrete("Group") +
        ggtitle("Population Distribution in Two Groups") +
        theme(plot.title = element_text(hjust = 0.5)) +
        xlim(c(130,170))
    ## Plotting the distributions of sample means in two groups
    size<- 100
    mu<- c(150,147)
    sigma<- c(5/sqrt(size),sqrt(26)/sqrt(size))
    set.seed(1110)
    x<- seq(100,200,0.1)
    pdf1<- dnorm(x,mu[1],sigma[1])
    data1<- data.frame('X' = x,'pdf' = pdf1)
    data1 $ Group<- "Baseline"
    pdf2<- dnorm(x,mu[2],sigma[2])
    data2<- data.frame('X' = x,'pdf' = pdf2)
    data2 $ Group<- "Treated"
    data<- rbind(data1,data2)
    p2<- ggplot(data, aes(x = X, y = pdf,group = Group, fill = Group)) +
      geom_line(size = 0.1) +
      geom_ribbon(data = subset(data,X>125 &
    X<175),aes(x = X,ymax = pdf),ymin = 0,alpha = 0.2) +
        scale_fill_manual(name = '', values = c("Baseline" = "green4", "Treated" =
"red")) +
        xlab("Systotic Blood Pressure (mmHg)") +
        ylab("Probability Desensity Function") +
        geom_vline(xintercept = 150, linetype ='dashed',
color ='green4', size = 1) +
        geom_vline(xintercept = 147, linetype ='dashed', color ='red', size = 1) +
        theme(legend.position = c(0.85, .75)) +
        scale_color_discrete("Group") +
        ggtitle("Sample Mean Distribution in Two Groups (n = 100)") +
        theme(plot.title = element_text(hjust = 0.5)) +
        xlim(c(145,152))
    p1|p2
```

图 3-5 中浅灰色和深灰色部分的密度分布图分别对应了 100 个被试用药前后的 SBP 的分布。根据仿真程序,高血压患者用药后平均降低 3 mmHg 的血压量,从临床实际看,这么小的降压量基本上对病人不起任何作用,也就是说实际的临床效应是可以忽略的。但如果这是一个临床实验,我们按照配对样本 t 检验,来检验血压变化:

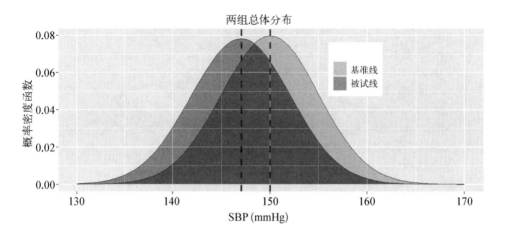

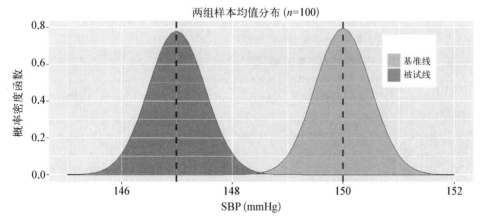

图 3-5　实际和统计上的"显著性"差异的区别仿真

上图是用药前后的两个总体的血压分布,可以发现两者非常重合,均值差异 3 mmHg 也显示这个药物的降压效应是非常小的,临床上,3 mmHg 降压效应也显然是不显著的(clinically non-significant)。下图显示在样本量为 100 的时候,用药前后两组的样本均值分布可以非常"显著地"(statistically significant)区分出来(虽然它们的分布的均值仍然是 3 mmHg 差异)。下图实际上就是我们通常零假设显著性检验表达的结果,即统计上的差异是显著的。

```
mu<－150  ♯ mean SBP0
sigma<－5   ♯ std of SBP0
tmu＝－3  ♯ mean treatment effect －3mmHg
tsigma<－1 ♯ std of the treatment effect －1 mmHg
nsize＝100 ♯ sample size
SBP0<－rnorm(nsize,mu,sigma) ♯ simulating a sample of SBP0
effect<－rnorm(nsize,－3,) ♯ simulating the treatment effect for the sample SBP0
SBP1<－SBP0＋effect  ♯ After the treatment
♯ Now let′s do paired—t test
tRes<－t.test(SBP0,SBP1,var.equal＝TRUE,paired＝T)
print(tRes)
```

运行上面的代码，我们得到下面的结果：

```
Paired t－test
data：  SBP0 and SBP1
t＝30.501, df＝99, p－value<2.2e－16
alternative hypothesis：true mean difference is not equal to 0
95 percent confidence interval：
2.862375 3.260704
sample estimates：
mean difference
     3.061539
```

结果显示，100 名被试用药前后血压降低的均值是 3.06 mmHg，配对样本 t 检验的结果是 $p<2.2e-16$，这是一个非常显著的 p 值，说明血压确实降低了，虽然降低的值（效应）很微不足道，如果我们依此声明这个降压药物具有显著的药效，显然与实际不符合。相反地，如果实际中某种药物的药效达到平均降低 20 mmHg，但是 $p=.2$，作为药厂拟投资研发项目，我们更应该关注这种药，而不应该关注前一种，虽然前者的 p 值非常的显著。

我们再回顾一下本小节开头的第二个关于相关系数表述的例子，在实际中也是非常常见的错误，把 $p<.05$ 解读成强线性相关性。实际上，相关性的强弱是指相关系数的大小，即 r 值。对于相关系数的估计，统计软件给出的 p 值对应的检验的零假设 $H0$ 和备择假设 $H1$ 分别是 $H0: r=0$；$H1$：

$r \neq 0$。如果得到 $p<.05$,拒绝 $H0$,接受 $H1$(r 不等于 0)。我们仍然需要 r 值的置信区间来帮助判断相关性的强弱,不能仅仅根据样本得到的 $r=.30$ 来推断是一个弱相关性,比如在样本量 $n=45$ 的情况下,$r=.30$,可以计算 r 值的 95% 置信区间为 $[0.01, 0.55]$,其范围包括了极弱相关($r<.1$)、弱相关($.1<r<.4$)、中等相关($.4<r<.6$)。因此我们不能仅仅根据 $r=.30$,$p<.05$ 来推断存在显著的弱线性相关,需要用置信区间才能做出更精确的判断。

提示和建议:统计显著性并不代表实际和临床的显著性,报告零假设显著性检验结果的时候,除了报告 p 值外,还应该报告效应大小及其置信区间。

4. 把不显著的 p 值解释成没有差异(效应)

这是另一个非常普遍的关于零假设显著性检验结果的错误理解。经常见到错误的陈述比如:

独立样本 t 检验显示实验组与对照组没有差异($p=.055$)

或者:

独立样本 t 检验显示实验组与对照组没有显著差异($p=.5$)

前一种是对零假设显著性检验的错误理解,而后一种描述的是二值化 p 值的问题。p 值的二值化问题前面已经提到过。把 $p>.05$ 理解成没有差异实际上是并没有理解前面的零假设显著性检验的过程。前面提到,零假设显著性检验最后一步是比较 p 值与预先设定的显著性阈值,比如 $p<.05$,我们即拒绝零假设,认为零假设不成立,而选择备择假设。但是当 $p>.05$,我们的结论是不能拒绝零假设 $H0$,这和零假设成立是不同的概念。样本不能拒绝零假设,或者说我们没有足够的证据证明零假设难以成立,不等价于零假设成立。在前面的仿真中也可以看到,即使是非常小的差异,只要样本量增加,就可以获得任意小的 p 值。增加样本量的过程中,实际的效应并没有改变,所以我们不能因为增加了样本量,获得了更小的 p 值,结论就从"零假设成立"变成对立的"备择假设成立"。当样本量比较小的时候,p 值较大,我们不能拒绝零假设 $H0$;随着样本量增加,p 值变得显著,我们就有足够的证据拒绝零假设 $H0$。所以本节开头所述例子比较合适的描述如下:

> 独立样本 t 检验显示实验组与对照组的差异未达到统计显著性水平
> （$d = 20 \, \text{mmHg}, p = .055$）

提示和建议：零假设是不能被证明成立的，只会在证据足够强时被拒绝。永远不能申明零假设 H0 正确或成立，只能说未能拒绝。从本节第 3 和 4 部分可以看出 $p > .05$ 的时候，实际上可能会存在有实际意义的差异，只是统计上未达到显著性水平，需要更多的样本量才能达到统计显著性。同样，对于 $p < .05$，虽然达到了统计显著性，但可能实际上的效应非常小且没有实际意义。因此，统计学家们非常不建议用 p 值，特别是只用 p 值来汇报统计结果，而建议用效应大小（ES）的置信区间[6]。

5. 认为 p 值具有可重复性

大量的研究论文都是基于一次实验的样本得到的数据进行统计推断，并且很多推断主要依赖零假设显著性检验的 p 值。如果认真思考 p 值本身是否具有可重复性，我们会发现这是一个非常重要的根本性问题。如果 p 值本身并没有可重复性，那研究结果的可靠性又在哪里呢？我经常问学生类似下面的问题：

> 如果你做了一个实验，对照组和实验组具有显著性差异，比如独立样本 t 检验后 $p = .045$，你很满意，因为你可以发表论文。但是，如果别人按照同样的实验步骤、样本量大小进行重复实验，还能得到 $p < .05$ 的概率有多大？

对于这样的问题，基本上没有学生能回答上来，大部分人并没有考虑过这个问题。统计学家们之所以反对用 p 值来汇报和解释实验结果的原因之一，是 p 值本身并不具有可重复性，特别是 p 值较大（接近 0.05）的情况下。图 3-6 是杰夫·卡明（Geoff Cumming）对 p 值的可重复性的仿真结果。

提示和建议：鉴于 $p = .05$ 的可重复性非常低，很多文献已经建议使用更小的 p 值，比如 $p = .01$，来作为显著性的阈值，从图 3-6 可以看出更小的 p 值具有更好的可重复性。

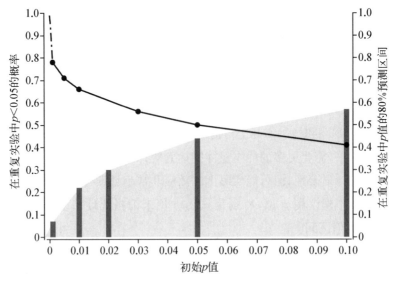

图 3 - 6　p 值可重复性仿真

对于给定的初始 p 值,重复实验中 $p<0.05$ 的概率(黑色曲线,左轴)和 p 值 80% 预测区间(灰色条,右轴)。左侧纵轴数据来自文献[7]。例如,当初始实验得到的 $p=.05$,那么重复实验中只有 50% 的机会获得 $p<.05$;即使初始 $p=.01$,重复实验中 $p<.05$ 的概率只有 66%。右侧纵轴数据来自文献[8]中对于单边重复 p 值的双边预测区间,例如,当初始实验得到的 $p=.05$,那么重复实验中 80% 的 p 值预测区间在 0.000 08—0.44 之间。

3.4　p 值操控行为及其避免

　　前面提到,零假设显著性检验基本上是绝大多数实验数据统计推断的主要方法,显然存在我们上面提到的诸多问题。最普遍的是简单地用 p 值是否小于某个阈值(如 $p<.01$,或 $p<.05$)来作为判断结果是否显著、实验组和对照组是否有效的依据。当得到 $p<.05$ 便声称得到显著结果,并作为重要的结论或发现发表论文。同样,当 $p>.05$ 的时候,认为结果不显著,绝大部分期刊是不接受发表这样的"阴性"结果的,便产生了"文件柜效应"。因此 $p<.05$(或 $p<.01$)对科研人员具有重要的驱动力,他们会尝试各种方法得到一个 $p<.05$ 的结果,这就是我们通常所说的"p 值操控"(p-hacking)行为。其他同义词还有 data torturing,cherry-picking,data dredging 等,它们都具有类似的特点和目的:

　　(1) 按照最初的实验方案和数据分析方法,得到了一个不显著的结果,即

$p>.05$(或 0.01)。

（2）变更实验方案、实验数据分析方法、变量等（详见后文），直到 $p<.05$ 为止。

（3）立即停下来，写论文报告 $p<.05$ 的结果，但在论文中，有意无意地忽略或隐瞒上述 p-hacking 过程，仿佛最初的实验方案、实验方法、研究变量就是按照这个得到 $p<.05$ 的结果安排的。

p-hacking 的直接后果是会扩大（程度取决于上面 p-hacking 的次数）假阳性结论的概率，当 p-hacking 次数足够多的时候，你获得假阳性（$p<.05$）的概率就越大。统计学家关于 p-hacking 的后果有个说法："如果你一直折磨数据，它会屈从，提供你想要的（If you torture the data long enough, it will confess）"。这种 p-hacking 行为在验证性研究（confirmatory study，即实验之前有了明确假设）和探索性研究（exploratory study，即在获得数据前没有明确的假设，希望从数据里获得一些假设）中都非常普遍。通常的 p-hacking 行为有很多种，这里列举常见的几类：

（1）增加样本量。在实验之前往往没有确定样本量，实验过程中，分析实验数据，得到不显著的 p 值，然后增加样本量继续实验，直到 p 值小于 0.05，便停止采集数据。这种行为还有另一个名字叫"偷看数据（data peeking）"。

（2）变更入组条件，或者分析部分数据。如果统计结果不显著，在原来的入组条件的基础上增加入组条件，筛选掉一些异常值（outliers），或者只分析部分数据（subgroup）。比如原先研究 50 岁以上的被试，发现 $p>.05$，改成分析 60 岁以上样本。

（3）更换研究变量。比如原来是研究血糖值的变化，发现统计显著性水平 $p>.05$，转去分析血压值的变化。或者原计划是对比细胞数量差异，改成比较细胞体积等。

（4）对变量进行变换。比如把原先的变量进行数学变化，取绝对值或者进行平方后再进行统计检验。

（5）变更统计方法。比如用单边检验替代双边检验，用参数方法替代非参数方法等。

上面各类 p 值操控行为的共同点是重新再进行的统计检验并不在最初的计划之内，原计划的统计结果是 $p>.05$。为了更直观地说明 p 值操控行为，下面我们给出两个计算机仿真来分别说明第一类和第四类 p 值操控行为。

3.4.1　Python 语言仿真：增加实验样本量的 p 值操控行为

我们模拟一个独立样本的 t 检验实验（比如 A/B 检验），即需要从两个样本 S_1，S_2，推断它们所代表的总体的均值（μ_1，μ_2）大小是否不同，在符合随机采样和正态分布的情况下，统计学上是通过 t 检验来推断的。通常的流程是先提出零假设（$H0$）和备择假设（$H1$）：

(a) $H0$：两个总体的均值没有差异，即 $\mu_1 = \mu_2$；

(b) $H1$：两个总体的均值不相等，即 $\mu_1 \neq \mu_2$。

如果 t 检验得到的 p 很显著，比如 $p < .05$，说明在 $H0$ 成立的情况下，观测到样本 $|\mu_1 - \mu_2|$ 或者更大差异的概率很低，因此我们拒绝 $H0$，推断 $H1$ 成立，即两个样本来自的总体的均值不相等，在生物医学实验中，可能就是两组实验的血糖或者血压均值不相等（如果对零假设显著性检验和 t 检验的原理不熟悉，请参考任何一本统计学教材）。下面的代码是用 Python 语言模拟本来均值没有差异的两个总体，虽然实验样本（因为本来就没有差异，因此概率非常大）$p > .05$，但我们通过逐步增加样本大小进行 p 值操控，从而也可以得到希望得到的 $p < .05$。仿真代码说明如下：

(1) data1，data2：两个实验样本，其初始长度为 $n0 = 15$，然后逐步增加样本长度，每次循环增加 1 个观测值，最长增加到 500 个观测值。

(2) 两个样本来自相同正态分布 $N(1.025)$ 的总体，即真实情况应该是 H0 成立，$\mu_1 = \mu_2$。

(3) 为了模拟实际中偷看数据的行为，我们设定每次循环的随机样本产生函数的生成参数 random_state 相同，以保证增加新的观测值过程中，data1，data2 之前的观测值完全相同。

每次循环中，我们进行独立样本 t 检验，调用 $scipy.stats.ttest\_iid$ 函数，然后在循环结束后，画出随着样本观测值增加 t 检验的 p 值变化（见图 3-7）。

```python
# 加载需要的 Python 函数包
import numpy as np
import scipy.stats as stats
import matplotlib.pyplot as plt
import seaborn as sns

n0,dN = 15,500
```

```
P = []    # Saving the p values for different length
for i in np.arange(dN):    ## increase the sample size
    data1 = stats.norm.rvs(1.0,5,n0 + i,random_state = 100)
    data2 = stats.norm.rvs(1.0,5,n0 + i,random_state = 200)
    t,p = stats.ttest_ind(data1,data2)
    P.append(p)
# 画出 p 值随着样本观测值数量增加的变化
sns.set_style("darkgrid")
fig,ax = plt.subplots(figsize = (20,5))
plt.plot(np.arange(dN) + n0,P)
plt.axhline(y = 0.05,xmin = 0,xmax = dN - 1,color = "red")
ax.set_ylabel("p - values",fontsize = 20)
ax.set_xlabel("sample sizes",fontsize = 20)
```

在 Python 里运行的结果如下：

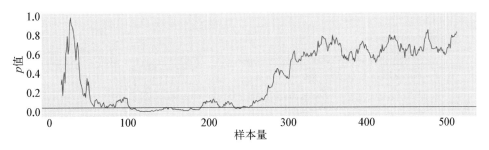

图 3-7　模拟通过增加样本量进行 p 值操控的行为

可以看出，最初在样本大小为 15 的时候，t 检验得到的 p 值是 0.293，即不具有显著性，所以不能拒绝 $H0$。但在实际研究中，事先是不知道 $H0$ 是否成立的，所以研究人员非常渴望得到 $p < .05$（即图中的水平线），这样就可以发表成果。常见的行为就是增加样本量。直到 $n = 50$ 时，两组的 p 值仍然是大于 0.05 的，如果继续增加实验观测数量，大约在 $n = 60$ 时，我们得到期望的 $p < .05$（每组 $n = 60, p = .046\,8$），很多实验者这时候会选择停止实验，开始写研究结果报告或论文。但是在他（她）的论文中，并不会报告 $n = 60$ 之前的 p 值，往往会告诉读者当初的实验设计就是每组 60 个观测值。在这个模拟实验中，我们事先知道两个总体的均值是相等的，因此出现 t 检验结果统计显著性完全是因为样本的随机采样误差造成的。实际上，如果我们继续增加样本量，当样本量 $n \geqslant 270$

的时候,我们就会得到稳定的 $p>.05$,这是因为当样本量较大的时候,随机误差的影响就可以忽略了。

3.4.2　Python 语言仿真:对观测值进行变换的 p 值操控行为

我们再演示一种比较常见的 p-hacking,即对最初的统计变量进行变换来获得 $p<.05$。从同一个正态分布 $[N(0,1)]$ 的总体,获得两个样本 data1,data2 (长度 $n=2\,500$),独立样本 t 检验得到 $p=.286$。接下来我们通过 data torturing 对观测值取绝对值,然后进行幂运算,幂指数从 -5 到 15,步长为 0.1,在每个幂指数运算后,重新进行 t 检验,观察 p 值的变化。

```python
n0 = 2500   # 样本长度
data1 = stats.norm.rvs(0,1,n0,random_state = 100)   # 样本 1
data2 = stats.norm.rvs(0,1,n0,random_state = 200)   # 样本 2


npower = np.arange( - 5,15,0.1)
P = []
for i in npower:
    data1_new = np.abs(data1) * * i
    data2_new = np.abs(data2) * * i
    t,p = t,p = stats.ttest_ind(data1_new,data2_new)
P.append(p)


# 画出 p 值随着幂指数变化的曲线
fig = plt.figure(figsize = (20,5))
plt.plot(npower,P)
plt.axhline(y = 0.05,xmin = - 5,xmax = 5,color = "red")
```

运行结果如图 3-8 所示。

图中直线对应的仍然是 $p=.05$。可以发现,虽然 data1,data2 来自同一个总体,并且独立样本 t 检验的结果也是 $p>.05$,不能拒绝 $H0(\mu_1=\mu_2)$,但是经过变换,$|data|^\alpha$ 在幂指数为 $\alpha=-0.5$ 左右时,t 检验就会得到显著的 p 值。这个仿真模拟了在实际中,如果我们得不到统计显著性的差异,则对数据进行变换后再进行统计检验的过程。

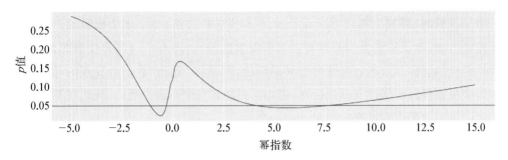

图 3-8　通过对观测值进行数学变换,获得显著的 p 值的 p-hacking 行为

3.4.3　如何避免 p 值操控行为

上面的 p-hacking 行为在实际的实验和统计分析中非常普遍,它不同于数据造假,p-hacking 过程中所有数据都是真实的。很多研究人员在进行 p-hacking 时,自己也不一定意识到这种行为是 p-hacking,更不清楚其可能的后果:增加了假阳性。如果我们按照常规的零假设显著性检验的方法,用 $p<.05$ 为阈值来界定存在统计显著性差异,根据本节前面关于 p 值的定义:在零假设成立的情况下,获得样本统计量及更极端的概率,假设我们以 $p=.05$ 为阈值,拒绝 $H0$,认为存在差异(为假阳性);如果重复采样,用同样的方法进行检验,总体的假阳性率就不会大于 0.05。以上面的第一个仿真 p-hacking 为例,data1,data2 来自同一个总体,通过 p-hacking,在增加样本量到 $n=60$ 的时候,我们终于得到 $p<.05$。那么计算一下这个过程(样本观测值从 15 增加到 60)中,能获得 $p<.05$ 的假阳性(FDR)的概率:

$$P_{FPR}=1-(1-0.05)^{45}=0.90$$

也就是说,经过 45 次 t 检验才得到 $p<.05$,依此判定两个均值不同,其假阳性概率达到 90%。那么如何避免 p 值操控行为呢,下面提几个建议:

(1) 对于验证性研究(confirmatory study),要在实验和数据分析之前确定实验方案、样本量大小、入组条件、异常值的筛选、研究变量、分析方法等,避免根据分析结果去调整。

(2) 对于探索性研究(exploratory study),因为是数据驱动的,是在看到数据后寻找数据中可能存在的差异或模式,所以可以尝试检验不同变量,或者不同

亚组的数据。这类事后检验与前面验证性研究的事先规划的检验是有区别的。事后检验时，原则上需要对多重检验的 p 值进行校正，关于多重检验的原理和校正方法，建议阅读专门的教材。对于探索性研究，还有一点需要注意的是，我们得到的任何具有统计显著性差异的结论，都是在"看到"数据后发现的，因此，需要另外设计验证性实验来证实，否则它只能是一个假设。因此，我们在发表论文时写明应是探索性研究结果。

3.5　避免数据的 double dipping 或 data leakage ——•

　　数据分析的"double dipping"是指同一批数据既被用于提出假设，又被用于验证假设，这样的问题也比较普遍。克里格斯考特（Kriegeskorte）等 2009 年在《自然神经科学》（*Nature Neuroscience*）上的一项研究对 double dipping 现象及其危害做了深入的分析。论文调查了 2008 年在《自然》《科学》《自然神经科学》《神经元和神经科学杂志》（*Neuron and Journal of Neuroscience*）上发表的 134 篇关于功能磁共振（fMRI）的研究论文，发现至少 57 篇（42%）论文存在这个问题。这类研究的共同特点是，在选择目标研究脑区的时候，先根据 t 检验筛选具有统计显著性差异的脑区，然后再对这些脑区进行后续的不同任务或状态下的统计分析和比较，其主要问题是其特征（或脑区）选取部分，后续针对这些特征（或脑区）的模式识别或分析基于了同一批数据。克里格斯考特用一个仿真直观地演示了即使随机产生一个 fMRI 信号，以 double dipping 方式来选取脑区，再进行任务的分类，仍然可以产生虚假的结论，原因是这些随机产生的信号，仍然可以因为随机误差使得一些区域具有显著差异，因此直接用这样的数据进行分类，当然会得到很好的分类结果。这就类似于在机器学习中，训练数据又被用作测试数据了。克里格斯考特把数据重新分成两组，一半用于特征的选择，然后基于这些特征对另一半数据进行分类测试，这样随机产生的 fMRI 信号就不再能够用于区分两种任务状态了。

　　虽然训练数据不能用于测试数据在机器学习领域是一个要遵守的基本规则，但是在其他非机器学习领域，比如上面提到的神经科学领域等，很多 double dipping 现象涉及的不是训练数据用于测试的问题，而是特征选择数据被用于后面的特征分类的训练和测试。这种 double dipping 行为容易被忽视，从而会导致结果的不可重复性。近几年,机器学习和人工智能方面的论文非常多,一方面得益于机器学习理论和算法的发展迅速,另一方面得益于非常多的机器学习开源软件,以及容易获取的公开数据集。机器学习研究中,大部分人都会用一个训练集数据来训练神经网络,再用测试集来评价网络性能。产生 double dipping的地方在于,训练网络的特征向量并不是事先确定的,而是将实验数据进行"优化"后提出的,特征提取的"优化"过程中使用了标签信息(分类结果),比如利用机器学习进行图像分类,有些人会利用统计检验、相关分析等方法从已有数据中提取"具有更好的区分度"的特征(这个过程需要用到图像的类别信息)。获得了这些"优化"的特征信息后,再将同样的数据分成训练集和测试集,进行基于机器学习/深度学习方法的诊断和识别研究,原始数据被同时用于特征提取和分类器的训练了,整个过程如图 3-9 所示。

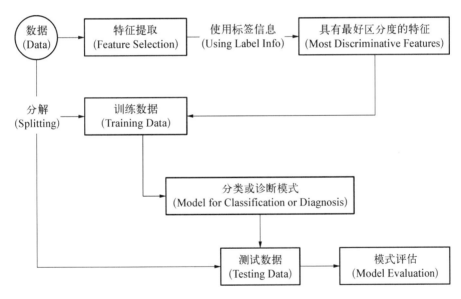

图 3-9　机器学习中的数据 double dipping 行为

3.6　避免数据分析的 HARKing 行为

HARKing 是"hypothesizing after the results are known"的首字母缩写[8],

即根据结果修改研究的假设。这类问题实际上是把一个探索性研究描述成验证性研究,其结果是把一个假设当成经过验证的结论报道到文献中了。由于探索性研究相比验证性研究具有更低的可重复性,因此 HARKing 行为会直接导致研究成果的可重复性问题。我们以脑电研究领域的一个例子来说明这类研究的特点。比如我们想研究脑卒中(即中风)后相关的脑电特征变化。验证性研究的流程是,先根据文献或者预实验的结果提出一个假设,比如这里先杜撰一个假设,脑卒中后运动皮层区与其他皮层的静息态(处于放松和无明确认知任务状态)脑电网络中的连接减弱。基于这个假设,按照前面的实验设计规范,招募一组脑卒中病人,和一组年龄、性别、教育程度等都匹配的健康对照组,采集他们静息态下的脑电后,对脑电信号进行网络分析,比较两组被试的运动皮层与其他区域的功能连接统计量(实验前就确定),如果存在统计显著性的差异,说明我们的假设得到验证,整个流程如下:

(1) 提出假设:脑卒中后运动皮层与其他皮层的功能连接强度降低。

(2) 设计实验:采用病例对照(case-control)研究设计,确定样本量大小。

(3) 招募志愿者:病人组,对照组。

(4) 采集脑电。

(5) 进行静息态脑电网络分析,计算不同脑区的连接强度。

(6) 比较两组人的运动皮层与其他皮层的连接强度差异。

(7) 根据统计分析结果,验证假设是否成立。

这个验证性研究中最重要的特点是脑区(运动皮层)和变量(功能连接强度),这在实验之前就确定了。如果通过实验统计分析没有发现两组具有显著性差异,也不会去比较其他脑区(比如体感、视觉等皮层)的连接是否有差异。

下面我们看看 HARKing 行为的过程:

(1) 提出假设:脑卒中后运动皮层与其他皮层的功能连接强度降低。

(2) 设计实验:采用病例对照研究设计,确定样本量大小。

(3) 招募志愿者:病人组、对照组。

(4) 采集脑电。

(5) 进行静息态脑电网络分析,计算不同脑区的连接强度。

(6) 比较两组人不同脑区与其他脑区的连接强度,寻找具有显著组间差异的脑区(比如用 t 检验或 ANOVA),发现了原假设的运动内层与其他皮层功能连接强度降低不成立,却意外发现卒中后体感皮层与其他皮层的连接增强;检索文献,找到相关的可能的解释。

（7）修改原研究的假设为：脑卒中后体感皮层与其他皮层的功能连接强度增加。

（8）总结结果,发表论文。

这个 HARKing 流程最大的问题是拿到数据前,研究者原来的研究假设并不是"脑卒中后体感皮层与其他皮层的功能连接强度增加",实验数据没有证明原来的运动皮层连接的假设,但发现与体感相关的连接指标上存在差异。这实际上是探索性研究,因为最后统计分析比较体感皮层的功能连接是在获得数据后才提出的研究假设,如果要对这个假设做验证性研究,需要用新的实验数据,而不能使用建立原假设的数据。统计学里的一个重要原则是"如果从数据中得出一个假设,那么该数据支持该假设的能力就会丧失"[9]。当然,不是说这种探索性研究没有用,实际上,很多重要发现和假设都是先从探索性研究开始的,需要强调的是,不要把这种探索性研究描述成验证一个假设的研究。

3.7 统计结果解释和报告的规范

本小节我们将介绍在完成统计分析后,在研究论文中如何规范地报告或解释得到的统计结果。其中部分内容在前面相关的小节里已经提到,在这里做一个系统的总结。

3.7.1 关于统计方法描述的总体规范和建议

研究的结论通过数据统计分析获得,因此,在研究报告中需描述清楚使用的方法,一方面方便读者的阅读和理解,另一方面使他人更容易重复实验结果。期刊论文一般都有一个"材料与方法"或"实验与方法"部分,有些期刊把这些内容放在附件材料里。除了描述数据统计分析方法外,用到的软件信息也需要披露。这样单独描述方法的好处是不用在论文的结果里重述,写起来比较简洁,特别是当文中多个地方都使用了相同的方法时。但是,当统计分析比较多,用到很多不同的方法,有些方法里还涉及具体细节,如果仅仅在"实验与方法"部分概括和简洁地描述会给读者的阅读和理解带来不便,当读者读到结果部分的时候,经常需要回头去查找信息。对于统计分析结果比较多和复杂的情况,建议在方法部分只总体介绍统计方法,包括使用的软件(版本)［如使用 SPSS 软件(ver. 27)进行统计分析］、统计显著性水平的阈值等。而在具体结果部分,仍然详细地阐述对应的统计方法,比如我们使用双因素 ANOVA(组间:性别,组内:剂量)分析了两组被试的药效,这样更方便读者阅读。

3.7.2　统计结果报告的格式规范:APA 格式

完成了一项研究工作,就要开始撰写学术论文,关于学术论文的格式,最简单的做法是参考拟投稿的期刊论文模板,一般期刊网页上都会提供。如果是学位论文,应该参考所在学校提供的模板和论文格式要求。如果期刊或者学校并没有提供模板,除了参考第 5 章"学术论文写作规范"部分的建议外,还有一些公开的学术写作格式和规范可以参考,比如 Chicago 格式(The Chicago Manual of Style)、MLA 格式(Modern Language Association Style)、APA 格式(American Psychological Association Style)等。其中对于统计结果报告,推荐参考 APA 格式。原因是其他几种格式都没有包括统计结果报告格式要求。另外,社会科学和心理学领域对数据的统计分析和报告要求尤为严格和成熟,因此 APA 制定的统计学报告的格式为更多人所接受,容易阅读和理解,并且方便读者重复,所以本节以 APA 统计结果报告格式为基础,并结合近年来统计分析领域建议报告效应大小和置信区间的趋势,总结了常用的统计学结果的格式规范。对于使用 R 语言进行统计分析的读者,建议参考 R 的函数包 report 的输出格式来报告统计分析结果,下面给出一些常用统计结果报告的例子供参考①。

1. 一般格式要求

(1) 统计变量命名。一般用希腊字母来表示总体的参数(parameters),比如总体均值用 μ,总体标准差用 σ;而用罗马字母来表示样本的统计量(statistics),比如用 m 表示样本均值,用 s 表示样本标准差,用 N 表示总体的大小,n 表示样本的大小。

(2) 字体格式。t 检验的 t 值,z 检验的 z 值,p 值等用斜体的小写。

(3) 括号的用法。避免小括号里再嵌套小括号来报告统计结果,建议直接用

---

① R 语言的 report package 安装可以参考 https://www. rdocumentation. org/packages/report/.

逗号分开,另外,使用中括号的场合是置信区间,在括号里用文字描述统计结果。

(4) 统计显著性的 p 值,相关系数值因为不超过 1.0,所以从小数点开始,不用写小数点前的 0。比如 $r=.32, p=.024$;除非是 $r=1.0$ 和 $p=1.0$。

2. t 检验,z 检验结果的报告格式

(1) z 检验的结果要包括 z-score, p 值,并报告效应大小(ES),如 Cohen's d 和置信区间。例如:

> The participants' scores were higher than the population average ($\mu=19$, $z=2.48$, $p=.013$, Cohen's d=0.4, 95% CI:[20, 25]).

(2) t 检验的结果要包括自由度、t 值、p 值,格式如下:

> Older adults experienced significantly more loneliness than younger adults ($t(32)=2.94$, $p=.006$, Cohen's d=0.81, 95% CI:[0.6, 1.02]).

(3) 文字描述部分:包括样本的均值、标准差、统计检验的结果。统计结果描述的格式参见上面两条,下面是 APA 格式的单样本 t 检验、独立样本 t 检验、配对样本 t 检验结果报告的例子:

> **单样本 t 检验:**
> The one sample t-test testing the difference between SBP0 (mean=150.02) and mu=120 suggests that the effect is positive, statistically significant, and large (difference=30.02, 95% CI [148.95, 151.08], $t(99)=55.97$, $p<.001$, Cohen's d=5.60, 95% CI [4.80, 6.42]).

> **独立样本 t 检验:**
> The two sample t-test testing the difference between SBP0 and SBP1 (mean of SBP0=150.02, mean of SBP1=146.95) suggests that the effect is positive, statistically significant (difference=3.06, 95% CI [1.59, 4.54], $t(198)=4.10$, $p<.001$; Cohen's d=0.58, 95% CI [0.30, 0.86]).

> **配对样本 t 检验:**
> The paired t-test testing the difference between SBP0 and SBP1 (mean difference=3.06) suggests that the effect is positive, statistically significant (difference=3.06, 95% CI [2.86, 3.26], $t(99)=30.50$, $p<.001$; Cohen's d=3.05, 95% CI [2.59, 3.53]).

共同点是需要汇报样本差异及置信区间,效应大小(比如 Cohen's d)及 CI, 统计量(t 值),样本大小(自由度),显著性水平 p 值等,切记不能只汇报 p 值。

3. ANOVA 结果的报告格式

(1) 报告总体、任何主效应、交互作用的统计结果要包括对应的 F 检验的自由度值、F 值、p 值和效应值(比如 η^2)。

(2) 如果需要强调某个效应,需要报告对应的均值和标准差。下面是两个例子:

① One-Way ANOVA 报告例子。

三个训练组的成绩分别是 12.3($n = 12$, SD $= 4.1$), 7.4($n = 9$, SD $= 2.3$), 6.6 ($n = 8$, SD $= 3.1$), $F(2,26) = 8.76$, $p = .012$, 显示训练方案对训练成绩具有显著效应 ($F(2,26) = 8.76$, $p = .012$, eta2 $= 0.1$)。

② Two-way ANOVA 报告例子。

Attitude change scores were subjected to a two-way analysis of variance having two levels of message discrepancy (small, large) and two levels of source expertise (high, low). All effects were statistically significant at the .05 significance level. The main effect of message discrepancy yielded an F ratio of $F(1, 24) = 44.4$, $p < .001$, eta2 $= 0.1$, indicating that the mean change score was significantly greater for large-discrepancy messages ($M = 4.78$, SD $= 1.99$) than for small-discrepancy messages ($M = 2.17$, SD $= 1.25$). The main effect of source expertise yielded an F ratio of $F(1, 24) = 25.4$, $p < .01$, eta2 $= 0.1$, indicating that the mean change score was significantly higher in the high-expertise message source ($M = 5.49$, SD $= 2.25$) than in the low-expertise message source ($M = 0.88$, SD $= 1.21$). The interaction effect was non-significant, $F(1, 24) = 1.22$, $p > .05$, eta2 $= 0.1$.

更多的例子可以参考最新的 APA 格式手册。

4. 卡方检验结果的报告格式

(1) 报告内容:χ^2 值及其对应的自由度值,以及显著性 p 值。

(2) 卡方检验结果报告例子:

A Chi-square test of independence revealed a significant association between gender and product preference, $\chi^2(8) = 19.7$, $p = .012$.

Based on a Chi-square test of goodness of fit, $\chi^2(4) = 11.34$, $p = .023$, the sample's distribution of religious affiliations matched that of the population's.

5. 相关分析结果的报告格式

（1）需要同时报告相关系数（如 Pearson r，Spearman ρ，或 Kendall's τ）值，自由度值，以及 p 值。

（2）文字描述：如本章前面所述，切勿把 p 值的大小解释成相关性的强弱（effect size）。参见下面的例子：

> We found a moderate correlation between average temperature and new daily cases of COVID-19，$r(357) = .42$，$p < .001$.

注意，这里常见的错误描述是：

> We found a strong correlation between average temperature and new daily cases of COVID-19，$r(357) = .42$，$p < .001$.

6. 回归分析结果的报告格式

（1）报告内容：R^2 值，F 值，自由度和 p 值。

（2）例子：

> SAT scores predicted college GPA$(R^2 = .34，F(1, 416) = 6.71，p = .009)$.

需要注意的是，在描述相关分析中的 r 和回归分析中的 R^2 时，不要把自变量与因变量的关系解释成因果关系，r 和 R^2 只是变量间相关分析和回归分析的结果，都只能描述变量间的关联性而已，并不意味着它们之间具有因果关系。

3.8　本章总结

本章我们介绍了基于实验或者数据统计分析的研究中，所要遵守的最基本的统计学规范。

（1）在确定实验样本量大小时，提倡在实验前明确拟研究的问题和假设，使用现有的统计功效分析软件进行样本量估计。

（2）虽然零假设显著性检验存在很多问题和缺陷，但毫无疑问它仍然是目前推断性统计分析中使用最多的方法,所以我们重点解释了零假设显著性检验的常见错误,包括其 p 值的二值化解释问题,显著的 p 值并不表示实际和临床的显著效应等。了解了这些问题后,可以更加规范地使用和解释零假设显著性检验的结果,而不是简单依赖软件操作。

(3) 介绍了几种典型的零假设显著性检验中的 p-hacking 行为以及后果。它们共同的特点是在原计划的统计分析中未能得到显著性的统计结果,通过各种 p-hacking 行为,试图得到具有显著性的 p 值,并且在报道最终结果时,并没有完整地描述这些原计划外的行为。在实际数据分析中避免 p-hacking,正确理解和解释零假设显著性检验结果,有助于减少结果的假阳性,提高结果的可重复性。

(4) 数据的 double dipping 问题是指测试数据被"泄露"到训练数据集中,或者是在使用已有数据进行优化特征选择的时候,利用了标签(类别信息),相同的数据又被用于后面的数据分类算法中。解决办法是在基于学习或者特征优化算法的特征选择研究中,用于特征选择的数据集不再用于后续分类算法的训练和测试中。

(5) HARKing 行为实际上是把探索性研究作为验证性研究来报道,用于建立研究假设的数据被同时用于验证假设。HARKing 行为增加了研究结果的假阳性。

(6) 在报告统计分析结果时,我们除了建议避免本章前面介绍的各种错误的统计解释外,还推荐参照 APA 格式规范,以便读者更容易理解和重复验证。

值得一提的是,上面提到的三类数据分析不规范行为中(p-hacking,HARKing,double dipping),除了 double dipping 可以通过作者的描述识别出来,其他两种行为只要作者没有明确写出来,是很难被发现的,并且现有的统计分析方法本身又无法阻止 p-hacking 或 HARKing 行为,完全依赖于研究人员的学术素养和学术道德约束。很多期刊已经意识到这个问题,比如提出了发表注册报告(registered report,即在研究之前对研究方案进行评审,如果可行,同意进行研究,不管结果是否显著,论文都可以发表),希望来减少 p-hacking 行为,或要求作者详细汇报样本量设计、采样方法、效应大小、统计功效等信息,这些都是好的趋势和方向。

思考与练习 ————————————————————————●

 练习与简答

1.（判断题）通常的实验数据分析，应该先预处理实验数据，找到最可能具有组间差异的变量，再进一步按照标准的统计方法进行分析。

2.（判断题）研究某种物理干预对缺血脑损伤的保护作用，对照组（只做缺血模型，不做干预）和实验组（缺血模型和干预都做），随机分析 10 只大鼠，每组 5 只。通过共聚焦显微镜观察神经元的微观结构，并利用 t 检验进行组间比较，为了提高统计功效，可以从每只动物的不同脑区选取 5 个不同的区域进行成像，提高样本数量。

3.（多选题）下面哪些是应该在实验数据采集之前确定的?

A. 样本量的大小

B. 数据分析方法

C. 被试的入组条件

D. 拟进行比较的变量

4.（单选题）进行一项药物的动物实验，下面哪个是比较好的实验样本量的确定方法?

A. 通过统计功效分析确定

B. 在经费和时间允许的情况下，越多越好

C. 参照文献中类似研究的样本量，然后根据分析结果，再确定是否适当增加

D. 按照导师建议的样本量，并且查看实验过程的数据分析结果，如果已经获得了预期的结果，可以提前停止实验

5.（单选题）如果实验组和对照组均值的独立样本 t 检验 $p = .20$，下面符合统计规范的说法是哪个?

A. 两组均值没有差异

B. 两组均值差异没有达到统计显著性

C. 两组差异比较小

D. 两组均值有差异的可能性比较小

6. (判断题)为了减少实验成本和不必要的资源浪费,我们应该在实验过程中观察结果是否达到统计显著性,以便确定是否需要继续实验。

7. (单选题)下面关于独立样本的 t 统计检验的 p 值的说法正确的是哪个?

A. $p=.001$,说明两组差异很大

B. p 值是假阳性率

C. p 值是零假设正确的概率

D. p 值是零假设不正确的概率

E. 以上都不正确

8. (单选题)下面哪个统计量可以反映实验组间差异的统计分析结果的可重复性?

A. 统计差异检验的 p 值

B. 统计功效(statistic power)

C. 统计差异的效应大小(effect size)

D. 以上都不是

9. (判断题)进行一个药物实验,研究药物剂量和疗效的相关性,发现 Pearson 相关系数 $r=.30$,$p=.0001$,说明药物的剂量和疗效有很强的相关性。

10. (判断题)下面关于相关性的描述是否符合 APA 格式:大一学生的考试成绩与他们入学高考分数具有中等强度的相关性,$r(52)=.55$,$p=.002$。

📑 思考与讨论

1. 请分别举一个探索性研究和验证性研究的案例,并说明两者的区别,以及各自的优势和适用场合。

2. 按照最初的实验设计(样本量、变量特征 1、变量特征 2、统计方法),我们并没有得到研究假设中的统计显著性结果,但是我们却意外发现了一个变量特征 3 具有统计显著性差异,我们如何报道这样的结果? 以及如何确定这个新发现的结论是否可靠?

3. 如果关于一项研究已经发表了很多论文,如何知道这个领域是否存在论文发表的"文件柜效应"?

参考文献

［ 1 ］BEGLEY C G, ELLIS L M. Raise standards for preclinical cancer research ［J］. Nature, 2012, 483(7391): 531-533.

［ 2 ］AARTS A A, ANDERSON J E, ANDERSON C J, et al. Estimating the reproducibility of psychological science ［J］. Science, 2015, 349.

［ 3 ］BAKER M. Is there a reproduciblity crisis? ［J］. Nature, 2016, 533(7604): 452-454.

［ 4 ］GANDEVIA S, CUMMING G, AMRHEIN V, et al. Replication: do not trust your p-value, be it small or large ［J］. The journal of physiology, 2021, 599(11): 2989-2990.

［ 5 ］KERR N L. HARKing: hypothesizing after the results are known ［J］. Personaling and social psychology review, 1998, 2(3): 196-217.

［ 6 ］MEAD R, GILMOUR S G, MEAD A. Statistical principles for the design of experiments: applications to real experiments ［M］. Cambridge: Cambridge University Press, 2012.

［ 7 ］GOODMAN S N. A comment on replication, p-values and evidence［J］. Statistics in medicine, 1992, 11(7): 875-879.

［ 8 ］CUMMING G. Replication and p intervals: p values predict the future only vaguely, but confidence intervals do much better［J］. Perspectives on psychological science, 2008, 3(4): 286-300.

［ 9 ］CUMMING G. Understanding the new statistics: effect sizes, confidence intervals, and meta-analysis, 2011 ［C］. New York: Routledge, 2012.

［10］LAZIC S E. Experimental design for laboratory biologists: maximising information and improving reproducibility ［M］. Cambridge: Cambridge University Press, 2016.

4 学术交流与演讲的基本规范①

4.1 前言与学习目标 ─────────────────●

　　在学术会上展示、发布最新的研究进展,与同行进行学术交流,是科研活动的重要部分。笔者至今仍然对 2004 年第一次在 IEEE EMBS(电气与电子工程师协会生物医学工程学会)年会上做学术报告的场景记忆犹新。虽然演讲的 PPT 很早就准备好了,但报告的前一天晚上,我仍然把自己关在酒店房间排练了不下二十遍,直至每张幻灯片的内容熟练到能完整背诵下来,甚至熟记了演讲过程中的过渡桥段、手势动作、眼神、语速等。但第二天上台后我还是非常紧张,犯了初次演讲会犯的大部分毛病。后来我在指导学生如何做学术演讲的时候,经常会用那次在旧金山的经历,告诉学生们什么样的演讲会很糟糕。学术交流和演讲能力,和学术写作一样,是学术素养的重要内容,很多学校也专门开设了相关的课程。有些学科,比如计算机、模式识别等领域最新的成果往往是在该领域的顶级会议上最先发表的,而不是在期刊上。在很多学术会议上,都能见到本科生、研究生的身影。为了鼓励青年学生参加会议,有些会议还设立了学生论文奖或资助学生来参会的基金。有些大学或研究所还要求学生在毕业之前要有在本领域的学术会议上进行交流的经历。与学术写作相比,学术演讲具有很多不同的特点,包括现场的面对面的交流,在给定的时间内讲清楚工作内容,并且还会有现场的提问环节,听众面对的是现场 PPT 投影或墙报而不是论文等。因此,学术演讲具有不同的学术规范和伦理要求。

────────────

① 　编者:童善保,上海交通大学生物医学工程学院教授。

在本章,笔者结合自己以及指导研究生的经历,介绍口头报告、墙报展示、学位论文答辩等不同学术交流和演讲场合中,如何有效和成功地进行学术演讲和交流,特别是相关的基本规范和伦理。我们希望通过学习本章内容,学生能达成如下目标:

(1) 了解如何在学术会议上做口头报告。

(2) 了解如何在学术会议上专业地、得体地提问和回答问题。

(3) 了解如何制作和展示学术墙报。

(4) 了解如何准备和进行学位论文的答辩。

在展开这几个主题之前,需要强调的是,一个成功的学术演讲包括三个要素:

(1) 核心内容。

(2) 演讲能力和技巧。

(3) PPT 的设计。

其中核心内容是指你的研究内容和结果,这是听众最关心的,应该在演讲之前就已经确定,所以本章主要介绍后面两个要素。但是,笔者不希望给读者一种错觉,以为仅凭借演讲技能和精美的 PPT 设计,就可以成功地演讲。研究成果和内容永远是学术演讲的核心。

4.2　如何进行学术演讲

第一次做学术演讲,确实是令人激动、紧张的,有些学生甚至会因此焦虑而失眠。他们有很多担心和顾虑,比如语言表达、专家或听众的问题、演讲时间,甚至 PPT 播放的技术问题等。下面是笔者总结的关于如何成功地进行学术演讲的十一条建议。

4.2.1　学术演讲的十一条建议

1. 了解你的听众和会场布置

任何一次报告之前,都应该做好充足的准备,特别是了解听众的学术背景。如果有条件,最好也了解一下会场空间、座位布置、PPT 播放系统配置等情况。

（1）总体了解听众的学术背景。你演讲的主要目的是有效地把内容传递出去，所以你要用听众容易听懂的语言来讲解，特别是在交叉学科领域或在有很多其他学科听众的时候，尽量避免用本领域的术语，改用大多数听众能理解的表达。了解听众主体的学术背景，另一个好处是明白听众希望听到什么。技术和工程背景的听众会更关心技术方案，而科学领域的听众则希望了解相关的机制和原理等。当听众的学术背景比较"杂"，既有专业领域的同行，也有其他领域的听众时，演讲将更有挑战。但只要牢记学术演讲的终极目标是有效传递信息，就不会偏离太远。在面对学术背景比较"杂"的听众时，我们的语言应该照顾到听众的主体，特别是其他领域的听众。如果其他领域的听众能听明白，同行应该也能听明白。当然，这种情况下需要注意的是不能停留在"科普"层面，仍然要把创新点表达清楚。在专业的学术会议上，学术演讲的过程中可能会展示理论、公式、数据或方法，并串起来讲一个"故事"，演讲是否成功，很大程度上取决于讲"学术故事"的水平。

（2）了解会场空间和电脑播放系统。如果 PPT 上的字体比较小，在空间比较大的会场，特别是在纵深较大的会场，后排的听众可能看 PPT 上的内容就比较费劲了。事前也应该了解一下会场投影仪的分辨率，以确定是否需要对 PPT 页面长宽比进行调整。此外，如果有很多视频内容要展示，最好用自带的电脑；如果必须用会场电脑播放，建议采用格式比较通用的视频格式，或者把视频插入 PPT 文件中，以免出现视频播放器的兼容性问题。有些会议在会前可以提供上载和测试 PPT 的环节，以便演讲者确保播放内容能正常播放。强烈建议在演讲前测试一下 PPT 是否能正常播放。如果要进行学位论文答辩，建议前一天在会场测试一下待播放和展示的所有文件。

2. 学术演讲不是读 PPT

初次演讲者因为紧张加之缺乏经验，最常见的问题就是看着 PPT 一字一句地读上面的文字。经常看到的场景是演讲者在整个演讲过程中，或者绝大部分时间背对着听众在读 PPT，甚至语调变化都没有。演讲结束时，演讲者如释重负。作为一个听众，我们感受到的是两个版本的 PPT，一个是在投影仪上的 PPT，一个是语音版本的。这样的演讲缺少了与观众的交流，效果还不如播放一个事前录制的 PPT。所以，我对初次进行学术演讲的学生的第二条建议是不要背对着听众读 PPT。

听众希望演讲者面对他们说话，能看到演讲者的神态和手势，感受演讲者的语气和语调,并一起进行思考。投影幕布上的 PPT 以及身边的电脑主要起提示作用。只有看着听众,才能从听众的眼神、表情中得到反馈。如果听众表现得很茫然,可能是你的表述让他们难以理解,你需要考虑换一种更容易理解的表述;如果听众很投入,你能看出他们对演讲很感兴趣,说明你的演讲效果很好;如果听众大多数在低着头刷手机,你要么尽快结束演讲,要么停下来讲个笑话,把听众的注意力重新转移到你身上。下面提几条具体的建议,希望可以帮助大家克服"背对着听众读 PPT"的问题:

(1) 充足的会前排练和准备,特别是对缺少在公开场合进行学术演讲经验的人而言更为重要。最好自己排练几遍,增加对内容的熟悉程度。特别是第一次用英文做口头报告,则更需要做充分的排练。

(2) 准备一个提示卡,放在手边。英语表达不是很好的学生,可以采用这种方法,把一些专业术语和关键词写在提示卡上,甚至可以在提示卡上写上报告内容的二级或三级标题。

(3) 演讲时站在电脑和投影屏幕中间,面对着观众。这样可以直接看到观众的反应。如果觉得紧张,可以多看一点电脑屏幕的提示,但尽量不要一直只看着电脑屏幕。如果麦克风没有限制你走动的话,可以有些脚步的走动,一方面可以调整紧张情绪,另一方面可以吸引听众对你的注意力。

(4) 用问题引导自己演讲。引导听众来和你一起思考问题,听起来对初次演讲者的要求有点高,但其实你可以把想讲的内容用问题的形式在 PPT 中提示出来。当播放到这里的时候,听众会很容易被引导着一起思考。当呈现"问题"时,可以稍作停顿,整理一下思路,改变一下演讲的节奏,同时也给听众思考的时间。永远记住,在提出一个问题后,不要自己立即回答这个问题,要给听众留出思考的时间,哪怕就那么几秒钟。在一个好的学术演讲中,听众主要通过你的演讲,而不是阅读 PPT 上的文字来获得信息。

3. 充满自信

听学术演讲与看学术论文的区别,除了可以提问和交流之外,还可以通过肢体动作、表情和语气体会演讲者对一个问题的理解以及对科研的热情和执着。一个好的学术演讲不光能有效地传递其中的学术研究成果,还可以激发现场听众对这个问题的思考以及对科研的兴趣。一个充满自信和激情的演讲可以具有很强的感染力,例如 TED(Technology, Entertainment, Design, www. ted. com)上的演讲很多都具有这个特点。

　　设想一个博士生,完成了六年的博士学位论文工作,并且发表了几篇有影响力的论文,终于进入博士学位论文答辩,但接近一个小时的论文答辩会是这样的一番场景:大部分时间看着 PPT(可能是因为紧张);声音比较小,坐在后面的听众很难听清楚(可能平时他说话的声音就比较轻柔);整个过程表情比较严肃(可能因为紧张,加上最近睡眠不够)。这样的场景其实并不罕见,但如果我是导师,我会觉得非常内疚。学位论文答辩是经过五六年(或更长时间)的辛苦努力后,展示自己成果的时候,我们期待的本应该是一副"踌躇满志"的神态。这样的状态也不是导师希望看到的。当然最可能的原因是你觉得自己的研究还有很多不足,担心被专家的问题难住。我经常鼓励我的博士生,当你已经站在博士论文答辩的讲台上,虽然面对的是领域内的专家,但是在这个课题和方向上,你应该是世界上对这个问题最熟悉的人之一,所以完全不要担心。如果专家的问题你回答不上来,就当作未来可能的研究方向吧。所以,你应该有理由充满着自信,用生动和充满激情的语言来总结和汇报多年来的研究成果,让在场的专家了解你的工作。如果你还能成功地激起坐在后排的刚刚进入实验室的学妹、学弟对这项研究的兴趣,那你的演讲就非常成功了。

　　4. 逻辑清晰

　　逻辑是所有类型的演讲的重要因素,在学术演讲中尤为重要。清晰的逻辑可以帮助听众理解你的演讲内容。学术演讲的逻辑体现在下面几个要素上:

　　(1) 你的研究问题是什么?

　　(2) 这个问题的国内外研究现状是什么?

　　(3) 你认为目前的挑战是什么?

　　(4) 你打算用什么方法来解决这个问题?

　　(5) 你得到的结果是什么?

　　(6) 这个结果的意义是什么?

　　你可以发现,这些要素和学术论文的要素基本上是一致的。我们在写学术论文时候,是用文字的方式向编辑、审稿人和读者传递这些信息,除了研究方法和内容外,编辑、审稿人和读者需要了解的是论文宏观的整体背景、创新点、结论和意义。学术演讲是直接与听众交流研究成果,形式虽然有区别,但目的是一样的,因此演讲与学术论文包括的要素应该是一致的。

　　按照上面的要素,即使你的听众来自不同的学科领域,也能在很短的时间里理解你的工作。不建议在有限的学术报告时间里,详细讲解其中的技术细节,比如公式推导、技术设计参数等,这些"技术秘诀"(know-how)(一般会在正式发表的论文里有详细介绍)往往在短时间内很难讲清楚,除非听众已经具备了很专业的知识背景。

5. PPT 要简练

我一向推崇简练的 PPT,比如一个能体现核心内容的图片,加上一些关键词(见图 4-2)。PPT 主要的目的是给演讲者和听众提供一个内容概要或提示,内容之间的关系,或内容的核心部分要通过报告人的演讲来传递。如果把所有内容都写到 PPT 上(见图 4-1),虽然提供了更多的信息,但容易分散听众的注意力。如果 PPT 已经可以清楚地展示所有内容了,那就不需要演讲者了。当然,也有演讲者能熟练驾驭内容丰富的 PPT。对于初次进行学术演讲的演讲者来说,站在讲台上会比较紧张,内容丰富的 PPT 能起到很好的提示作用,但随着演讲技巧的提高,建议逐渐减少 PPT 里的文字。如果听众过度关注文字阅读,就不怎么听演讲了。

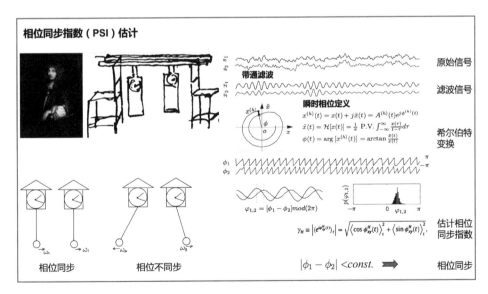

图 4-1　一个有非常多技术细节的 PPT

演讲者试图用一页 PPT 把相位同步指数(Phase synchronization Index)的含义、计算过程、计算公式都讲清楚。

听众在面对图 4-1 的时候,会很自然地去阅读上面的文字,甚至一些无关紧要的文字,比如对惠更斯(Huygens)的介绍,很容易走神。而图 4-2 只保留

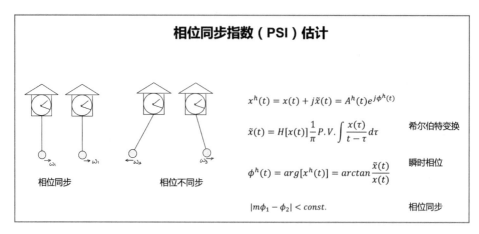

图 4-2 图 4-1 的"简化版"

了核心内容,这时候听众心里会自然而然地问"这是什么?",然后把注意力聚焦到演讲者身上,等待演讲者讲解,或者在演讲者的提示下进行思考。

PPT 杂乱对于初次进行学术演讲的人来说是一个通病。科尔·努斯鲍默·纳福利克(Cole Nussbaumer Knaflic)在《用数据讲故事》(*Storytelling with Data*)[1]一书中从不同角度阐述了内容杂乱带来的问题及改进方法。他认为PPT 上的图片杂乱带来的最大问题是增加了听众的"认知负荷",需要更多的脑力资源来理解内容,付出更多精力才能提取要传递的信息。在有限的学术报告时间里(很多甚至不到十分钟),听众会很容失去注意力,甚至会放弃听报告。纳福利克用视觉认知的格式塔原则(Gestalt Principles)来解释学术演讲中的视觉认知,以及这一原理如何体现在 PPT 的图表展示中。简单地说,人们在看一幅图片(比如我们演讲的 PPT)的时候,会自然地把空间相近的、特征(颜色、形状、大小、方向等)相似的,或物理上包围或连接在一起的内容归为同一类,习惯地用大脑中已有的结构特征、形状特征来认知图片或场景。纳福利克建议删除图片中冗余和不必要的杂乱,利用人的视觉认知来直接传递信息。比如你想展示在某个领域全球排名前几位的国家近五年的发表论文数量对比及变化趋势,用饼图、直方图展示都很不直观,如果改用折线的方式就能非常直观地展示(见图 4-3)。

除了改变纵横轴的变量、用折线代替直方图等,图 4-3 中两图的区别还包括图(b)删除了图(a)的外框和网格线。图(a)设置外框和网格线的目的是希望

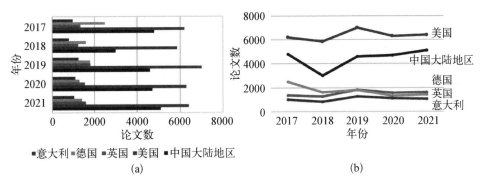

图4-3　在某个领域全球排名前五的国家和地区连续五年的论文发表数据情况

（a）用直方图表示的数据阅读起来比较困难，（b）用折线图表示的同样的数据阅读起来直观很多。

这个图看上去是一个整体，但人们在看到图（b）的时候也会自然地认为它是一个整体，因为在日常生活中已经见过很多这样的图片了，这就是格式塔原则的"闭合原则"（closure）。纳福利克在这本书中有很多类似的优化建议，我把一些很有用的建议归纳如下：

（1）删除图的外框（box）和网格线（grid），前者的目的是为了增加整体感，后者是为了比较数据，但在绝大多数学术报告中，听众关注的重点是数据的趋势和相对大小关系，而具体数值大小最好依靠表格或统计量来表达。

（2）将图片中的文字块左对齐比居中、右对齐更容易阅读，因为人们的阅读习惯是从左向右。

（3）页面中的图片要有留白区域，留白区类似我们演讲中的停顿，使听众有思考的空间；即使是以文字为主的页面，这样的留白也是必要的。

（4）尽量少用饼图，特别是不要用三维的饼图。虽然你可能觉得圆形和立体的图看上去更好看，但饼图和立体图并不合适用来表达数据间的相对大小关系，并且会给出偏差的效果。能用饼图展示的数据，都可以用柱状图、100%水平堆叠条图（stack plot）或者折线图（line plot）来替代，后几类图对数量关系的展示比饼图效果好。

（5）如果页面上的信息具有不同程度的重要性，或者具有一定的流程关系，纳福利克建议按流程或重要程度以从上到下、从左到右的方式展示，这样更符合我们的阅读和认知习惯。

（6）直接在图上进行简要的数据标注，尽量避免采用脚注，脚注方式会增加阅读难度。

（7）去掉数据标记（注：这里是指数据点的标记符号，比如点、空心圆、三角形等）。虽然很多论文的数据图都会用数据标记，很多统计软件也会让你选择不同的数据符号来区分数据，但对于学术报告中的图，笔者比较赞成纳福利克的观点，因为标记符号并没有提供更多的信息，而且人的视觉区分颜色比区分标记更容易。但在学术期刊论文中，可以适当采用数据符号，特别是在数据组别比较多的时候，或只有黑白显示的情况下。如果在数据组别比较少且可以彩色显示的情况下，用颜色区分更加简洁。

（8）在一个页面上不要有太多的重点。很多人希望用比较显著的颜色、字体、下划线、标签、文字框等方式突出一些重点内容，但需要记住一个原则：重点如果太多就没有重点了。《通用设计法则》(*Universal Principles of Design*)[2]的建议是，在一个图中，最多重点突出 10％的内容。

6. 可视化展示内容，少用文字，多用图片、动画、视频来传递信息

上一条建议讲到了如何简明地展示演讲内容，很多是关于如何简明地展示图片内容。鉴于可视化展示的重要性，这里特意把可视化展示作为一条单独的建议提出。人类获取信息的各类感官中，视觉是最重要的信息输入渠道。人们对于同样的内容，对于图片比对于文字或声音的感知更快速和深刻。这就是为什么我们在总结研究结果的时候，更倾向于用图（直方图、折线图、散点图等）或视频的方式来展示，其次才是表格，不建议用文字的方式来报告结果。文字除了需要更多的阅读时间外，还需要更多的时间对数据大小及变化进行理解，而可视化的图可以更直接、更快速地传递这些信息，并且具有更小的跨语言障碍。比如图 4-3 中的数据，如果用表 4-1 展示：

表 4-1　图 4-3 中数据的表格化展示（论文数）

年份	中国大陆地区	美国	英国	德国	意大利
2021	5 100	6 400	1 600	1 400	1 040
2020	4 700	6 300	1 550	1 300	1 100
2019	4 600	7 000	1 820	1 800	1 260
2018	3 000	5 850	1 245	1 600	800
2017	4 800	6 200	1 350	2 500	980

　　对比表 4－1 和图 4－3(b)，从表格中很难直观看出两个国家或地区的论文发表数在一年中的变化以及它们的相互关系。在论文里，可以用表格来提供具体的数值、效应、统计结果等，便于进行量化的分析；但在学术演讲的时候，人们关注更多的是结论(相互关系、趋势等)，直接把数据或表格放在 PPT 上展示效果不好。表格数据除了上面提到的不直观外，另外的问题是如果报告厅或会议室空间比较大，或者投影屏幕比较小、分辨率低，坐在后排的听众可能看不清内容。关于演讲中的可视化，特别是数据的可视化，我结合纳福利克的建议总结了下面几条经验和建议：

　　(1) 用图来代替数据表格。

　　(2) 直角坐标系下的图，一般仅保留坐标轴，不要用外框和网格。

　　(3) 用折线图代替饼图或直方图。

　　(4) 用不同颜色代替不同线型或符号。

　　(5) 颜色是最能直接区分不同类别的方式，但颜色的种类要少。页面上颜色过多，不仅降低不同数据的区分度，还容易分散注意力。就好比一盒玻璃球，只有一个红色的球，很容易识别出来，但如果从一盒五颜六色的球中找出红色的球难度就大多了。

　　(6) 不建议用不同颜色来区分数量大小关系，比如红色表示大于 1 000 的值，蓝色表示 800—1 000 等，而建议用同一颜色的不同饱和度来区分。因为人的潜意识里会给高饱和度的颜色赋予更大的数量值。用不同饱和度比用不同颜色区分能令人更快理解数据关系。热力图(heatmap)就是利用了这一认知原理。

　　(7) 在直方图中突出某个或某几个类别，可以使用灰度，将灰度最深的分配给最希望突出的类别。

　　(8) 在柱状图中用彩色填充来代替灰度或者纹理填充。

　　(9) 在不同的图中，尽量使用类似的颜色和图形设计来表示相同的数据，比如在一个图中用灰色填充表示女生，白色填充表示男生，后面再有类似的图，也建议都用灰色填充表示女生。如果随意改变方案，即使在图中有图例说明，也会增加听众或读者的认知负荷，增加理解难度。

　　(10) 选用颜色要考虑弱势群体，比如避免使用红色、绿色来区分两组数据，虽然红绿颜色具有很好的对比度，而且搭配起来也有美感，但红绿颜色对色盲听众很不友好，所以不建议用它们来做数据的对比。

　　(11) 用多幅简单的图代替一幅复杂的图。虽然很多期刊中的图有逐渐复杂化的趋势,一个图中包括几个甚至十几个子图,并附有非常详细的图注,这样的图在生物医学领域的期刊中很常见。我认为这样的图放在论文中是合适的,但拿到学术演讲中展示,效果会比较糟糕,会给听众造成很大的理解负担。

(12) 用箭头来表达增加或减小的变化方向。

(13) 对于动态变化的数据,建议使用动画、视频来代替静态的图。

(14) 一页 PPT 只展示一个图,除非需要对两组数据进行对比(实验组 vs. 对照组,新方案 vs. 旧方案),这时候左右并排放图比较好。

(15) 避免在有图片的页面上用长句来总结图片结果,确实需要的话尽量用短句或关键词,文字只是帮助听众理解用的。

(16) 需要突出的重点结论,建议用具有区分度的颜色来突出。

(17) 如果确实需要表格,参考 APA 格式(参考第 3 章的内容),尽量隐去表格的分割线。需要突出的数据,建议用不同颜色来突出和区分,少用粗体或斜体来突出和区分,人对颜色差异比对线条粗细和方向的感知更敏感。

(18) 简单数据图的背景颜色避免使用深色,深色背景容易让人的注意力从数据上偏离。

(19) 如果不同类别的数据存在内在的顺序,比如月份、年份等,建议横坐标按年份或月份来展示[见图 4 - 4(b)]。如果数据不存在这样内在的顺序关系,建议按照变量的大小顺序展示,这样听众可以很容易地建立这些量之间的关系。比如要展示某个城市 12 个月的用电量变化,将月份作为横坐标,用折线图来显示就很清晰;如果想展示某个省的 12 个城市 1 月份的用电量,因为城市间不存在大小关系,则可以用直方图,按照用电量的大小来排序,这样比按字母或者笔画顺序效果好。

(20) 如果图中有较多(5 个或以上)折线互相交错,直接展示效果不会很好,这时候可以把希望强调的折线突出(用不同的颜色),其他几条折线用另一种低饱和度的颜色或者灰色来展示。如图 4 - 4 所示,如要想在这幅图上进一步显示季度信息,可以用不同的灰度背景区分开四个季度,而不需要在横坐标中标注季度信息[见图 4 - 4(a)],前者是利用视觉的特征区分信息,后者是通过文字内容来区分季节信息。大脑处理文字内容[见图 4 - 4(a)]比处理图形特征[见图 4 - 4(b)]会产生更多的"认知负荷"。

爱德华·塔夫特(Edward Tufte)的书《定量信息的视觉显示》(*The Visual Display of Quantitative Information*)[3]和纳福利克的《用数据讲故事》都值得

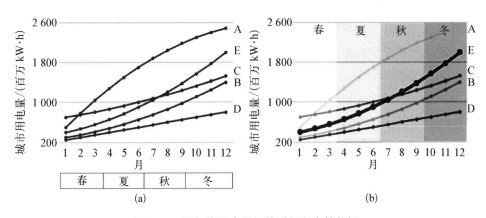

图 4-4 用折线图来展示按时间顺序的数据

当展示多条数据的时候,用不同颜色饱和度来突出"重点"数据[比如图(b)希望突出 E 的变化趋势]

一读。纳福利克在书的最后的一个建议是:多看一些好的图表展示案例,学习别人的展示方案,是最好的学习方法。

7. 是否可以展示未发表的成果?

简短的回答是"可以",但需谨慎。不少学术会议的论文集往往会作为正式出版物出版,论文被会议接收发表后,一般情况下,版权会被要求转移给出版社。因此,原则上相同的内容是不能再投稿其他期刊或会议了,除非在这个基础上又有更深入和进一步的研究,并且在新的投稿中声明部分和初步的结果已经在某个会议上发表了。在有些学科领域,比如计算机学科的模式识别等领域,最新的研究成果往往是在这个领域的顶级会议上发表的,会议论文的接收率非常低,这些领域更看重会议论文。但在有些学科领域,比如生物医学,最重要的研究结果往往不会投稿给学术会议,研究人员更愿意把比较全面的工作成果投给期刊,学者们去参加会议的主要目的是学术交流和讨论。因此,这些领域的研究人员往往会将一些并不是很重要的或初步的结果投稿到会议。可以想象,如果把这样并不很系统深入的研究拿到会议上去交流展示,效果不会很好。这里提供两个经验性的建议,让你的报告更精彩:

(1)展示一些相关的已经发表的成果。为了让你的故事讲得更连贯、更完整、更吸引人,建议你在展示中加入一些相关的已经发表的工作(你自己的或别人的)。虽然你投稿到会议的只是一小部分工作,但如果能展示相关研究的完整背景和意义,听众会有更多的收获。

（2）展示一些相关的尚未发表的成果。需要明白的是，你在会议 PPT/墙报中展示的内容并不存在版权问题，会后你仍然可以投稿到期刊中。当然，你需要谨慎地使用还未发表的成果，至少需要考虑两个因素：

① 获得导师或项目负责人的同意。如果你是一个学生，你的成果是在实验室导师（部分）资助下和指导下完成的，你必须经过指导老师或项目负责人的同意，才能在实验室以外的场合展示或分享未正式发表的研究成果。

② 存在技术或成果泄露的风险。学术研究与工业界一样存在竞争。在正式发表之前，在公开场合展示你的研究的技术、思路和方案，会有一定的风险，可能会让竞争者根据你的思路或方法，在你之前发表成果。为了防止这样的风险，可以使用"预印本"平台，比如著名的 arXiv. org，medRxiv. org 等。在论文正式发表之前，把论文放在这些"预印本"平台上，可以更早地公开研究成果，让同行进行评议，获得反馈意见，同时确立科研发现的优先权，为你的成果打上时间戳。因此，如果你希望在学术会议上分享或公开尚未发表的成果，建议先发布到这些"预印本"平台上（当然应该是你的导师来发布）。

8. 把握时间和节奏

一般实验室组会上的报告时间要求不是很严格，学位论文答辩也只有一个大概的时间范围要求。但是，比较正式的会议报告或项目答辩，对于每个报告都会限定报告和提问交流时间。粗略地估算是除去标题、目录、致谢等页面，建议按每分钟讲述 1—1.5 页 PPT 的速度来准备和安排讲解时间。比如 10 分钟的演讲，建议控制在 15 页 PPT 之内。对于综述性的学术报告，PPT 页面可以适当多一些，可以按 1.5—3 页/分钟准备。当然，也经常见到演讲者使用非常多页的PPT，可能是他们确实有很多内容要讲，也可能是他们太忙，根本没有时间来准备 PPT，索性把刚刚在另一个会议上用过的 PPT 改个标题直接拿过来。但这就需要演讲者能熟练地驾驭这些内容，并且具有很强的现场把控能力，这样仍然能比较成功地完成演讲。不过，不建议学生学习或模仿这样的演讲方式，学生还是应该认真准备 PPT。对于时间要求严格的报告，建议在正式报告前找导师或同学按照正式的报告时间排练一下。

9. 总结和致谢

任何演讲都建议有一个总结和一个致谢，虽然很形式化，对此也没有明确的要求，但确实很必要。

（1）总结。在结束报告的时候，把你认为最重要的成果和结论进行一次总结,使听众离开后能记住,所以一般也叫 take-home messages。如果你的报告比较长,或者有些听众可能是中间才开始听报告的话,有个总结更为必要,这是一个好习惯。

（2）致谢。在体育比赛最后的颁奖环节中,获奖选手往往最先致谢赞助商。你的科研工作也是在科研基金的支持下完成的。一个博士生,从入学到毕业,除了获得来自家庭、朋友的支持外,还需要奖学金、助研或者助教经费的支持,你的实验需要科研经费资助,你参加的每一次学术交流会议都需要经费的支持,所以,不要忘了在报告的时候表达感谢。致谢里经常提到的有:

① 为本研究提供经费的机构。比如国家自然科学基金委员会、科技部、教育部或者省市政府、学校、企业的资助等。

② 为本研究提供技术支持、实验材料、数据分析的人或单位。

③ 合作者。在学术论文中,对本研究具有实质科学贡献的人应该作为论文的共同作者进行署名。而在学术报告中,建议用下面的方式来认可合作研究者的贡献:

a. 如果本研究已经完成并发表论文,建议在演讲的封面(标题页),按论文署名顺序把作者列出来,可以把你自己的名字凸显一下。

b. 如果报告不是完整来自一篇正式(待)发表的论文,封面上一般只需要写上报告人自己的名字,但在致谢部分,建议列出完整的参与本工作的人员,有可能的话,简述一下每个人的具体贡献。

c. 即使只是对研究提供帮助的人员,比如提供了实验材料,协助了实验,对数据分析提供了帮助等,也应该在致谢里提到。

10. 关注听众的反应

前面从各个角度建议如何准备一个学术演讲,包括 PPT 和演讲内容的准备。还有一点也很重要,就是在演讲过程中关注听众的反应,从听众的表情、行为判断他们是否对你的演讲感兴趣,是否理解了报告内容。如果相当部分的听众并没有关注你和你演讲的内容,这时候你需要立即改变,并不是说要停止演讲,而是要改变当前的演讲方式。如果在上课的时候,遇到这种情况,我会停下来,不急着往下讲,而是针对刚刚讲过的内容,或者针对即将要讲的内容,提几个问题,把学生的注意力拉回到教室里。如果在学术报告的演讲中出现这种情况,我会用类似的技巧,比如提出问题的方式,或者强调一些关键词,来引入接下来的内容,让听众的关注点集中过来,比如:

（1）"你知道检测方法的问题在哪里吗？"

（2）"知道这个方法为什么很成功吗？"

（3）"接下来这一点很重要……"

（4）"如果刚才说的你不理解，那么你知道下面的这部分就可以了……"

（5）……

如果你的报告时间比较短，不允许你进行这样的互动和提问，但却出现这样的情景：你正在津津有味地介绍一个很专业的领域的主题，而且用了很多专业术语，听众听不懂，失去了注意力，纷纷低头看手机。遇到这类情形，建议赶紧换一种听众更容易理解的方式来演讲。或先总结一下你前面已经讲过的内容，然后改用简单易懂的方式来讲后面的内容。

11. 学术演讲中的伦理问题

前面的 10 条建议大多关于学术演讲的规范、经验和建议，并不意味着不这么做是错误的，而是按照上面的建议会提升演讲的效果。最后，介绍一些关于学术演讲的伦理问题，如果你不这么做，可能会产生伦理问题，特别是涉及人和动物的研究，都应该通过相应的伦理委员会批准，遵守伦理要求进行汇报，并且在数据和结果的展示中：

（1）遵照 IRB 的要求以及知情同意书（参见第 10 章），展示的图片中要去掉任何可识别身份的信息（如姓名、身份证号码、手机和电话号码、学生的学号或工号等）。

（2）展示他人的照片时，要经过照片版权所有者的同意。

（3）如果使用了儿童照片，要遮挡住面部（眼睛），并经过监护人的同意。

（4）使用从网络上获得的照片（人或物），也需要符合版权要求。

（5）谨慎展示可能引起观众不适的图片，比如手术过程或灾难场景。

其次，引用已发表论文中的图片或者内容，不论这个已发表的论文是自己的还是别人的，都应该标明出处。如果包括了别人的未发表的图片或数据，除了获取所有者的同意外，建议标注一下来源（比如 courtesy of Shanbao TONG）。

4.2.2　如何在学术会议上回答问题

大多数学术报告会议上，在报告人演讲结束的时候，主持人会给听众提问的机会。对于初次在学术会议做报告的学生，这是一个比较紧张的环节，甚至会不期望被提问，因为担心问题比较难或回答不上来而尴尬，也有学生是因为英文表达能力不高，英语听力和口语不熟练，担心连问题都听不明白。这里给有这样心理的学生提一些建议,希望帮助他们克服这个困难。

（1）听清楚问题。如果你没听明白问题,不管是英文听力困难还是对问题本身理解的原因,都先不要紧张。任何情况下,越是紧张,越是回答不好问题。没听明白的话,也不要猜测或者胡乱回答,而可以请提问的人重新问一下问题,这时候提问的人大多会换一个更容易理解的方式来阐明刚才的问题。

（2）回答不出的可能是一个好问题。如果这个问题是你的研究没有考虑到的地方,应该先感谢提问者问了个好问题,然后评论一下这个问题对这个研究的意义,从听众的问题里找到自己工作的不足或未来的研究方向,是我们参加学术会议的重要收获。

（3）对于简单的问题,甚至你觉得在报告中已经明确讲过的内容,也应该耐心地给听众正面的反馈。因为有些听众可能是在你报告中间才进入会场的,他们错过了你演讲的前面内容。有些问题在你所在的学科虽然很简单,但听众可能来自完全不同的学科领域,他们并没相关的知识背景。这时候建议你换一种和报告中不同的方式来解释。前面提到过,做学术报告的时候,要站在听众的角度阐述问题,在回答问题的时候我们同样也应该先换位思考,如果这个问题很简单,或者你已经在报告中交代过了,他/她为什么还会问这个问题呢?

（4）对一些难堪场景的处理方式。虽然绝大多数情况下,参会的听众都会很友好礼貌地进行提问交流,特别是对待学生,都会以鼓励的姿态进行提问。但极少数情况下,也会碰到不很友好的问题。处理这类问题的时候,还是建议对提问的人礼貌性地表示感谢,然后以一个可以接受的理由,比如这个问题比较复杂,你乐意在会后跟提问的人详细讨论等,应对过去就可以了。

4.2.3　如何在学术会议上提问

在学术会议上向演讲者提问是展现自己的重要机会,也是学术交流的重要部分。我鼓励学生一定要多参加学术会议,并且努力在会上提问。每次在国际会议上,当一个学生站起来紧张地提问的时候,总让我想起自己第一次在 IEEE EMBS 会议上经过长时间的酝酿鼓足勇气提问的经历。我非常理解那个学生紧张的心情,所以我最能体会他最需要的是鼓励和表扬,而不是他的问题的答案。因此,我希望鼓励像 20 年前的我一样的学生们,当你们准备提问的时候,台上的专家其实就是 10 年、20 年后的你。鼓足勇气迈出你的第一步,他们或许正在等着表扬你的问题。作为学生,积极地在学术会议上提问至少有下面几个好处:

（1）促使你专注和积极地去听报告。只有认真听了，才有可能问出问题，特别是好的问题，而好的学术问题是学术创新的驱动力。

（2）提问环节也是让听众和演讲者认识你的场合。学术会议是重要的"学术社交"场合，是建立学术联系和学术合作的重要渠道，积极地参与学术会议的讨论环节，对一个学生的学术发展有非常积极的影响。

对于如何在学术报告提问环节进行提问和交流，我给学生们提几条建议：

1. 挑战自己，勇于提问

那些不愿意在学术报告上提问的学生通常是因为担心自己的问题"水平不够"，害怕提了一个比较"傻"的问题。另外还可能有语言的障碍，担心自己英语口语不够流利，表达不好，索性不提问了。我经常鼓励学生克服这样的心理：

（1）不要追求完美。没有人第一次提问的时候，就能熟练地用英语提出一个非常有深度的问题，但应该相信，你的每一次尝试都肯定会比上一次的表现好。每个人都有一个学习曲线，没有人是一步成功的，优秀的背后是一个过程。

（2）大胆地站出来，走向麦克风，提出你的问题。作为导师，我们常常告诉学生："If you want to be outstanding, you need to stand out!"我在学生时代第一次在学术会议上提问，是在仪器系听一位日本学者关于脑磁图研究的报告时。报告结束后，主持报告的仪器系高忠华教授鼓励在座的学生提问。我举手后，说根据麦克斯韦方程，知道了电场，应该就可以算出磁场，反过来也一样，所以脑磁图似乎并没有比脑电信号提供更多的信息。当时高教授表扬了我，说这是个好问题，这个表扬我至今都记得很清楚，使我后来一直喜欢在学术报告上提问讨论，同时也体会到对学生而言表扬具有深远的影响。所以后来我在作报告以及当老师的时候，总是积极去发现学生的优点，给予表扬。我还从没有见过一次在提问者提出问题后被人评论是"silly or stupid question"，所以，尽管大胆地站出来，提出你的想法和问题。

（3）不需要担心英语口语问题。大脑对语言的认知很神奇，我们在生活中可以发现，一个牙牙学语的幼儿，词汇量很有限，但似乎并不妨碍他跟我们交流。生活中类似的经历很多，听一个初学中文的外国人说汉语，即使语法不通或发音不准，但只要一句话中你能听懂一半的词汇，大概率就可以听懂对方要表达的意思。英语表达也同样如此。

2. 提问三要素

每个人都会有自己的提问方式，没有定式。在这里我只根据我的经验和观察,总结一下在学术会议上,特别是正式的学术会议上,大部分人提问的方式。

（1）首先感谢报告人。如果他的报告确实很精彩,值得表扬,比如"wonderful talk""elegant presentation"之类的词请尽管使用。即使报告不怎么吸引你,至少也应该礼节性地说一句"Thank you for your talk"。

（2）简单介绍你自己。这一点值得强调,学术会议的主要功能是学术交流,所以应该让对方知道你是谁,不仅仅是出于礼貌。介绍自己的时候,建议说一下任职单位,比如"My name is Shanbao TONG, from Shanghai Jiao Tong University"。如果是校内的学术会议,直接说"我是生物医学工程学院的童善保"。介绍自己是必要的,但也不需要太长,像前面这样的一两句话就足够了,没有必要介绍你是什么专业的、大学哪里读的等。当然很多情况下,你介绍完自己,报告人或者现场的其他听众也未必能记住,但不用担心,下次在另一个会议场合,你再次介绍自己时,他/她大概率会想起来的,这符合人的记忆过程。

（3）提出你对演讲内容的看法或问题。这是你提问的核心内容,考虑到提问环节时间限制,而且会有其他听众在等候提问,所以建议简练地把你最想说的表达出来,比如你想表达对一个问题的看法,可以直接说"I have a comment on … ",如果你想询问某个问题,可以说"My question is … ",如果你希望报告人解释或者澄清某个地方,可以说"I am wondering if you can elaborate more on … "等。总之,要简练。

3. 听报告的规范和礼仪

本节的最后我谈谈作为一个听众,应该遵守的一些规范和礼节。比如,如果是一个精彩的报告,结束后应该给报告人鼓掌表示感谢。当然,你不鼓掌也没有人会指责你。但另一个伦理规范就很重要了,就是不应该在未经同意的情况下,拍摄演讲者的 PPT 或者录制演讲过程。前面我们提到,很多人的演讲中会包含一些未发表或正在研究的工作,演讲者其实只想在这个会议上分享一下,并不希望这些材料或者初步结果传播出去。即使报告内容中没有不能传播的内容,拍摄或录制也应该征得演讲者的同意。关于这一点,在现在线上报告和线上会议非常普遍的情况下,更需要注意。即便是线上报告,主办方如果想录屏,也应该在事前征得报告人的同意。线下报告对拍照和视频录制的基本伦理规范是类似的,即事前获得演讲者的知情同意,并告知用途和传播范围。

4.3　如何展示墙报

在学术会议中,墙报展示的历史要比口头报告短。早期的学术会议参加人数不多,普遍只有几十到上百人,不像现在几千人规模的会议也是很常见的。例如,早在 10 年前,美国神经科学学会(Society for Neuroscience,SFN)的年会就已经达到 3 万人以上的规模了,全美只有少数几个城市可以举办。而早期的学术会议大多是口头报告,而且是单个日程,所有参会者在同一个会场。随着会议的规模越来越大,会议主办方已经无法让参会的每个人都进行口头报告交流,就出现了平行会议日程,以及墙报展示等。早期的会议组织者倾向于选择一些他们认为展示度低的论文作为墙报展示。所以,早期的墙报展示环节实际上不是很受重视,进行口头报告被认为是更高的荣誉。但是,随着会议规模越来越大,比如上面提到的 SFN 年会,除了大会或者主题邀请报告,所有投稿都被安排进行墙报展示见图 4-5。限于口头报告会场的人数限制,加上口头报告的时间也越来越短,墙报展示的优点就越来越凸显了。墙报展示环节时间短的一般有 1—2 小时,长的会有数小时,作者有更长的时间与更多的参会者进行交流,而且很多会议的墙报展示环节会尽量放在所有参会者都能参加的时间段,比如午餐或者茶歇时间。所以近年来的趋势是墙报展示与口头报告基本上被认为同等重要,甚至有些人更愿意做墙报展示(见图 4-5)。与口头报告的奖项类似,会议主办方也会设置墙报展示的奖项,甚至专门为墙报展示安排 1—2 分钟的超短报告。在本小节,我们将介绍如何在会议上进行有效的墙报展示。

4.3.1　墙报制作要方便读者在站立和移动状态下的阅读

由于墙报展示一般安排在一个公共区域,阅读者通常都是站着,离墙报有一定的距离进行阅读和交流。大型会议上的墙报很多,人员流动量也很大,参会者常常按照日程列表上的编号寻找感兴趣的墙报,或者在感兴趣的主题区域搜索想看的墙报,他们会在展区快速走动。因此,希望在短时间内抓住他们的注意,需要在墙报的制作上有些特别的考虑,下面是几条关于制作墙报的建议。

(1) 格式模板。如果会议方有建议和要求的格式或模板,建议按照模板来

图 4-5　美国神经科学学会(SFN)年会超大规模墙报展示会场的一角

准备。一般主办方只限定墙报尺寸(因为他们需要准备张贴墙报的贴板),对墙报的排版格式方面的要求比较少。如果会议方对墙报尺寸方面没有要求,或者他们提供的展板足够大,建议墙报不小于 60 英寸×90 英寸(152.4 厘米×228.6厘米),否则会影响阅读。

(2)字体建议。有些人喜欢把标题全部用大写字母,这是很不推荐的,因为全部大写可读性低,比如"Neuroscience"阅读起来就比"NEUROSCIENCE"容易很多。很多时候,参会者会在墙报展区走动,看到感兴趣的内容才会停下来进一步阅读和交流,所以不要选用识别困难的标题字体,特别是非常复杂的艺术字体。字体大小也应该适中,让普通人在 1.5—2.0 米的距离很容易看清楚。

(3)墙报上少用参考文献。

(4)墙报尽量用比较有信息的图,少用文字。图片比文字传递信息更快。

(5)重要的内容用关键词或者要点(bullet points),少用整段的文字。

(6)建议提供"单页传单"和联系方式。如你希望读者会后与你联系,建议提供 A4 纸或 Letter 纸打印的单页墙报。有些参会者日程比较紧张,可以拿一页这样的"单页传单"式的墙报就离开,后面有空再阅读。

（7）为了便于携带和环保，可以用纤维布打印墙报。早期的墙报多是用塑料材料或者厚的铜版纸打印的，卷起来装在一个特制的墙报筒里，旅行的时候要单独拿着，很不方便。会议结束后墙报即被丢弃，很不环保。用纤维布材料打印，可以卷起来放在行李里，很便携；用完了还可以带回来放在实验室里张贴，也很环保。

（8）对于一些需要多媒体展示的内容，如果会议主办方没有提供视频展示设备，可以自带一个平板电脑，展示一些视频或高清图片。

4.3.2　墙报展示的建议：高效和互动

在口头报告的环节，参会者都在一起听报告。而墙报展示场馆具有人员流动性大、时间跨度大等特点，因此墙报展示与其口头报告展示方式也应该有所不同，下面是给进行墙报展示者的几条建议。

（1）准备一个短小的演讲，在 2—3 分钟内把主要研究内容、创新点、意义和结论讲清楚。通常很少有听众在一个墙报前持续听 10 分钟以上，除非他/她对墙报的内容非常感兴趣。你应该照顾到大多数前来观看墙报的人员，准备一个2—3 分钟的演讲。

（2）墙报展示的时候可以有更多的互动。墙报展示比口头报告更灵活，你可以随时停下来，跟听众互动交流，比如了解听众的背景、研究方向和看法，交换联系方式，等等。

（3）重点讲问题、创新点和结论。在一个很短的时间内展示科研成果，除非听众询问，一般不建议讲技术或工程细节，这些内容在你的论文里都应该有很详细的描述，应该更多地关注宏观方面如研究意义、创新点和主要结论等。

（4）其他：虽然与研究项目和展示无关，我还是支持在参加会议的时候，给自己拍一点照片，留作纪念。特别对于研究生，多年以后，学生时代的这些经历会是一段宝贵的记忆。

4.4　学位论文答辩

学位论文答辩跟前面几类学术演讲有不少共同点，比如演讲礼仪、关注听众反应、回答问题的要点等都类似。在这一小节,我们介绍几个学位论文答辩过程中需要特别注意的问题。

4.4.1　提前准备好各类文档

在正式答辩前,有很多工作需要完成,其中最主要的包括:

(1) 提前把学位论文全文发送给参加答辩的专家。有些学校是由学院或学校发送,有些是由学生直接发送给专家,不管是哪种形式,都应该给专家足够的审阅时间。你花了几年才完成的学位论文工作,不应该要求专家在两三天内看完。有的专家希望阅读纸质版本,要提前把装订好的论文连同评阅表(如有)送给专家。另外一个建议是,在答辩前与专家沟通,请专家给论文答辩提一些建议。

(2) 论文答辩结束后,一般会形成答辩委员会的决议(意见),你的学校或学院会有一些与答辩有关的文档等需要专家签字,这些相关的文档,都建议提前准备好,提高答辩会的效率。

4.4.2　注重答辩演讲的逻辑和论文的创新点

任何类型的演讲,最终目的都是希望有效地传递信息。学术演讲具有特殊性,特别是博士学位论文,演讲内容很学术、很专业,如果对这个领域不是非常熟悉,理解报告内容是有一定难度的,更不用说评论或提问题了。在你博士毕业的时候,你应该是最了解这个课题的人,所以在演讲时,不建议把精力和时间集中在技术细节上。你花了好几年才完成的工作,如果不能在 10 分钟之内让在场的专家听明白,再多 20 分钟效果也是差不多的。所以建议重点讲述学位论文的思路、重要性、创新点等,这些也是专家们最关心的,也是你被授予学位的重要原因,千万不要花上 20 分钟去推导一个公式,或者细说一个实验的过程。

4.4.3　PPT 要有清晰的结构

很多国家的学位论文,都要求大体上围绕一个课题,开展一系列的研究。论文的每一个章节会是一个相对完整的工作,各章节之间存在一定的关系,共同支撑整个论文的主题。学位论文答辩一般是 1—2 小时,因此大部分情况下,建议按照论文的结构顺序进行阐述,每一章通常包括如下几个方面:

(1) 开头部分简述一下本章的内容及其与前后章的关系。虽然在答辩开始的第一章里也会介绍后续章的内容以及各章的关系,但仍然建议在每一部分的开头再明确地重申一下,强调本章解决的问题及其与其他章以及整个论文主题的关系。

（2）主体内容部分按照研究方法、结果、讨论的顺序来介绍,基本上就比较清晰了。

（3）结束的时候进行一下总结。虽然在整个论文答辩结束时一定会进行总结,包括重要结论和创新点,但建议你在每一章的最后也对本章进行小结,便于答辩专家更清晰地理解每一部分工作。

4.4.4　注意答辩会的礼仪

论文答辩是每个学生人生最重要的场合之一,应该衣着正式。虽然大多数学校不会明确规定学位论文答辩的着装规范,但是夏天穿着沙滩裤和 T 恤衫进行答辩确实不适合。答辩的时候,准备好笔和纸放置在手边,随时记录专家或听众的问题。因为如果问题比较多,记录下来可以避免忘记,也方便有时间思考问题。另外,建议答辩结束后,给参加答辩会议的每位专家发一封感谢信(不要群发),感谢专家参加你的论文答辩以及提出问题和建议。

4.5　其他学术交流和演讲：实验室组会 ————————●

对于学生,参与最多的学术交流是实验室的组会或讨论会(见图 4 - 6)。大部分实验室都定期进行组会(比如我的实验室是每周至少一次组会),每个学生需要在会上汇报工作进展或进行文献分享(如 journal club)等。

与前面的学术会议上的学术报告相比,实验室组会是最不正式的一类学术交流,往往没有严格的时间限制,并且参会者主要是同一个实验室的学生和导师,对彼此工作都比较熟悉,也没有学位论文答辩场景下的心理压力。在这里,我从导师的视角提几条建议,希望可以帮助刚开始进行科研的学生有效地参加实验室组会。

4.5.1　积极参与组会

实验室的组会是你了解别人研究项目和相关领域科研进展的重要场合。经

图 4 - 6　常见的实验室组会场景

常发现的问题是有些学生在实验室的组会上把自己当成旁观者的角色,只要轮不到她/他来汇报工作,对其他人的交流和汇报并不关心,甚至在别人汇报时打开电脑或手机关注自己的事情,这不是一个好习惯。学科交叉以及科研合作是很多学科领域的常态和趋势,特别在生物医学领域,实验室组会的讨论环节是最能激发思想碰撞和创新思维的场合。实验室人员是你最便利、最可能和最直接的合作者,多了解其他人的工作,能激发你的研究灵感并拓展研究思路。虽然表面上正在汇报的学生的工作与你现在的研究工作没有直接的关系,但他们的研究方法、研究技术、研究工具或实验设计对你的课题可能会有启示作用。

4.5.2　汇报工作把握要点

汇报工作进展的时候需要把握的要点,可以参考前面关于学术报告的建议。另外,实验室组会有一个重要功能是讨论你的研究进展和解决你科研上遇到的问题,所以有些特别的要求或建议:

(1) 首先简单回顾一下上次汇报的内容,从上次组会到现在已经超过一周甚至更长时间,不能假定实验室的其他人(包括导师)能清楚记得你上次汇报的内容,因此,一个好的习惯是简单回顾一下上次汇报的内容,以及上次会议后导师给你的建议和工作计划。

(2)接下来是汇报这段时间的工作进展,虽然是在课题组内进行汇报,大家对你的工作比较熟悉,但也非常不建议你过多地介绍技术细节,仍然建议你专注于结论和结果,就是你从上次汇报到本次组会期间进行的工作和得到的结果。

(3)第三部分也是最重要的,就是你面临的问题和希望得到哪方面的建议、指导或帮助。这个要求对一些刚刚开始科研的学生可能有点高,但是,擅于总结自己的工作,思考其中的问题是成为一个优秀科研人员的必经之路。

(4)最后一点建议是做好笔记。每次实验室组会,要把你的汇报内容、别人的建议、特别是讨论出的下一步工作方案记录下来,以便会后推进工作。我建议学生用一些笔记软件管理每次组会的工作汇报和笔记,这样将来你完成工作后,写论文或报告时都会很容易找到这些过程材料。电子笔记的另一个方便之处是,可以很容易发送给导师和合作者作为备忘录。我用过的笔记软件有印象笔记、OneNote 以及 GoodNotes 等,各有优点,根据自己的偏好和需求选一个就可以了。

4.6 本章总结

本章我们讨论学术交流和演讲的基本规范和伦理,特别是如何在学术会议上交流(包括做口头报告、墙报展示、回答问题以及作为听众如何提问等)以及准备学位论文的答辩等。重点概括了学术会议演讲中应该注意的 11 个要点。最后需要强调几点:

(1)学术演讲不同于学术论文,虽然都要抓住读者/听众的注意力,但交流方式的不同,决定了交流的一些规范和要求不同。学术论文和学术演讲都是在讲一个"学术故事",不同的是学术演讲的挑战是在有限的时间内,面对着专业背景差异可能很大的听众,需要用他们能听懂的方式讲解。

(2)学术会议的一个重要功能是"学术社交",所以一定要积极在学术会议上提问和交流。

(3)各种学术演讲都需要关注逻辑,这是让听众能听懂和感兴趣的重要因素。

（4）本章主要侧重于学术演讲和学术交流的规范和伦理，当然学术演讲的准备工作也非常重要，建议读者可以阅读相关的文献和书籍，比如赫曼特·波迪亚尔(Hemant Poudyal)在其出版的一本关于学术演讲的专著里，关于 PPT 的总体组织给出了如下建议[4]：

① 除了封面，每一页 PPT 都应该有一个标题。

② 所有 PPT 的英文要遵守同样的大小写规范。

③ 如果页面是要点内容，建议每页不多于 5 个条目，并且每个条目不要超过两行。

④ 一般的学术报告中不建议用两种语言文字。需要补充的是，如果给中国的学生做英文学术报告，提供其中的学术术语的中文名称，是一个好习惯。

⑤ PPT 的结构（目录）清晰，并且可以在每一部分开头再次呈现这个目录，让听众清楚演讲内容的结构和进展。

⑥ 检查文字是否存在错别字或拼写错误，这类小错误不仅会分散听众的注意力，还会给人一种不严谨的印象。

思考与练习 ●

 练习与简答

1.（判断题）学术会议上，未经允许不要用手机拍摄演讲内容，除非拍照的内容是供个人使用。

2.（多选题）下面哪些是在学术会议上提问的好习惯？

A. 简单介绍自己 　　　　　　B. 感谢报告人的报告

C. 赞扬报告人的工作 　　　　D. 对报告人的工作进行总结

3.（单选题）下面哪一条没有违反涉人研究的伦理？

A. 展示病人数据时提供了病人的名字

B. 展示实验结果的时候，未提供被试的真实姓名

C. 实验方案尚在伦理委员会审批中，但只要被试已经了解整个实验过程

并同意,就可以进行实验

D. PPT 和论文中不包括病人姓名,只在现场报告中提到病人的名字

4. (单选题)学术会议最重要的功能是什么?

A. 学术交流　　　B. 听报告　　　C. 旅游　　　D. 发表论文

5. (单选题)如果在 PPT 中展示一个药物的 5 个不同剂量的实验效应,用下面哪种方式展示效果最好?

A. 直方图　　　B. 散点图　　　C. 折线图　　　D. 表格

6. (单选题)在报告的交流环节有人提问,但你没听懂对方的英语,下面哪种是较为合适的处理方式?

A. 尽量按自己理解的问题回答

B. 告诉对方没听清问题,请对方重新问一下

C. 说你很抱歉,自己听不懂他/她的英语

D. 跟他/她说,这个问题很难用一两句回答,会后可以继续跟他/她讨论

7. (多选题)关于在学术会议上进行墙报展示,下面哪个说法是不正确的?

A. 墙报展示没有口头报告档次高

B. 墙报展示的 PPT 可以包括未发表的成果

C. 为了凸显你的墙报,标题可以用全大写

D. 墙报展示是给其他参会者看的,作者不需要站在旁边

8. (多选题)在学位论文答辩中,下面的哪些做法是值得推荐的?

A. 对每个章节的内容进行简短总结

B. 准备笔和纸,记录专家的问题

C. 答辩结束后感谢项目的资助方以及所有帮助你完成学位论文的人或机构

D. 答辩结束后,单独发邮件感谢专家参加你的论文答辩和他们提出建设性的问题

9. (判断题)展示 PPT 的时候,引用网络上的图片可以不提供出处。

10. (单选题)学术演讲展示 PPT 的时候,下面哪类图片不宜展示?

A. 已发表的结果

B. 尚未发表的结果

C. 同学或朋友的照片,经过了本人的同意

D. 电影

📑 **思考与讨论**

1. 如果你在一次学术会议上展示了你的研究成果,有听众指出了其中一个错误,你如何回应?

2. 很多会议在墙报展示后都要处理大量被丢弃的墙报(如图 4‑7 所示,是作者本人在 2019 年 IEEE EMBC 年会后的垃圾区拍摄到的工作人员收集的被丢弃的墙报),这既不环保也不经济,请思考和讨论如何改善这个问题。

图 4‑7 会后被丢弃的墙报

参考文献

［1］KNAFLIC C N. Storytelling with data：a data visualization guide for business professionals［M］. 1st ed. New Jersey：Wiley Press，2015.

［2］LIDWELL W，HOLDEN K，BUTLER J. Universal principles of design［M］. Gloucester，Mass.：Rockport publishers，2003.

［3］TUFTE E. The visual display of quantitative information［M］. Cheshire：Graphics Press，2001.

［4］POUDYAL H. What makes an academic presentation great?：a complete guide for students，researchers，and educators［M］.［S.1.］：Independently published，2019.

5 学术论文写作的基本规范[①]

5.1 前言与学习目标 ———————————●

  学术论文写作的主要目的在于向同行清晰有效地展示自己的研究成果,如果作者按照一定的规范撰写与修改自己的研究论文,按照结构化的写作模式,采用简洁、合乎逻辑的学术语言,那么这样的论文就更容易被读者理解,也更容易被高影响因子的期刊接收。与此同时,只有容易理解的研究成果才会被同行所认可、使用或引用,研究结果也只有在被别人使用时才有价值。因而本章将重点介绍英文学术论文写作的基本规范以及学术论文写作的方法论,包括学术论文的修改、学术语言的动态变化等规范,让读者掌握学术论文写作的基本规范,从而轻松便利地进行学术写作。我们希望通过学习本章内容,学生能达成如下目标:

  (1) 了解如何界定学术不端行为。

  (2) 了解版权的内涵。

  (3) 掌握英文学术论文的写作规范。

  (4) 掌握英文学术论文的修改规范。

  (5) 了解预印本(论文发表的新形式)等内容。

---

① 编者:陈海峰,上海交通大学生命科学技术学院教授;周耀旗,深圳湾实验室教授。

5.2　学术不端行为的界定

　　进行学术研究以及论文发表一定要严格遵守相关伦理与规范,否则会造成学术不端行为。学术不端行为是指违反学术规范、学术道德的行为,一般指捏造数据(fabrication)、篡改数据(falsification)和剽窃(plagiarism)三种行为,还包括一稿多投、侵占学术成果、伪造学术履历等行为。

　　所谓捏造数据就是从根本没有做过的实验中编造数据,美国贝尔实验室的舍恩事件就是一个典型案例。德国科学家舍恩(Schon)通过捏造数据宣称发现了"单分子晶体管",两年间在《科学》与《自然》上分别发表了8篇与7篇论文。后来由于同行无法重复他的实验结果,其论文分别被《科学》与《自然》期刊撤稿。最终贝尔实验室解雇了舍恩,康斯坦茨大学收回了他的博士学位,而各大期刊也将他的论文批量撤销。除了丑闻之外,他的名字在学术界销声匿迹。所谓篡改数据就是获得的实验数据不符合预先设定的假说,于是操控数据使之满足。代表性丑闻是日本理化所小保方晴子的多能干细胞事件。她宣称小鼠的淋巴细胞经过酸刺激可以转化成多能干细胞(简称 STAP 细胞),并在《自然》上同期发表了两篇重磅论文,震惊了干细胞学界。但是一周后她就被质疑篡改论文图像,接着《自然》撤下了她的两篇论文。最终,小保方晴子被日本理化所辞退。剽窃则是抄袭他人的学术观点、思想和成果作为自己的原创成果。

5.3　著作权

　　著作权是指作者或其他人(包括法人)依法对某一著作物享有的权利。其权利包括:以本名、化名或不署名的方式发表作品;保护作品的完整性;修改已经发表的作品;因观点改变或其他正当理由声明收回已经发表的作品,但应适当赔偿出版单位损失;通过合法途径,以出版、复制、播放、表演、展览、摄制、翻译或改编等形式使用作品;因他人使用作品而获得经济报酬等。当上述权利受到侵犯,作者或其他版权所有者有权要求停止侵权行为和赔偿损失。由于很多期刊要求作者在投稿的过程中与其签署版权转让协议,所以一稿多投也是一种学术不端行为。

5.4　英文学术论文的写作规范

5.4.1　论文的结构规范

在大数据、人工智能受到高度关注的今天,结构化的学术论文能够帮助读者更快捷地找到关键内容,因此现在主流期刊上发表的论文几乎都是结构化的。所谓结构化的写作模式就是按照一定的结构撰写学术论文。现在常用的论文结构模式有三种,如图 5-1 所示。① IMRAD 格式,就是按照绪论(Introduction)、材料与方法(Methods)、结果(Results)以及讨论(Discussion)的顺序安排学术论文的相关结构。② IRDAM 格式,就是把材料与方法放到论文的最后。比如《自然》《科学》《细胞》等期刊,都采用这种结构。采用这种结构对读者而言具有一定的优点,如果读者对论文的实验不感兴趣,就不需要关注材料与方法的具体细

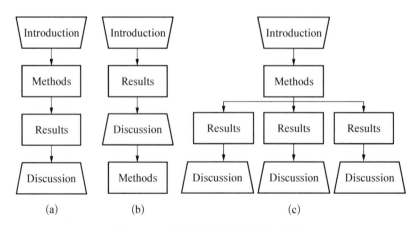

图 5-1　英文学术论文的结构示意图

(a) IMRAD 格式　(b) IRDAM 格式　(c) RAD 混合格式

节,因而首先让读者阅读结果与讨论,然后再描述材料与方法,从而告诉读者如何重复这些研究结果。③ RAD 混合格式,把结果与讨论结合在一起,在阐述研究结果的同时展开讨论。

这种结构化的学术论文写作方法主要来自法国微生物学家与化学家路易·巴斯德(Louis Pasteur)。在 19 世纪中叶,对于疾病的主流观点是疾病自然发生理论,该理论主张人的生老病死都是自然规律,而巴斯德经过大量的研究发现疾病是由细菌或者微生物导致的。于是他决定采用结构化的模式发表他的研究成果,有能力的同行就可以按照材料与方法部分的细节描述重复他的实验结果,因而细菌导致的疾病理论逐渐被广泛接受。这种结构化的写作模式也分别满足了期刊编辑、审稿人以及作者的需求:首先,结构化的写作模式可以节省期刊的版面从而降低费用,受到了期刊编辑的广泛欢迎;其次,审稿人能够找到文章的关键信息,可以节省审稿时间,也受到了审稿人的欢迎;最后,按照结构化的模式写作降低了写作门槛,使作者可以专注于论文故事的构建。因而这种结构化的写作模式逐渐被广泛接受并沿用至今。

下面,我们将从学术论文的各个环节介绍相关的写作规范。

5.4.2　论文标题的写作规范

论文的题目要简洁、精确地反映论文的主要研究成果,要言之有物,尽量避免空洞的标题。其次,避免出现系列编号,否则某篇论文被拒稿,后续论文就会受到牵连。另外,避免使用"第一""新颖"等评价性语言,让读者自己通过正文的内容判断论文的新颖性。还要注意,由于缺乏正文注释,标题中尽量避免非通用的缩写,否则将干扰读者的理解。与此同时,好的标题都应该使用没有歧义的语言,能让读者精确定位需要的研究文献。除此之外,应采用精练的语言,避免超过三个自然行的超长标题。为方便检索,在标题中尽量避免使用统计公式、分子式、特殊的希腊字符、上标与下标等,从而使更多读者能精确命中检索结果。

比如"Binding Induced Folding in p53-MDM2 Complex"是一篇于 2007 年发表在《美国化学会志》(*Journal of the American Chemical Society*)上的文章的标题[1]。该标题首先抓住了文章的中心命题,结合诱导契合机制,其次聚焦了研究对象 p53 与 MDM2,较好地满足了标题的写作规范。再比如"The Effects of Heat on Ice"" Heat Melts Ice""The Role of Heat in Melting Ice"这些标题也能聚焦文章的主题并抓住读者的注意力。

5.4.3　论文作者署名资格及标注规范

至于作者署名资格，比如《美国化学会志》对作者署名的要求是必须有实质贡献，仅仅收集数据的人不能作为作者。所谓实质贡献包含提出概念、设计实验、操作实验、分析数据、写作及修改文章、最终处理论文发表等。获得作者署名资格之后，作者名字的正确标注方式如下：名字、中间名和姓氏（first names，initials，surnames），只有中间名可以缩写，比如 John R. Smith。如果作者姓名都采用缩写，将导致索引与检索困难，因为这干扰了作者的唯一识别。此外作者的署名顺序一般按照作者对论文的贡献大小，贡献越大的作者排名越靠前。如果两位或多位作者贡献一样大，可以标注这些作者为共同第一作者。通讯作者负责论文的出版等相关事宜，而且负责确保论文的学术诚信等。过世的作者需要在脚注标注其死亡日期。职称与学历信息一般不能出现。作者中须有至少一位作者作为通讯作者，并提供电子邮箱地址，该电子邮箱地址最好是学术机构的邮箱地址。地址栏需要提供学术机构的地址，不能提供作者的家庭住址，原则上默认所有研究工作都是在学术机构完成的。

比如"The Origin of Protein Sidechain Order Parameter Distributions"是一篇参考文献的题目，标注的作者是"Robert B. Best, Jane Clarke, Martin Karplus*"，标注的学术机构是"Harvard University"，邮箱是"marci@tammy. harvard. edu"，都满足以上的标注规范[2]。

5.4.4　论文绪论部分的写作规范

好的开始等于成功的一半，因而写好绪论的开头非常重要。一般说来，开头的写法主要包括两类，一种是开门见山法，另一种是逐步引入法。开门见山法直接和论文的题目挂钩，或从论文题目中术语或概念的解释入手，或直接描述题目中的研究对象，从而与论文的题目无缝对接。比如文章的题目是"Structural Basis for Cooperative Regulation of KIX Mediated Transcription Pathways by the HTLV-1 HBZ Activation Domain"[3]。该论文的第一句是"Cooperative binding is a ubiquitous mechanism by which protein function is regulated in vivo."直接介绍协同调控，让读者了解协同结合是蛋白质调控的一种方式，单刀直入，切中主题，这种方法对于作者来说容易掌握，对于读者来说可以使其快速进入状态。

下面我们再看一个案例，论文的题目是"Developing a Molecular Dynamics

Force Field for both Folded and Disordered Protein States"[4]。文章的第一句 "Many biologically important functions are carried out by disordered proteins or proteins containing structurally disordered regions."开门见山地介绍很多重 要的生物学功能是由无规蛋白或蛋白质中的无规区域完成的,直接与题目中的 "disordered proteins"建立联系。

逐步引入法则从读者更加熟悉的研究对象开始介绍,然后再引入当前的研 究对象,让读者更容易理解。大家在写作中可以根据自己的研究对象选择合适 的写法。比如论文"RNA Force Field with Accuracy Comparable to State-of-the-art Protein Force Fields"[5]。文章的第一段为"Long-timescale molecular dynamics (MD) simulations have been successfully used to characterize complex conformational transitions in proteins. In principle,MD simulation should also be a powerful tool for characterizing such conformational changes in RNA molecules."文章从读者更加熟悉的蛋白质入手,引入分子动力学模拟 对于揭示 RNA 的构象特征也是一种有力的工具,从而让读者自然过渡到新的 研究对象。此外,如"Association of a Genetic Risk Score with Body Mass Index (体重指数) Across Different Birth Cohorts"[6]。文章是这样开始的"The US obesity epidemic emerged in the late 1970s and affected every population group regardless of age,sex,or race. Although the causes of the obesity epidemic remain controversial,such rapid changes must be due to environmental and behavioral changes such as diet,physical activity,or the built environment. Genetic factors associated with adiposity may influence behavioral responses to environmental context. Thus,the environmental changes associated with the obesity epidemic may not have affected all individuals equivalently."先从 obesity epidemic(流行性肥胖)入手,然后介绍可能的原因,比如饮食、运动、环 境因素,最后导入遗传因子,使读者拨云见日。

除了绪论开头的写法要讲究一定的技巧,绪论的内容也需要遵循一定的规 范。通常绪论的开头部分需要描述研究动机以及开展研究的必要性,在总结前 人研究工作的基础上,提出自己的科学问题。绪论的中间部分根据科学问题提 出可能的解决方案或者科学假设。绪论的结尾部分原则上应该简要总结最重要 的研究成果以及可能的发现。这样的阐述逻辑和规范使得绪论部分自成一个完 善的整体,读者仅仅阅读绪论部分就能大致了解整个研究的脉络。与此同时,在绪论部分介绍一些简要的背景知识，也能让读者印象深刻。

　　下面我们以一篇发表在《美国科学院院刊》（*Proceedings of the National Academy of Science of the United States of America*）的文章的绪论为例来进行说明[4]。该绪论共分三段，第一段通过逐步引入的方式介绍分子动力学模拟方法的重要性，但是大量的前人文献表明 RNA 模拟中使用的物理模型不够精确，从而提出研究的动机与必要性，即改善 RNA 物理模型的精确性。

Long-timescale molecular dynamics (MD) simulations have been successfully used to characterize complex conformational transitions in proteins (1). In principle, MD simulation should also be a powerful tool for characterizing such conformational changes in RNA molecules, whose highly flexible 3D structures enable their diverse cellular functions (2-4). The physical models ("force fields") used in RNA simulations, however, are widely considered to be much less accurate overall than the force fields used in protein simulations; artifacts have often been observed in simulations of even simple RNA systems (5-10). Improvements to the accuracy of RNA force fields would greatly facilitate the use of MD simulation to study the functional dynamics of biologically significant RNA molecules.

　　第二段通过分析现有方法，提出科学问题，即碱基的过度堆积以及低估碱基对的能量等。

AMBER is currently the most widely used force field for MD simulations of RNA systems. Over the last decade, efforts to improve the accuracy of the AMBER RNA force field have focused largely on refining backbone and glycosidic torsion parameters on the basis of quantum mechanical (QM) calculations. These optimizations resulted in substantial improvements in the description of canonical double-helical RNA structures but did not fully resolve other key problems such as the overstabilization of nucleobase stacking and the underestimation of base-pairing strength, which are determined primarily by electrostatics and van der Waals (vdW) interactions. Chen and García addressed this problem by adjusting the vdW parameters of nucleobase atoms to weaken stacking and strengthen base pairing. Their choice of parameters improved the simulated structural properties of RNA tetraloops, which are widely used for benchmarking the quality of RNA force fields, but did not improve the accuracy of simulations of some other model RNA systems such as ssRNAs.

　　第三段根据提出的科学问题，引出自己的解决方案，并简要介绍最重要的研究结果,使读者对研究的整体脉络有所了解。

Here, using a combination of ab initio and empirical methods, we have modified electrostatic, vdW, and torsional parameters of the AMBER ff14 RNA force field to more accurately reproduce the energetics of nucleobase stacking, base pairing, and key torsional conformers. We then performed MD simulations of both extended and structured RNA systems, including short and long ssRNAs, RNA duplexes, tetraloops, and riboswitches, using the revised parameters and the recently published TIP4PD water model. The simulated structural and thermodynamic properties of these systems exhibited substantially improved agreement with experimental data, to the point that the accuracy of this revised AMBER RNA force field can be considered comparable to that of state-of-the-art fixed-charge protein force fields. We expect that this force field will enable the use of MD simulation to investigate the complex functional dynamics of a wide range of RNA molecules, as well as RNA containing macromolecular machines.

5.4.5　论文材料与方法部分的写作规范

学术论文的最高准则是研究结果的可重复性,因而材料与方法部分应该提供足够的细节与参数,让读者能够重现实验结果。在很多违反学术伦理的案例中,作者提供的技术路线都无法让同行重现研究结果,因此,在材料与方法部分为了避免同行竞争而隐藏相关细节,违背了学术规范,是不可取的。由于需要尽可能地提供能够重复实验结果的参数,所以当实验还在进行的时候就可以开始写作这部分内容。

材料与方法部分一般采用过去时的被动语态描述实验步骤,这可以客观反映研究结果的获得过程。当然,如果使用的参数已经发表,也可以引用相关文献避免因与已发表文献出现过高的重复率而被期刊拒稿。有一篇发表在《自然》的文章中材料与方法部分使用的主要时态、语态有"were obtained""were generated""were developed""were reconstituted"等[7]。我们可以发现,这一部分使用的时态主要是过去时,语态几乎都是被动语态,很少采用第一人称描述实验流程,完全满足材料与方法部分的写作规范。

5.4.6　论文结果部分的写作规范

学术论文的结果部分是论文最核心的部分,要按照一定的逻辑顺序依次介绍研究结果,可以采用图表帮助展示结果。图表要简洁直观,使读者不需要借助正文就能理解图表内容。如果是关于方法的研究工作，可以通过简要回顾协议框图加深读者印象。同时，还应注意不要外推或过多讨论自己的研究结果。比如一篇发表在《美国科学院院刊》上的文章[8]，采用"to test""to quantify these findings""to understand the magnitude of these effects""to solidify these findings""to test based on these regressions"等方式依次引入研究结果，逻辑清晰，容易理解。

5.4.7　论文讨论部分的写作规范

讨论部分是论文写作中挑战最大的部分，有时候我们不知道讨论部分应该包含哪些内容，容易和结果部分的内容相混淆。首先讨论部分应该陈述自己获得的多个研究结果之间的关系，包括不同的研究结果是否能够相互支持，不同方法获得的结果是否存在矛盾等。其次还应该陈述自己的研究结果与前人的研究结果之间的联系，它们是否一致；陈述自己的研究结果是否支持自己提出的假说；或者通过与前人结果的比较显示本研究方法的优越性、结果的可靠性等。从而把自己的研究结果重置于前人研究结果的网络中，以提高结果的可信度。此外，对于研究结果的合理解释与外推，总结并提炼研究结果背后的原理、机制等也是讨论的重要环节。

至于具体内容，如果绪论部分提出了问题或假说，就需要在讨论部分回答相关问题或进一步确认假说的合理性。讨论部分除了讨论研究的优点，也可以讨论研究的缺点与局限性，为研究限定一个合理的适用范围。与此同时，在不夸大成果的基础上客观讨论创新点，为读者准确把握研究成果奠定基础。除此之外，该研究结果对其他研究的价值所在，也可以包含在讨论部分。所以阅读大量文献是写好讨论部分的基础，通过大量的与前人研究结果的比较，增强研究结果的可信度。在讨论部分经常用到这些表达："be in qualitative accord with""be in good agreement with""be consistent with""be in line with""be in accord with""be in conflict with"，以进行多维度的比较。

此外，文章的结束方式也非常重要。其中一种方法是以本文对整个研究的作用与意义进行总结。比如"Implications for HTLV-1 Pathogenesis. HBZ is the only HTLV-1 gene that is uniformly and constantly expressed in leukemic cells of ATL patients and asymptomatic carriers."就是对发病的分子机制进行总结。另外一种方法是对该研究进行展望或外推，为下一篇文章做宣传。比如

"Due to the computational cost of obtaining sufficiently converged simulations of the proteins in our training set, our search for a set of optimal parameters was not exhaustive. It is thus possible that the performance of a99SB-disp could benefit from further optimization."表明由于当前参数的算力消耗过大，进一步优化参数提高性能将是下一步的工作。作为读者可以根据自己的研究对象选择合适的结束方法。

5.4.8　论文摘要部分的写作规范

对于论文的摘要读者虽然都能在网络上免费检索到，但是它仍然是学术论文中非常重要的组成部分，几乎所有期刊的编辑都采用摘要来邀请审稿人。如果摘要言之无物，或者故事不够精彩，有可能很难找到审稿人，导致文章在同行评审系统中长时间都处于邀请审稿人的状态。此外，即使文章侥幸发表了，如果摘要的内容没有吸引力，读者也不愿意下载原文，从而影响论文的引用。因此，摘要需简要陈述研究对象，简要描述研究动机，总结最重要的研究结果，描述最主要的结论与研究价值，同时避免缩写。一般而言，摘要应该包含一至两句背景介绍，分别用一句话来介绍研究目的与研究方法，用三到五句话总结最重要的结果，用一句话提炼研究价值，使得整个摘要形成一个"小故事"。此外，很多期刊对于摘要都有字数限制，摘要需要在有限的字数内提炼出完整的故事。

下面是我们发表在《RNA》(RNA)上的摘要[9]，它满足了上文提到的规范，其中有两句话介绍研究对象 snRNA，一句话介绍研究目的：RNA 的耦合折叠机制没有解决，紧接着用一句话介绍研究方法，然后有五句话介绍研究结果，最后一句话总结该研究的意义。

The hairpin II of U1 snRNA can bind U1A protein with high affinity and specificity. NMR spectra suggest that the loop region of apo-RNA is largely unstructured and undergoes a transition from unstructured to well-folded upon U1A binding. However, the mechanism that RNA folding coupled protein binding is poorly understood. To get an insight into the mechanism, we have performed explicit-solvent molecular dynamics (MD) to study the folding kinetics of bound RNA and apo-RNA. Room temperature MD simulations suggest that the conformation of bound RNA has significant adjustment and becomes more stable upon U1A binding. Kinetic analysis of high-temperature MD simulations shows that bound RNA and apo-RNA unfold via a two-state process, respectively. Both kinetics and free energy landscape analyses indicate that bound RNA folds in the order of RNA contracting, U1A binding, and tertiary folding. The predicted F-values suggest that A8, C10, A11, and G16 are key bases for bound RNA folding. Mutant Arg52Gln analysis shows that electrostatic interaction and hydrogen bonds between RNA and U1A (Arg52Gln) decrease. These results are in qualitative agreement with experiments. Furthermore, this method could be used in other studies about biomolecule folding upon receptor binding.

5.4.9　参考文献的引用规范

选择并引用合适的参考文献可以在一定程度上提高论文的可信度,因而参考文献的引用至关重要。如果期刊限制引用的参考文献数量,就需要严格筛选参考文献,一般选择最相关的、最近发表的重要参考文献。并且,引用前需要仔细阅读参考文献,不要错误引用,并且不要从其他文献直接拷贝它所引用的参考文献,以免前人的引用错误继续传导。此外,如果直接摘抄文献中的原话,就有可能触发学术不端。如果要在正文中引用前人的学术观点来佐证自己的观点,正确的引用方法是用自己的语言描述文献中的学术观点再添加引用。如果期刊不限制参考文献数量,我们可以在保证文献相关度的前提下,尽量多地引用前人的文献。因为读者原则上更加关心哪些文章引用了自己的工作,或者会收到相关邮件通知,告知自己的工作被某篇文章引用了。这样可以引导文章的被引用方去关注这些引用的文章,其结果是我们的文章在一定程度上会受到更多的关注与引用。当然不同期刊的参考文献的格式一般是不同的,要根据不同期刊的要求统一参考文献的格式。

5.4.10　论文图表的写作规范

每一幅图都应该包含图例,而且图例一般放在图的下方。图例的写作规范是不需要通过正文就能够准确理解,所以图例要简洁精练地表述出主要内容。如果是由多幅图组成的组合图,规范的图例首先应该简要介绍组合图的共性,然后再依次介绍每幅子图的内容。除了图例的格式,对于每幅图的质量也要严格把关。因为要考虑到有些读者可能首先跳到文章的图及图例部分,如果图例不易于读者理解或者图的内容质量没有吸引力,他可能就会略过这篇文章,这样的文章就很难对同行产生影响,所以图的质量、颜色以及分辨率也至关重要。在获得原始数据后,我们就应该考虑采用什么方法来展示我们的结果,如果使用多种颜色就需要考虑颜色的搭配。如果期刊收取昂贵的彩图版面费,可能还需要考虑如何把彩图转化成灰度图而不损失需要传递的信息。对于灰度图就要利用不同的形状、线型最大限度地区分不同类型的实验结果。

如前所述,对于组合图的图例,较规范的形式是先用一句话来描述整幅图的共性,然后再分别描述每幅子图。比如发表在《美国科学院院刊》上的一幅图(见图 5-2),就是先描述 A、B、C、D、E 的共性,即不同肿瘤类型都存在的 CDK4/6 与 PRMT5 的共抑制效应,然后再分别描述不同肿瘤类型的情况。

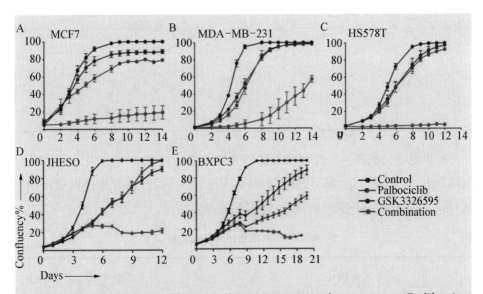

Coinhibition of CDK4/6 and PRMT5 is effective across several tumor types. Proliferation curves of MCF7 (A), MDA-MB-231 (B), HS578T (C) breast cancer cells, JHESO (D) esophageal cancer cells, and BXPC3 (E) pancreatic cancer cells

图 5-2　组合图示例[10]

对于表格,每一个表格也必须包含一个表例,而且要放在表的上方。表例也需要简单直观描述表格的主要内容,而且不需要通过正文就能准确理解表例。对于表的内容,一般把读者熟悉的信息放在第一列,然后引入其他信息,这样读者更容易理解。比如表 5-1 与表 5-2 相比,表 5-2 的内容就更加合理。

表 5 - 1 温度随时间的变化 1

Temp(℃)	Time(s)
25	0
27	2
31	4
32	6
32	8

表 5 - 2 温度随时间的变化 2

Time(s)	Temp(℃)
0	25
2	27
4	31
6	32
8	32

如果把自己的研究工作和前人的研究结果进行比较,一般要把自己的工作放到最后一行。因为心理学的研究表明,对于最后一行,读者会停留更多的时间,所以会获得更多的关注。表 5 - 3 就是类似的例子。

表 5 - 3 不同方法得分对比表

Method	Score
ff03	4. 453
ff03*	1. 657
ff03w	1. 600
ff03ws	1. 454
This work	**1. 140**

5.4.11 论文句子的写作规范

句子是学术论文的最小功能单元,最容易理解的句子是整句都描述读者完全熟悉的信息,然而一篇论文能够发表的先决条件是必须包含新知识、新观点。

因而如何以便于读者理解的方式合理引入这些新知识、新观点就至关重要。比如对于新概念、新术语，在使用它们之前一定要进行定义。所以作为句子首先应该介绍读者熟悉的信息，再通过熟悉的信息引入新的信息，从而做到环环相扣。原则上容易理解的论文，其每个句子都应该采用这种方式，即利用旧信息引入新信息并按照一定的逻辑关系进行平滑过渡。大多数读者难以理解的论文就是因为在定义之前就使用了很多新概念，从而导致信息流无法在句子之间平滑传递。直接后果就是读者可能直接跳过那些不能理解的句子，最终放弃整篇论文。下面就是这样一则案例。下文第一句话讲的都是读者熟悉的信息，读者的理解没有任何障碍。但是第二句，"native states"作为新信息直接出现在句子开始的地方，导致信息流无法从第一句正常过渡到第二句，读者的阅读因无法理解而中断。因而需要进行修改，让信息平滑地流动起来。

The results are shown in Figure 1. The native states can form a black cluster with extreme high density while the coil states are loosely gathered in 2-dimensional projection plane.

修改的句子如下所示：

The results are shown in Figure 1. This figure shows two populated states. One corresponds to a high density of native state while the other is coil state.

在第二句中"This figure"代表"Figure 1"，是读者熟悉的信息，出现在第二句的开始部分，引入新信息"two populated states"，出现在句子结束的地方。第三句，通过熟悉的信息"one"引入新信息"native state"以及"the other"引入"coil state"。这样整个段落的每个句子之间信息都能流动起来，真正做到环环相扣、平滑过渡，读者就能理解每个句子。

行为动词是句子的核心要素，它不仅决定着传递的信息是否准确，而且读者的阅读就是寻找行为动词的过程。如果行为动词和主语之间相隔太远，读者对句子的阅读就会因寻找行为动词而中断。这会导致句子难以理解。与此同时，在写作的过程中还应该尽量避免头重脚轻的句子。

例如下面的句子，行为动词"were used"离主语"soils A and B"太远，干扰了读者的理解，而且主语"Soils A and B … as well as C and D"太长，整个句子不太平衡，显得头重脚轻，因而需要进行修改。

> Soils A and B, collected from the Virginia field site, as well as C and D, collected at Loxton, were used.

修改后句子如下：

> Four soils were used: A and B, collected from the Virginia field site; and C and D, collected at Loxton.

修改后的句子，不仅满足行为动词紧跟主语的规范，而且避免了句子头重脚轻，有利于读者的理解。

同时，每个句子应只讲一个重点，并且重点一般放在句子结尾的地方。

下面的句子描述的是最近通过等温滴定法测量的氢键焓，由于需要强调的氢键焓的信息淹没在其他信息中，读者很难抓住要点。

> The enthalpy of hydrogen bond is $-6\,650.32$ kcal/mol by recently measured from isoperibolic titration.

通过把氢键焓放到句子的结尾从而达到强调的目的。

> We recently used isoperibolic titration to measure the enthalpy of hydrogen bond with $-6\,650.32$ kcal/mol.

5.4.12 论文段落的写作规范

对于段落，原则上每个段落只讲一个故事，每个段落的首句应该是关键句，末句应该总结整个段落或者衔接下一段落，段落中的每个句子应该交替引入新旧信息并按照一定的逻辑关系串联。下面是相关案例。

> We have directly measured the enthalpy of hydrogen bond formation between the nucleoside bases 2-deoxyguanosine (dG) and 2-deoxycytidine (dC). dG and dC were derivatized at the 5 and 3 hydroxyls with triisopropylsilyl groups. These groups serve both to solubilize the nucleosides in non-aqueous solvents and to prevent the ribose hydroxyls from forming hydrogen bonds. The enthalpy of dG : dC base pair formation is -6.65 ± 0.32 kcal/mol. [11]

首先段落以关键句开始,表达我们直接测量了 dG 与 dC 之间的氢键焓 "We have directly measured the enthalpy of <u>dG</u> and <u>dC</u>",而且把新信息"dG"和"dC"放到句尾并强调它们,符合句子的写作规范,同时更好地和第二句进行衔接。其次描述"dG"和"dC"涵盖的内容。最后具体描述 dG:dC 的焓值,对整个段落进行总结。整个段落的逻辑关系清晰,做到了环环相扣,便于读者理解。

5.4.13 论文附录的规范

由于期刊版面的限制,比如《美国科学院院刊》只能发表六页以内的内容,多余的内容只能放到附录。对于附录有哪些规范呢? 首先,附录的题目一般要包含支撑信息(supporting information)。其次,附录中出现的图表应分别采用 Figure S 以及 Table S 依次进行编号,而且附录中的图表编号都要在文章正文中出现。最后,附录的内容除了文字图表,现在也可以包含视频等多媒体材料,帮助佐证文章的中心命题。

5.5 英文学术论文的修改规范

在了解学术论文每个部分的基本规范之后,如何将之运用到学术论文的写作实践之中是我们接下来要探讨的重点。

当一个研究工作完成之后,就要开始撰写文章的第一个版本。第一个版本的要点是建立文章的主干框架,该框架设计将决定文章是否便于读者理解,就像一幢大楼的混凝土框架结构决定大楼是否坚固耐用一样,因此,建立整篇文章的逻辑框架至关重要。由于不需要考虑文章细节的准确性与有效性,私有的设计代码(private code)可以帮助我们在不降低写作速度的基础上把文章的主体框架串联起来。私有的设计代码可以选用带下划线的词、短语或句子以及粗体字,在一个句子中间留白或者添加星号,甚至采用其他语言来提示自己。当然,私有的设计代码应该既包含积极的部分又包含不满意的部分,让自己在不同版本之间轻松切换。也许大家有类似的体验,审稿人似乎没有理解论文,审稿意见曲解了论文的内容,这种情况多半是由文章不易被理解的逻辑关系所导致的。合理的逻辑关系是成功文章的生命,鉴于文章逻辑关系的重要性,我们需要去学习怎样构建一个合理通顺的逻辑关系。我们不可能同时阐述所有的研究结果,因此需要用到"花开两朵,各表一枝"的方法,类似电影剪辑中采用故事板的方法可以在一定程度上帮助我们:首先把每个要点分别写在不同的便签纸上,然后改变它们的排列方式以获得最符合逻辑的展示方式。因而对于论文的第一个版本,我们不需要考虑词语是否准确、语言是否存在重复、时态使用是否正确、过渡是否合适,不能完全确定的地方都采用私有的代码进行替代。

在写作下一个版本之前,我们先看一下导致文章被拒稿最常见的四个问题:

(1) 文章的主题太宽泛,没有聚焦某一个问题。这个问题的发生是由于作者希望把所有的结果都展示出来,认为结果越丰富文章被接受的可能性越高。这样的观点是错误的。由于一篇文章只讲述一个故事,与该故事关系不大的内容应该勇敢删除。

(2) 文章宣称的结论超出了实验数据所能支持的范围。对于这种情况,作者应该要么修改文章的主旨,要么获取新的能够支撑文章主旨的实验数据。

(3) 文章篇幅过长,比如介绍过多的背景以及冗余信息,导致文章的可读性降低。

(4) 作者没有提供适当的佐证让审稿人确信研究结果可以重复。

针对导致拒稿的四个方面的问题,需要经过多次的编辑修改。所以在论文的下一个版本中,首先,作者要把私有的设计代码替换成简单直接的学术语言,尽可能采用简单的句子直接陈述问题,以达到最大化向读者传递信息的目的。其次,再通过添加关系代词把简单的句子变长变优雅,并通过添加过渡使逻辑关系更加平滑。这些操作的目的只有一个,即如何让读者更容易理解。只有简单才能对所有读者都意味着清晰明白。与此同时,适当地引用前人的研究结果可以提高论文的可信度,不要用与文章的主题没有直接关系的背景与细节干扰读者的理解,也不要对研究结果进行过多的解释,把握适度的原则。

在论文的初稿完成之后就需要对它进行编辑修改,接下来,我们将针对不同的语句问题,讨论它们的修改规范。

5.5.1   重复和冗余的修改规范

在论文的初稿中,最容易出现的问题是重复与冗余。所谓重复就是直接重复相同的词语,而冗余则是通过替换短语或同义词进行间接重复。在当前的学术期刊上,重复更不受欢迎。尽管英语中有丰富的同义词和句法结构来表达相同的意思,但作者很可能仍认为自己通过多次重复来强调某些观点会使文章的意思更加明确。而编辑能够轻易地发现文章中的重复,因为重复让论文的可读性显著降低。无论多么重要、多么复杂、多么创新的观点在正文中都只需要出现一次,唯一可以重复这些观点的地方只有摘要部分。我们只能通过选择简练的语言达到强调论文主题的效果。

如何对重复与冗余进行编辑修改呢?首先,词语的重复,特别是非科学术语的重复将使论文显得一无是处,所以要用学术词汇替换非学术语言。对于学术词汇的选择,因为普通的英语词汇和学术英语词汇在语义和用法上常常存在细微的差别,从常规的英语词典中直接搜索难以找到合适的词汇,无法精确传递作者的想法,所以最好从前人的文献中搜索,查找最合适的词汇。其次,非必需的解释与描述,比如超出文章版面要求的背景或综述,开展研究工作的过多细节,特别是一些不成功的案例,都会导致文章的可读性下降。原则上,学术论文只报道成功的案例,完全阴性的结果是不能发表的,阴性的结果只有在为了凸显阳性结果时才有存在的价值。此外,与论文主旨无关的信息,比如该课题组的其他研究方法等,是不应该出现在文中的。另外,非必要的介词短语,比如"in our laboratory""by the researcher""during the research""on the table""in this group"等没有带来额外信息的短语也不应出现。因为研究结果的获得默认是在作者自己的实验室由研究人员完成的,删除这些介词短语并不影响读者的理解。

5.5.2 倒装句和虚拟语气的修改规范

当前的学术论文写作越来越多地采用主动语态以及直接陈述,倒装句型和被动语态呈现快速衰微的趋势。但是倒装句在早期论文版本中比较常用,比如"there are""there is""there was""there were""there has been""there have been""it was""it is""it has been"等。它们并没有带来任何有价值的信息,直接删除这些短语并不影响我们对整个句子的理解,而且可以简化描述的方式。而将非直接以及被动的描述方式改成直接陈述的方式,比如将"It will be the end of the year ..."修改成"We expect the results by the end of the year",使意思更加明确,更容易理解。此外,学术论文一般不会出现虚拟语气的用法,比如将"If my group had been able to, we would have prepared the compound"直接修改成"We have not prepared the compound",会大大提高论文的可读性。

5.5.3 表示强调的程度副词的修改规范

程度副词经常用来强调论点的重要性,比如"really""actually""truly"等,但是这些副词的使用有时会让读者怀疑结果的真实性,所以要避免使用它们。"very"是另外一个需要避免使用的程度副词,这些在早期版本中过度使用的副词,要么删除,要么采用"extremely""highly""strongly""surprisingly"等程度副词进行替换,才能真正达到强调的效果。当然任何程度副词的频繁使用都会降低强调的效果。

对于其他过度使用的副词,比如"a lot""many",如果我们采用具体的数据(比如测试的样本数、重复实验的次数、模拟的时间等)来代替效果将会更好。与此同时,要尽量避免采用"good"或"nice"等价值判断性词语来评价自己的研究结果,而应该直观描述自己的研究结果,让读者在结果的比较中自行进行评判。学术论文应该更多地解释实验结果,而不是表扬或贬低他人和自己的研究结果。

此外,还有一些过度使用的成语、方言、土语和习惯用语,在学术论文中也是应该尽量避免的,类似用法并不会使我们显得更像母语是英语的作者,也不会比简单直接的陈述效果更好。还有些习惯用法随着时间的推移,其含义将发生变化,从而干扰读者的理解。比如将"Attempting to do this was like trying to put a square peg in a round hole."修改成"Attempting this was difficult."意义更加明确,表达方式更合理。此外,"in high hopes""tried and true""sooner or later""we are pleased to be able to""black as coal""the cherry on top""beyond our wildest dreams"这些习惯用法在一定程度上影响了文章的可读性,没有直接描述方式的效果好。学术论文的唯一目的是快速传递我们的研究结果,和这一目的冲突的写法都需要进行修改完善。

5.5.4 过渡语句的修改规范

关于过渡(transition)的用法,也需要了解相关规范。在早期版本的论文中,过渡经常被用来紧密连接上下文,并引导我们的写作思路。但是过多使用也会弱化最终版本,从而干扰读者理解。过渡按照它的功能可以分为三类,分别表示平滑、转折以及解释。平滑过渡的作用是让句子的逻辑关系沿着期望的方向发展,并带领读者从一个观点过渡到下一个观点。表示平滑过渡的词语包括"furthermore""in addition""first""second""third""firstly""secondly""thirdly" "finally""lastly""moreover""incidentally""then""in fact""in truth""as a matter of fact""for example""such as""next"等。由于逻辑关系不可能都向同一个方向发展,有时会出现逻辑关系要发生变化,需要表示矛盾或转折的过渡,比如"but""however""instead""nevertheless""despite""surprisingly""in spite of""in contrast""for comparison"等。除此之外,表示解释的过渡主要用来解释结果的原因与作用,经常出现在句子中间,它们代表着作者要下一个结论或者进行总结。比如"because""as a result""therefore""in general""consequently""as predicted""in conclusion""since""as""for""finally"等。

　　在充分了解过渡用法的基础上,我们来看一下编辑修改过渡有哪些规范需要遵守。首先,发表在本领域受到广泛认可的国际期刊而且作者母语是英语的论文,其中过渡的用法可能就是较好的标准。其次,表示过渡的词语或短语应达到让读者更清楚地明白句子的目的。围绕这两个规范进行修改就能够做到参考准确,逻辑清晰。与此同时,因时代的变化也有一些过时的过渡用法,比如"as was mentioned earlier""the aforementioned""the authors would like to say",在编辑修改时应进行替换。此外,一篇文章也不能频繁使用过渡,否则会干扰读者的理解。

5.5.5　时态的修改规范

　　论文投稿前的最后一步应该是检查时态的一致性,使论文结构的每一部分主要采用某一种时态。为了完成这一目标,我们需要了解学术论文中时态的使用情况。首先我们讨论现在时态,主要包括一般现在时、现在进行时、现在完成时。在学术论文中一般现在时是应用非常普遍的一种时态,它意味着当实验条件满足的时候,实验结果是可以重复的,代表着真实性。而过去时则隐含该发现不再真实的含义。绪论通常以一般现在时概括以往的研究成果。下面分别介绍三个案例讲述时态的应用变化。

　　美国科学院院士安德鲁·麦卡蒙(Andrew McCammon)1994年发表在《美国化学会志》上的一篇论文的绪论部分[12],分别采用"described""were designed""were linked""was closed"等过去时描述前人的研究结果。描述自己的工作时采用现在完成时,比如"We have examined"。

　　2007年,同一作者发表在相同期刊的一篇论文的绪论部分[13],采用"belong to""mediate""is to bind""conducts"等一般现在时描述前人的研究结果。

　　我们在其他文章中也可以发现相同的语法现象[14],比如用"is fundamentally important""have large accessory""close and provide""show"等一般现在时综述前人的研究成果。因而,在当前的学术论文中,描述前人的研究结果更多采用一般现在时。

　　除了一般现在时,现在进行时在学术论文中的使用频率如何呢? 一般来说,现在进行时很少出现在学术论文中,属于稀有事件,而且是母语非英语的作者使用的频率较高。比如,描述钠正在与水发生反应不用"Sodium is reacting with water",而采用一般现在时,代表条件具备反应一定会发生:"Sodium reacts with water"。与此同时,描述实验结果揭示某一机制时,一般也不用"The results are showing that"与"The results showed that",用"The results show that"更加合适。

　　现在完成时是另一种适合在学术论文中运用的时态,但是由于需要在特定的条件下使用,没有简单的时态安全可靠。

　　除了现在时,过去时也经常出现在学术论文写作中。比如一般过去时经常用来描述自己实验室的工作或者实验流程,其他用法没有相关规律可循。与现在完成时相同,过去完成时也可以用来描述研究结果,但如果不确定是否正确最好选择一般过去时。由于现在进行时在学术论文中很少出现,过去进行时也几乎不会出现在学术论文之中。

　　总之,完成从修饰句子的用法、评估过渡的使用、删除冗余的语言、推敲词语的选择到检查时态的一致性的过程,就完成了学术论文基本要素的修改。此外,当前受到广泛关注的人工智能语言模型 ChatGPT 也可以用来辅助进行语言文字的润色和语法规范的检查。

5.6　预印本——论文发表的新形式

　　预印本是科研论文的完成草稿,由作者上传到公开的资料库。预印本跟投稿到期刊的版本经常是一样的。一旦论文预印本上传完成,系统会快速检查文档的内容本质是否与科研相关,然后在一两天之内在线发表,不需要经过同行评审,而且免费开放给所有人浏览。如果论文后续还有修改,也可以继续上传,但旧的版本会继续存在。既然预印本发表并不算真正意义上的学术发表,那为什么还需要这一发表形式? 首先有利于科学首发权。由于期刊的审稿周期较长,有的为几个月甚至一年,可能其间有其他作者在其他期刊先行发表类似的论文,导致科学的首发权丧失。其次有利于科研成果的更广泛传播。预印本因为未进行投稿,所以版权依然在作者手中,可以绿色开放获取,能够被更广泛的科研人员查阅和采纳。最后推动研究领域保持热度与发展。更多研究成果的发布能够在一定程度上促进特定领域的研究并保持关注度,此外最新研究成果的交流也有助于更有价值成果的产生。

现在有许多可以发布预印本的网站,一般被称为预印本服务器或预印本资料库。有些服务器接受不同领域的文章,有些则是只接受特定领域的文章。目前历史最悠久也最受欢迎的预印本服务器是 arXiv,该站于 20 世纪 90 年代建立,当时主要发布物理学预印本。目前 arXiv 上有来自多个领域的文章,比如物理学、数学、计算机科学和统计学等。关于生命科学领域的主要预印本服务器有 bioRxiv 和 PeerJ PrePrints。《自然》期刊也有预印本服务器 Nature Precedings,接受生物学、医学、化学还有地球科学领域的文章。社会科学和人文领域的预印本服务器则有 Social Science Research Network。但是有一些期刊,比如《美国化学会志》拒绝预印本论文。所以作者在上传预印本之前亦要仔细阅读期刊官网的出版政策(publication policy)是否接受预印本发表的论文。

5.7 本章总结

本章首先介绍了论文写作中学术不端的内涵与外延,并描述了版权的相关内容。在此基础上,介绍了学术论文各个组成部分的相关规范,比如学术论文的结构、文章的题目、联系方式、作者署名资格、摘要、绪论、材料与方法、结果、讨论、参考文献以及图表的规范等。然后,结合这些规范,又进一步阐述了如何把它们应用到学术论文的写作之中,比如如何写作学术论文的第一个版本,如何构建故事的逻辑框架,如何编辑修改学术论文。最后,介绍了近些年新出现的学术论文发表的新形式——预印本。

思考与练习 —————————————————————————●

练习与简答

1.(多选题)学术不端是悬在科研工作者头顶的"达摩克利斯之剑",下面哪些行为属于学术不端?

A. 捏造数据　　　　　　　　B. 篡改数据

C. 一稿多投　　　　　　　　D. 综述引用发表成果

2.(多选题)作为学生在撰写毕业论文(俗称大论文)的绪论部分时经常直接引用已发表文章的原始图片,下面哪些行为属于规范操作?

A. 直接拷贝原始图片　　　　B. 征得版权方同意,引用原图

C. 重新画图并引用　　　　　D. 拷贝原图并引用

3.(单选题)组合图图例的规范包括:

A. 直接描述每个子图的内容

B. 先用一句话描述组合图,再分别描述每幅子图

C. 只描述组合图的内容

D. 没有确定的规范

4.(多选题)如何提高学术论文的可信度?

A. 直接和编辑交流　　　　　B. 与前人的研究结果进行比较

C. 精确描述研究结果　　　　D. 参加国内外同行会议

5.(多选题)讨论部分应该包含哪些内容?

A. 陈述结果之间的关系

B. 陈述关键结果

C. 建立自己的研究结果与前人的研究结果之间的关系

D. 陈述主要的研究方法

6.(多选题)学术论文写作的发展趋势包括:

A. 使用更多的主动语态　　　B. 使用更多的被动语态

C. 使用更多的间接描述　　　D. 使用更多的直接描述

7.(单选题)一般现在时经常用来描述前人的研究结果,其原因是:

A. 容易使用

B. 一般现在时意味着前人的研究结果具有真实性

C. 传统用法

D. 一般现在时表明结果可能被证实

8.(多选题)文章句子的写作规范包括:

A. 以读者熟悉的信息开始　　　B. 以关键信息开始

C. 一个句子只讲一个故事　　　D. 行为动词紧跟主语

9. 按照版权规定,作为科研工作者如何理解不能一稿多投?

10. 按照学术论文的署名规范,论文的指导教师是否具有署名资格? 如何规范地署名?

11. 作为学术论文,规范的引用至关重要,如果要引用前人发表的文章的一个主要观点,如何才能做到规范引用,不触发学术不端?

12. 学术论文中的讨论非常重要,一般认为是一篇论文的画龙点睛部分,如何才能写好这部分内容,从而实现论据确凿、信用充分?

13. 结果的可重复性是学术论文的基本规范,如何理解这句话?

14. 论文的逻辑关系对于正确理解一篇论文非常关键,怎样才能构建论文合理的逻辑框架?

15. 过渡的使用可以串联论文的逻辑关系,如何判断选择的过渡是否是合理的?

思考与讨论

1. 一篇高质量学术论文的句子、段落应该满足一定的写作规范,首先本书中有哪些规范? 其次作为读者,你认为还有哪些重要的规范?

2. 在报道的学术不端行为中经常出现图片误用的说法,作为作者如何避免这一学术不端行为的发生?

参考文献

[1] CHEN H F, LUO R. Binding induced folding in p53-MDM2 complex[J]. JACS, 2007, 129(10): 2930-2937.

[2] BEST R B, CLARKE J, KARPLUS M. The origin of protein sidechain order parameter

distributions[J]. JACS, 2004, 126(25): 7734-7735.

[3] YANG K, STANFIELD R L, MARTINEZ-YAMOUT M A, et al. Structural basis for cooperative regulation of KIX mediated transcription pathways by the HTLV-1 HBZ activation domain[J]. PNAS, 2018, 115(40): 10040-10045.

[4] ROBUSTELLI P, PIANA S, SHAW D E. Developing a molecular dynamics force field for both folded and disordered protein states[J]. PNAS, 2018, 115 (21): E4758-E4766.

[5] TAN D, PIANA S, DIRKS R M, et al. RNA force field with accuracy comparable to state-of-the-art protein force fields[J]. PNAS, 2018, 115(7): E1346-E1355.

[6] WALTER S, MEJÍA-GUEVARA I, ESTRADA K, et al. Association of a genetic risk score with body mass index across different birth cohorts[J]. JAMA, 2016, 316(1): 63-69.

[7] FURUHASHI M, TUNCMAN G, GORGUN C Z, et al. Treatment of diabetes and atherosclerosis by inhibiting fatty-acid-binding protein aP2 [J]. Nature, 2007, 447 (7147): 959-965.

[8] HAUSHOFER J, BILETZKI A, KANWISHER N. Both sides retaliate in the Israeli-Palestinian conflict[J]. PNAS, 2010, 107(42): 17927-17932.

[9] QIN F, CHEN Y, WU M, et al. Induced fit or conformational selection for RNA/U1A folding[J]. RNA, 2010, 16(5): 1053-1061.

[10] SRINIVASAN G, WILLIAMSON E A, KONG K, et al. MiR223-3p promotes synthetic lethality in BRCA1-deficient cancers [J]. PNAS, 2019, 116 (35): 17438-17443.

[11] GOPEN G D, SWAN J A. The science of scientific writing[J]. American scientist, 1990, 78(6): 550-558.

[12] MARRONE T J, MCCAMMON J A. Pepzyme dynamics and conformation: a molecular dynamics study in water[J]. JACS, 1994, 116(15): 6987-6988.

[13] IVANOV I, CHENG X, SINE S M, et al. Barriers to ion translocation in cationic and anionic receptors from the Cys-loop family[J]. JACS, 2007, 129(26): 8217-8224.

[14] SWIFT R V, MCCAMMON J A. Substrate induced population shifts and stochastic gating in the PBCV-1 mRNA capping enzyme[J]. JACS, 2009, 131(14): 5126-5133.

6 回复评审意见的基本规范①

6.1 前言与学习目标 ————————————————————●

【案例1】一位研究生收到审稿人的评论之后，由于没有文章发表的经验感到无从下手，不知道该如何措辞回复。

【案例2】一位研究生收到了措辞非常严厉的审稿人评论，评论要求对论文进行大篇幅地修改，该生在认真仔细修改之后，文章被接收并发表。

【案例3】一位研究生投稿之后收到了审稿人的评论，要求对文章进行修改。该生修改之后返回给审稿人。然而，审稿人不满意其答复和修改，要求再次修改文章，来来回回进行了五轮修改，最终还是被编辑拒稿。

对于科研人员来说，研究成果在学术期刊上得以发表是对他们辛勤科研工作的认可。通常，文稿在被期刊正式发表之前，都需要经过同行评审，这些评审文章的同行一般称为审稿人或评审人。直接接收文稿固然令人欣喜，然而这种情况十分罕见。大多数情况下，作者收到的是拒稿通知，或者需要根据审稿人和编辑的意见进行文稿修改，而不规范的修改可能会导致丧失文稿发表的机会，拒稿的结果会令人失落沮丧。因此，作者需要根据审稿人的意见认真修订文稿并规范回复评审意见，只有编辑和审稿人都满意作者的答复和修改之后，文稿才有可能在期刊上发表。本章详细介绍了回复评审意见的规范，我们希望通过学习本章内容，学生能达成如下目标：

———————
① 编者：周韫韬，上海交通大学海洋学院副教授；韩月，上海交通大学博士。

（1）通过理论和实例，了解在同行评审过程中与编辑和审稿人交流的策略和规范。

（2）了解论文文稿修改时应注意的格式与内容要求，尽量说服审稿人，实现文章的顺利发表。

6.2   与编辑和审稿人交流的规范

6.2.1   文稿审阅流程

文稿提交给期刊后，会经历同行评审（peer review）的过程，期刊根据同行科研人员的意见来决定是否接收文稿，这是目前绝大多数学术期刊的做法。论文的投稿、评审和发表过程可以概括为以下几个步骤（见图 6 - 1），尽管不同期刊可能存在细微差异，但同行评审的过程无疑是其中至关重要的环节。

1. 提交论文

作者可根据文稿主题和内容选择合适的期刊，并按照期刊要求准备相应的投稿材料，由通讯作者或提交作者将文稿提交给期刊，完成论文提交。选择合适的期刊十分重要，一般来讲，期刊的主页上会有期刊发文的主题范围，作者可结合期刊网站上的主题介绍，或者参考期刊已经发表的文章内容选定投稿期刊。投稿材料在期刊主页内的"作者须知"（Guideline for Authors）模块中可以查询，一般包括给编辑的信件（cover letter），与文稿相关的所有文件（包括文稿、图片、表格、视频、附件以及任何能支持文稿的信息），研究资助信息等。

通讯作者或提交作者将论文提交给期刊，通常是使用期刊的在线系统完成的，少数期刊也可能会接受通过电子邮件提交的方式。在线系统的优势在于可以随时检查文章的动态。文章提交之后会生成独一无二的编号，此后与编辑交流时一定要包括该编号，这样会节省很多交流时间。

2. 编辑部评估

根据期刊要求，编辑部检查提交的文件包括正文、图表和附件等是否完整齐全，数据下载链接是否有效等。还会检查文稿的组成结构和字数要求等是否符

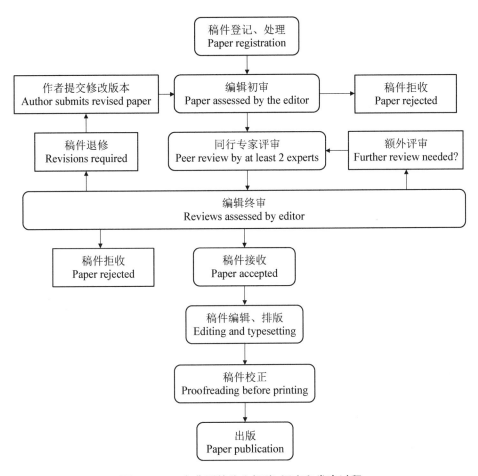

图 6-1　一个典型的论文投稿、评审和发表过程

合期刊规范。若未通过编辑部的检查,需要检查和修改提交的材料,直到满足期刊要求后才进入初步评审阶段。强烈建议仔细阅读期刊网页上的论文提交规范,其中对于提交文章的格式规范有非常详细的描述,按照该描述提交将节省大量因为格式不规范而返工的时间。在这个过程中,对文稿的科研质量不做评估。但是,如果文稿的语言问题很严重,影响对文稿的阅读理解则可能会在该阶段直接被拒稿。

3. 编辑评估

编辑主要包括主编(Editor-in-Chief,EIC)和副主编(Associate Editor,AE)。EIC 指派一名副主编负责论文的同行评审,有的期刊会有专门的副主编负责同行评审,在这种情况下,文稿会分配给这样的副主编。副主编的背景通常是与文稿研究领域相近,他/她会检查该论文的研究内容是否适合该期刊,是否具备高质量的研究水平,以及是否具有足够的原创性和重要性等。在这个过程中,编辑一般会简单浏览全文,特别是标题、摘要、引言、主要图表和结论等,判断文稿是否具有发表价值。如果认为文章不合适在该期刊的发表,该论文可能会被直接拒绝,而无须进行下一步的同行评审。初步评估后,文稿可能面临三种"命运":

(1)未审退回,通常发生在编辑认为论文内容不符合期刊要求或投稿要求。在大部分情况下,退回邮件中会简要地说明退回原因,作者可结合相应的评论进行修改后重新投稿或选择其他期刊。

(2)建议改投其他期刊,若编辑建议改投同一出版商旗下的期刊,作者同意后不需要另外操作,投稿转移会在期刊内部进行。若为其他出版商的期刊,作者可根据自己的意愿选择是否在建议期刊中提交文稿。

(3)邀请同行评审,这表明该文稿的格式和内容总体符合投稿期刊的要求和范畴,有可能被接收。

4. 编辑邀请审稿人

如果通过了编辑部和编辑的评估,主编或副主编便会向其认为合适的审稿人发送邀请,审稿人一般是本研究领域的资深学者。文稿评审通常需要至少2位审稿人,部分期刊可能会需要3位或更多。审稿人可以由编辑在预审时推荐,或者从编辑委员会(editorial board)或期刊的评阅人数据库中选择,或者通过相关文献搜索来选择审稿人。虽然提交文稿期间,很多期刊会请作者推荐一些候选的审稿人,但编辑不一定会采用。有些期刊还会允许作者列出一个希望规避、排除的审稿人的名单,此名单不宜过长。

5. 审稿人回应邀请

被邀请的审稿人会根据自己的专业知识背景、利益冲突和时间安排等考虑是否接受邀请。有时审稿人即便拒绝,也可能会向编辑推荐其他审稿人。审稿时间由期刊决定,通常是两周至三个月,很多情况下,审稿人会在审稿期限前提交评审意见,有时也可能由于自己的时间不合适而适当地延长审稿期限。

6. 进行文稿审阅

审稿人根据自己的专业背景审阅文稿并提出相应的修改意见,最后将评论反馈给期刊编辑。完整、标准的审稿意见通常包括对文稿的总体意见(general comments)、重点问题(major comments)和具体/次要问题(specific/minor comments)三个部分。总体意见部分高度概括作者解决了什么科学问题,发明了哪些新方法或者新技术。同时,还应整体评估文稿比较明显的优缺点和研究结果的主要价值,也会对文章的创新性和科学性等进行评分,并据此提出最终审阅建议,即接收、建议修改或拒绝。该建议也可能只发给编辑,不在审稿意见中出现。重点问题通常是逐条列出审稿人认为论文中存在的重要的缺点或不足。次要问题一般是非原则性的、容易更正的小问题,包括不通顺的语句、错误的拼写或语法、不适当的参考文献和部分表述方式等,审稿人在审阅文稿时通常会逐条记录次要问题和相关修改建议。

　　大多数期刊采用单盲同行评审,也就是文稿以实名状态送审,但审稿人的身份不对作者公开。当然,有极少数审稿人喜欢(或不经意地)将自己的名字放在评审意见里,编辑可以选择去掉这些信息后再将评审意见发给作者。单盲评审是如今最常见的审稿模式,但有人认为这种身份不对等的审阅机制在操作过程中有明显的缺陷,容易存在偏见或者歧视等问题。于是经过优化开始有了双盲评审,除了作者不知道审稿人的身份外,审稿人也不知道作者的身份,即审稿过程中作者和审稿人双向匿名。

　　此外,近年来,公开同行评审/讨论(open peer review)也逐渐趋于流行。公开同行评审的期限通常约 8 周,主要过程包括:① 文稿将公开发布在期刊官网中(即 manuscript in discussion),此版本可通过 DOI 进行引用。② 在文稿的讨论阶段,编辑指定的推荐人(匿名或实名)和所有对该文章感兴趣的科研学者(实名)可以公开在期刊网站上发布评论。通常情况下,文稿至少需要收到两份或以上的评审意见。③ 在公开评论的过程中,作者可以针对审稿人的意见尽快修改并回复,以促进作者和审稿人之间的进一步讨论。公开同行评审的优点是可以让作者和审稿人尽快交流,降低时间成本。

　　7. 等待评审意见

　　在评审阶段,作者无须做任何事情,平静放松等待即可,通常会在一到三个月的时间内收到编辑的邮件。但是,如果迟迟收不到期刊方的回复意见,极有可能是期刊方近期文稿积压太多,编辑或审稿人时间有冲突等。如果等待了三个月仍没有任何回应,可以发邮件与编辑联系,礼貌地询问文章的评审状态。邮件要写得简短,语气平和。下面是一个询问的例子:

Dear Editor,

I submitted a manuscript entitled "[title of the manuscript]" [manuscript id] to [journal name] on dd/mm/yyyy (three months ago). However, I haven't received any further notice yet. Would you please let me know if there is anything I can help during the review process? Thank you!

Sincerely,
[Your Name]

8. 编辑评估审稿人评论

收到所有审稿人的意见之后，编辑会考虑所有审稿人反馈的评论意见进一步做出评估。如果审稿人之间意见差别很大，编辑也可能会邀请额外的审稿人，以便在做出评估之前获得额外的参考意见。

（1）直接接收（accepted as it is）

此种情况对于作者来说非常轻松，不需要任何修改即可接收。然而，直接接收的情况十分少见。

（2）小修改（minor revision）

小修改，原则上接收文稿的可能性非常大，但仍需认真对待审稿人的意见，逐一进行修改或者回应。

（3）大修改（major revision）

大修改，即使修改了也不一定意味着接收。需要认真详细地对问题进行修改和回复。大多数情况下会送给原审稿人再进行评审，审稿人如果不满意仍可能会被拒绝。

（4）拒稿并重投（reject and resubmit）

编辑通常认为，作者很难在经过一轮大修后的短时间内解决审稿人提出的问题，因此拒绝了文章。但编辑认为该文章仍有一定的科学意义，欢迎作者修改之后重投本期刊。

（5）拒稿（reject）

拒稿是最常见的状态，因编辑根据审稿人的评论后判断文章存在重大的错误或缺陷，也可能是文章专业性或科学性不过关。一些高影响力的期刊或者会议期刊的拒稿率可达90%以上。

9. 编辑向通讯作者发送邮件传达决定

编辑的决定（decision letter）一般是通过邮件发给通讯作者，并会附上所有审稿人的评论，评论有时在邮件正文里，有时在附件中。少数情况下审稿人意见的部分内容（如附件材料）并不包含在邮件里，需要从期刊的投稿系统里查看。

10. 根据评审结果进行修改

如果文稿被接收，会进入待发表阶段。如果文稿只被要求进行细微的改动，后续审阅可能由编辑直接完成。如果文稿被拒绝或退回修改，编辑会将最终决定及审稿人的评论一并发送给通讯作者，以帮助作者进行后续修改。有些期刊还会向审稿人抄送评审结果邮件。修改完成后再次提交的文稿通常还会由之前的几位审稿人再次审阅，除非其选择不再参与。

论文经过修改到最后接收发表的过程中作者会有两次或更多次与编辑直接交流的机会，例如在提交文稿初期、提交修改文稿，或是文稿被拒绝提交反驳信时。以下两小节将对提交文稿初期和提交反驳信时与编辑的交流规范展开讨论。

6.2.2　提交文稿时与编辑交流的规范

在将文章提交给期刊时，通常需要附上一封投稿信（cover letter）。作者在其中一般是向期刊编辑强调本研究所具备的新颖性和重要性，并解释为什么文稿非常适合此期刊，以及为什么期刊读者会对它感兴趣。一封好的投稿信可以帮助你的论文顺利进入下一阶段，即送审阶段。那么，如何写出一封好的投稿信呢？

1. 投稿信应该包含什么？

应包含：

（1）编辑姓名，使用恰当的称谓，如：Dr. Smith/Editor。

（2）文稿的标题。

（3）文稿的类型，如研究论文（research article）、综述论文（review article）、通讯（correspondence）等。

（4）提交的期刊名称。

（5）简要描述本研究的重要性和新颖性，以及为什么你认为该期刊的读者会对它感兴趣。

（6）声明此文稿未曾发表过，并且目前没有被其他期刊考虑。

（7）论文的共同作者信息，以及他们都同意此次投稿。

（8）确认没有的利益冲突。

其中，第(6)至(8)点有时在材料提交系统中已经填写并确认过，则可以在投稿信中省略。

2. 投稿信需要避免什么？

需避免：

（1）不要直接把文稿的摘要或者结论复制到投稿信中，需要用更简短的语句总结此项研究的意义、解决的问题等。

（2）不要使用太多术语、行话或太多首字母缩略词，不要使用复杂、非正式的语言或感叹号，保持语言简练易读。

（3）避免过多的描述，将投稿信的主要内容保持在一页以内，主要是文章亮点的简要介绍和概述。

（4）避免任何拼写和语法错误，并确保投稿信在提交前经过仔细校对。

下面是一个典型的投稿信模板，方括号中的内容需要根据文稿内容和投稿期刊进行替换：

Dear Editor/Dr. ［Editor's last name］

　　My co-authors and I would like/I am writing on behalf of my co-authors to submit our manuscript entitled "title of the manuscript", for consideration as a letter/article in ［*Journal Name*］.

　　The manuscript is important as it addresses ［××, a scientific problem that concerns in the field］. Our results show that ［main conclusions of the research］. The highlights of our study are ［××］. The research topic is important for ［××］.

　　We would like to declare that there are no conflicts of interest in the submission of this manuscript and all authors have approved it for publication. Our work is original and has not been published previously nor is under consideration for publication elsewhere, in whole or in part.

　　If you need any additional information or if we can be of any assistance during the review process, please do not hesitate to contact us at ［corresponding author's e-mail］. We look forward to hearing from you. Thank you for your time and consideration.

Sincerely,

［Your Name］

［Postal address］

6.2.3　要求延长文稿修改期限时与编辑交流的规范

通常期刊给出的平均修改期限是 2—6 周,作者需要在截止期限之前提交修改版本。如果因为一些特殊状况(例如补充实验、修改模型等)而未能按时完成修改时,作者可以在截止日期之前与编辑联系,请求延长期限,期刊通常都会同意这样的请求。如果在截止日期前作者未能及时联系编辑,有些期刊可能会冻结文稿,即文稿状态不再是"active",并且会被移入"archive"文档中;此时,文稿仍然有可能被重新激活,但可能需要支付文稿恢复费。对于延期请求的邮件,需要写明延期的原因以及新的具体的修改期限。以下是一个延期请求的例子:

> Dear Editor/Dr. XX,
>
> 　　I am writing to request an extension for submitting the revisions of Manuscript [No.]. According to the feedback from the reviewers, we need to conduct a new analysis regarding [×××], which will require additional [××] weeks. May I submit the revised manuscript before [a specific date]?
>
> 　　We apologize for any inconvenience this may cause and would be grateful for your understanding. We look forward to your reply.
>
> Sincerely,
>
> [Your Name]

6.2.4　提交反驳信时与编辑交流的规范

当收到"拒绝"决定时,可以考虑以下几种不同的选择:

(1)尝试其他期刊,文稿不做任何改动。

(2)尝试其他期刊,并根据审稿人/编辑意见,针对其中合理的且可行的意见做出修改。

(3)扩展研究(这会增加在其他期刊发表的机会)。

(4)放弃(如果作者也认为文稿无法进一步修改提升)。

(5)撰写反驳信(如果期刊提供该选项)。

其中,撰写反驳信是一个可以让审稿人和编辑考虑重新审阅文稿的好机会,这也会是作者在同行评审过程中强调文稿质量和重要性的最后机会。因此,在撰写反驳信之前,作者应该花时间仔细地阅读审稿人的评论,并确定修改意见及回复。在撰写反驳信时，最重要的是要客观准确，避免情绪化，应具体说明文稿的科学价值、值得被重新考虑的原因，以及审稿人遗漏或误判的内容等，这将有助于编辑更快地进行重新评估。切记不要在反驳信中强调自己以前的发表记录或提及自己在科学界的"地位"，这些对文稿申诉没有任何意义。如果审稿人忽视了此项研究中的一些重要内容，作者可以提出相关建议以获得审稿人对这些内容的关注，而不是批评抨击审稿人和编辑。在理由充分的条件下，也可以要求换另一个/组审稿人，以获得更专业的评审。以下是一封反驳信的例子：

Dear Editor,

Thank you for taking the time to consider our manuscript. While we understand and accept the rejection decision, we have concerns about the feedback provided by Reviewer # 1. The comments are not only unconvincing, but also unfair and irresponsible.

[Add specific objections to the reviewers' comments, including counter-arguments and additional evidence to support your position.]

In conclusion, we respectfully disagree with the comments from Reviewer # 1 and would appreciate the opportunity for you to review and consider our rebuttals.

Thank you for your time and consideration!

Best regards,

[Your Name]

6.3　回答审稿人问题的规范

在回复审稿人的评论之前，作者首先应该调整好心态，保持正确的心态才会给出正确的回应，我们应该以平和感激的心态去阅读、理解审稿人的评论和问题，尊重审稿人的每一条建议，因为这些审稿人是利用自己的业余时间来评审的。同时，应该再次仔细阅读编辑的随附信函，以了解他们在审稿人的评论中强调了哪些内容以及是否提出了其他观点。接下来再仔细阅读审稿人的意见，把审稿人提出的问题和所提交的文稿作一一核对，如果认为所有问题都没有修改的必要，或是觉得审稿人没有理解文稿，这意味着从读者的角度来看，文稿想表达的内容并不能被很好地理解，因此作者可能需要厘清逻辑，额外澄清或是换种写作方式来进行解释说明。

　　作者可能会收到言辞犀利的审稿人的评论,虽然这种情况并不是时常发生。大多数审稿人都希望文稿能有所提升,因而他们更多地会提出建设性的批评意见,他们会详细说明论文的局限性,而不会浪费太多笔墨来赞美文稿。

　　当作者准备好以专业、客观的方式处理审稿人的评论时,就需要与其他共同作者仔细讨论审稿人的评论,决定哪些评论需要接受,哪些评论需要反驳或额外澄清,是否需要补充额外的实验、模拟或数据分析等。在撰写回复时,很重要的一点是保证回复信结构的清晰,这样既可以使编辑和审稿人更容易看到你所做的工作,又可以帮助你厘清问题,避免遗漏。对于问题型评论,先明确回答是或不是,然后再具体展开回答。

6.3.1　准备一份回复的 cover letter

　　此处的 cover letter 与 6.2.2 部分的投稿信不同,回复的 cover letter 是附给编辑对于修改的实时反馈。Cover letter 可以用一段或几段话,感谢编辑和审稿人的努力,概括作者对评论的回复情况,并总结所做的主要更改。当我们对一篇文章修改了不止一次时,每次返修改动过后,建议都要附给编辑新的 cover letter。例如:

Dear Editor and Reviewers,

　　We are writing in response to the feedback received on our manuscript "[title of manuscript]" (Manuscript Number [××]). We appreciate the time and effort that you have taken to provide thorough and thoughtful comments on our work.

　　We have carefully considered all the comments and made revisions to the manuscript. In addition, we have incorporated more figures to enhance the illustration of the concepts, and added references to the latest works in the field.

　　Attached to this letter, you will find a detailed response to all the reviewer's comments. The comments are highlighted in blue and our responses in red for easy reference. If there are any further questions or concerns about the manuscript, please do not hesitate to contact us.

　　Thank you for your time!

Sincerely,

[Your Name]

6.3.2　避免用带有性别的词汇形容审稿人

因为通常情况下,审稿人是匿名的,因此需要避免使用带有性别的词汇。例如避免"We thank the reviewer for **his** comments. **He** suggested ... ",同样也避免将例子中的"his"换成"her"或者"He"换成"She"。

6.3.3　对每个审稿人的意见以及回复进行整理并编号排序

通常,审稿人的意见分为两部分,一部分是总体意见(general comments)或主要意见(major comments),另一部分是具体意见(specific comments)。总体意见一般包括审稿人对于通篇文稿的总结和整体印象,还包括文章中存在的比较大的问题。具体意见一般包括对于特定段落、句子或者图表的意见。因此,给文稿标出行号和页码非常重要,这样可以节省审稿人的时间。

回复审稿人意见的文件通常叫做"reply to reviewers"或者"response to reviewers",包含对所有审稿人的所有意见的回复。为了更好地让审稿人清晰地看到回复,建议对每个审稿人及其意见进行编号。例如:Comment 1.1(指第 1 位审稿人的第 1 个评论),复制粘贴该评论,不要轻易改变审稿人的原话。如果收到的审稿人评论没有编号或者是单个评论内容较多,建议将这些评论拆分为单独的评论并编号排序,也可使用不同颜色或字体(如斜体)区分评论和回复,例如:

Reviewer 1
Comment 1.1: A model is predictive and not causal so you should be careful when trying to infer causality because in 90% of cases it is about predictive causality. Strong causality is a hard thing to quantify and several non-linear test should be done.
Response 1.1: We agree that local sensitivity analysis used here could not reflect non-linear interactions among the driving factors. Thus, we have additionally implemented a variance-based global sensitivity analysis (Lines 164-169).

6.3.4　在回复中说明对原文的修改情况

如果是对原文有较小的改动,可以直接回复"We've changed〔original

text] to [edited text] (Line 25)"，这样直接回答可以省去审稿人返回阅读原文的时间。审稿人再次拿到文章的修改稿，主要看的就是 response to reviewers，因此所有的修改以及添加的内容(包括文字、图、表格、公式等)，都要在 response to reviewers 里体现并且标出在修改稿中对应的位置，方便审稿人查阅到修改或添加文本的位置。参考这样的回复："We have revised the text to address your concerns. Please refer to Lines 9-20 and Lines 101-120 of the revised manuscript. "。

6.3.5　不要忽略审稿人提出的任何问题

逐条回复审稿人的每一条建议或问题，接受意见需列出相关修改，例如"We thank the reviewer for pointing this out. We have revised … "或"We agree and have updated … "。

作者若要拒绝建议，需解释、证明为何自己的选择是合理的。如果觉得某个评论超出了研究范围，请对此进行解释，例如"We appreciate the reviewer's insightful suggestion and agree that it would be useful to demonstrate that … ; however, such an analysis is beyond the scope of our paper, which aims only to show that … Nevertheless, we recognize this limitation should be mentioned in the paper, so we added the following sentence … "。

如果无法解决审稿人提出的问题，请解释原因。例如，可能会遇到需补充实验但客观条件上不允许的情况，那么在回答时作者可以首先对审稿人的意见表示赞同："We agree that more study or more data would be useful to … "，再对实际情况进行说明，可以从文献中找到依据来说明，或者可以在讨论部分里写明这部分的限制，或作为将来改进的目标。例如"We agree with the reviewer that testing the model results over space would be helpful. However, the observed data utilized here were spatially and temporally limited to test the model results over space. We have clarifred this limitation in Discussion (Lines 265-268). "。

作者在解释不同意见时，语气要委婉，首先，强调同意审稿人评论的哪些部分，然后解释为什么选择不进行更改，同时，也可以在回复中添加一些补充材料(图形和表格等)以辅助解释，例如：

Comment 2. 6：It would be also nice to define blooms and non-bloom dynamics based on a threshold on chlorophyll-a and verify those blooms.

Response 2. 6：We appreciate the reviewer's suggestion about including discussions of bloom and non-bloom dynamics. The intent of our study is to demonstrate the utility of a hybrid model for simulating chlorophyll-a concentrations. Instead of determining a threshold value of chlorophyll-a, we have additionally analyzed our model's predictive ability on simulating the high chlorophyll-a conditions at Lines 234-239 and Table S1.

Table S1：Model simulated chlorophyll-a concentration (a'), observed chlorophyll-a (a), and simulated minus observed chl-a (Δa)

Sampling date	a' (μg/L)	a (μg/L)	Δa (μg/L)
6/18/2 000	47. 2	56. 6	−9. 4
6/24/2 000	49. 7	52. 4	−2. 7
7/05/2 000	44. 1	49. 7	−5. 6
7/25/2 000	38. 0	44. 5	−6. 5
8/02/2 000	39. 7	43. 9	−4. 2

6.3.6 期刊编辑推荐英文编辑服务

如果文稿的语言表达不够清晰准确，需要修改、提炼、润色，有些期刊编辑会建议找一位或多位母语是英文的同行帮助修改文稿，或选用一些专业写作润色机构的服务。

6.3.7 针对同类评论回复多位审稿人

有时候针对同样的问题，多个审稿人给出了类似的评论。此情况下，参考回复"This point has been addressed in the reply to comment x of reviewer y."。

6.3.8 回复持不同意见的审稿人

当审稿人给出相互矛盾的建议时，作者应避免回复"As another reviewer suggested the opposite, we didn't change the text"，而应选择自己同意或者偏好的建议，向其他审稿人证明此选择的合理性。例如，"As we received conflicting advice from another reviewer, we decided to make the change reviewer y suggested，because … ”。

6.3.9 缩减文稿

如果文稿被要求缩减某些部分，请考虑在不改变文章原意基础上进行缩减，并且可以在回复中用字数或百分比指明缩减了多少。另外，如果该部分比较重要，也可以考虑将该缩减的部分移到附件材料里。

6.3.10 补充文献

有时候审稿人会推荐一些相关文献，文稿作者可以阅读这些文献，考虑是否对研究有帮助，并正确引用，不必引用审稿人推荐的所有文献。文献的引用可以选用 Endnote、Mendeley 等工具辅助，但在最后一定要检查文献的格式是否无误，确保每一个细节的正确性。

6.3.11 不同意审稿人的某些评论或者建议

文稿作者不一定要按照审稿人提出的每一条建议修改文稿。对于审稿人提出的有些建议有异议时，请有理有据地说出不同意修改的原因。不要用情绪化的措辞，态度要不卑不亢。如果经一轮回复之后，作者和审稿人就某个问题仍然无法达成一致，而作者坚持自己的观点没问题，那么建议作者单独跟编辑（或主编）沟通。在与编辑沟通时，不要攻击审稿人，就事论事，可以引用文献来支持自己的观点或者结论。

6.3.12 看不懂或不确定审稿人的问题

有时候可能由于审稿人的问题比较简短，文稿作者没有看懂审稿人的问题，这时候建议与其他作者一起讨论，尽可能地推断审稿人的问题，并在回答中说明没有完全明白审稿人的问题，逐一回答自己理解的可能项。

6.3.13 常用回复句式的建议

对于一对一回答问题，以下提供一些建议的句式：

（1）We gratefully appreciate for your valuable suggestions/comments.

（2）Thank you for your thorough review and suggestions/advices/comments.

（3）We feel sorry for the inconvenience brought to the reviewer.

(4) Thank you for your careful check.

(5) We totally understand the reviewer's concern.

(6) We agree with the reviewer that ...

(7) We are happy to see that our data convinces the reviewer of this unexcepted result.

(8) This is an excellent remark by the reviewer, with a quite lengthy answer.

6.4 论文修改的规范

在以上小节中,我们已经讨论了如何对审稿人的问题进行回复。本节中,我们将就论文的具体修改规范加以阐述。

6.4.1 使用修订模式

修改文稿时建议使用修订模式,即记录并显示文稿的全部编辑和修改过程的模式。使用修订模式的好处是,它会保留文章的修改过程,方便作者或其他共同作者进行追踪和对照,并减少对审稿人问题回复的遗漏。而且,目前大多数期刊都要求提交带有修订模式的修改文稿。

6.4.2 参照对审稿人问题的回复

论文的修改需要紧密参照对审稿人问题的回复,审稿人看重的是他们的评论能否对文稿有所帮助和提升,因此,对于审稿人的问题,除了撰写回复外,应尽量将修改体现在文稿中。文稿修改完成后,应在给审稿人的回复中指明相应的修改在文稿中的具体体现,可以标示出对应的章节、段落和(或)行数。例如:

Comment 1.3: The ecological-environmental processes you investigate are largely non-linear. I am not sure how your study did consider these non-linearities and then if you can consider these aspects, it would be quite relevant to truly map ecosystem dynamics. Spatial networks can reveal likely ecological and environmental mechanisms underpinning ecological emergence.

Response 1.3: Thank you for the suggestion of including non-linearities related tests. We have performed the global sensitivity analysis, using Sobol's method and calculated Sobol's first and total order sensitivity indices for the interested variables. Nutrient was the most significant variable for chlorophyll-a concentration, accounting for 35% of the chlorophyll-a variance. Substantial differences could be observed between the total and the first sensitivity indices for most of the variables, suggesting interactions existed within the model. The results are now discussed at Lines 207-210 of the revised manuscript, Table S1 and Appendix Section 2.

有时审稿人会要求删除或缩短原稿中的某些语句或申明,作者应按如下方式进行回复和修改。例如:

Comment 1. 4: I think one of the subfigures with the logarithmic scale is redundant.
Response 1. 4: Thank you! We have revised the figure as suggested (Figure 1 in revised manuscript).

例如:

Comment 1. 5: Abstract and Conclusions are too long.
Response 1. 5: We have shortened the Abstract and Conclusions as suggested by the reviewer, i. e. , deleted the description of the past applications.

此外,如果作者在修改过程中发现论文存在审稿人未提出的问题时,也需要在论文中进行修订。如果修订该问题后改变读者对原文稿的理解,可在 cover letter 中解释修改的部分以及修改原因。

6.4.3　整理、提交文档

在完成对文稿的修改后,可以对修改后的文稿进行整理并提交至系统。最终的提交材料应包含以下文档:

(1) 写给编辑的 cover letter:主要包含作者对评论的回复情况和所做的主要更改。具体写法请参照上一小节。将此文档命名为"Cover Letter"文件上传。

(2) 对审稿人问题的回复:此文档主要对每个审稿人提出的具体问题进行解释回答。包括对所有审稿人和编辑评论的回复,并列出对文稿所做的更改。将此文档命名为"Response to Reviewers"或者"Reply to Reviewers"文件上传。

(3) 修改后的文稿(修订版本):此修订版本包含并显示了自原始文稿提交以

来所做的全部更改。将此文档命名为"Revised Article with Changes Highlighted"文件上传。

（4）修改后的文稿（正式版本）：在追踪检查完所有的回复和更改后，可以在文稿中选择接受对文档所做的所有修订，并关闭修订模式，显示正式的文稿，即不显示更改的版本。将此文档命名为"Manuscript"文件上传。

（5）如有支持信息（Supporting Information，SI），则无须上传 SI 的修订版本，直接上传 SI 修改后的正式版本即可。

（6）修改或新增的图表或视频等文件：在修改后的文稿中出现的改动后的或新增的图表或视频等应根据期刊要求的格式重新上传。

6.4.4　对于在线互动式修改的建议

目前，有很多期刊（如 frontiers 系列）推出了在线互动式修改模式，只要一个审稿人评审完了，作者就可以看到评论并进行回复，不用等到所有审稿人评论完之后才能看到。该方法最大的优点是比常规的流程快。除了作者对不明白之处可以迅速询问澄清外，审稿人也会对自己提出的问题保持新鲜的记忆，交流起来便捷很多。其次，由于整个系统都是在线的，作者和审稿人可以更容易地把握全部过程。对于在线回复，作者不需要像传统回复一样，把所有回复放在一个文件里。系统针对审稿人的问题已经归类，并留有回复框，直接回复即可，并可以在适当的位置上传附件。

6.5　本章总结 ————————————————————————●

本章我们介绍了论文投稿后回复编辑和审稿人问题的规范，主要包括以下几方面。

（1）文稿审阅流程。文稿审阅流程主要包括论文提交、编辑部评估、初步评审、同行评审、编辑传达决定等步骤。认真完成文稿、仔细检查提交材料、严谨回复审稿人意见以及规范与编辑交流等都是帮助作者顺利通过审阅流程将文稿发表的必要步骤。

（2）与编辑交流过程中的信件格式和内容。一篇文章的发表至少需要一次与编辑交流的过程,即使用 cover letter 简洁展现文章的创新性与重要性。此外,在文稿审阅过程中回复审稿人意见,延长文稿修改期限或撰写反驳信时,也需要作者直接与编辑进行交流。不同目的的信件的内容和格式略有差异。

(3)回复审稿人意见的材料与规范。回复审稿人意见往往是文章发表过程中的关键一步,所需要的材料包括写给编辑的 cover letter,对审稿人问题的回复,修改后的文稿(修订版本和正式版本),修改后的附件、图表与视频等。对审稿人问题的回复需要将意见进行整理并编号排序,并逐一进行回复,避免遗漏。

(4)面对审稿人各种不同意见的答复。审稿人的意见总是多种多样的,常见的意见主要围绕在语言表达、文稿内容、写作规范等方面。面对这些问题时,作者可采用不同的回答模板清楚地表达文稿改动之处,大多数时候还需要解释或讨论修改的原因。

(5)修改文稿的注意事项。修改文稿主要依据对审稿人意见的回复,并使用"修订"模式修改以减少遗漏。作者最终需要提交的文稿包括修订版本和正式版本两份。

思考与练习

练习与简答

1.(多选题)期刊常见的审稿模式有哪些?

A. 非盲同行评审　　　　　　B. 单盲同行评审

C. 双盲同行评审　　　　　　D. 公开同行评审

2.(多选题)以下关于回复审稿人问题的做法,哪些正确?

A. 对每个审稿人的意见/问题以及自己的回复进行整理和编号排序

B. 对不同审稿人的相同意见/问题进行合并回答

C. 说明对原文的修改情况,并在原文中使用"修订"模式修改

D. 忽略审稿人提出的棘手意见/问题

3.(多选题)以下关于反驳期刊论文评审专家审稿意见的做法中,哪些恰当可行?

A. 论文作者需要礼貌回复审稿意见

B. 论文作者可以针对增加/修改实验和数据的意见尽量抗辩

C. 论文作者可以在创新性和完整性上尽量抗辩

D. 论文作者需要对论文进行适度修改,尽量不要全部回绝

4. (多选题)投稿时,推荐审稿人应遵循以下哪些原则?

A. 通讯作者或者论文共同作者认识的同领域学者或者专家

B. 通讯作者或者论文共同作者的导师

C. 文稿中引用了其文章的学者

D. 目标期刊上发表过相关研究的学者

5. (多选题)初次提交文稿时附上的 cover letter 里,应包含以下哪些内容?

A. 文章研究主题及相关背景　　B. 实验方法和主要发现

C. 与投稿期刊的契合度　　D. 创新性和潜在应用价值

6. 如何回复关于审稿人提出的"提高英语写作水平"的问题?

7. 当收到审稿人意见后,作者在论文修改过程中发现了其他审稿人并未发现的问题,此种情况下是否需要修改并在回复中提及?

8. 如果收到拒稿的意见,应如何回复?

9. 当两个或多个审稿人提出了相同的问题时,应如何回复?

10. 当审稿人对研究方法产生质疑时,应如何回复?

思考与讨论

你更偏向单盲同行评审、双盲同行评审还是公开同行评审? 为什么?

参考文献

[1] 上海交通大学学报. 同行评审流程[EB/OL]. (2021-03-19)[2023-02-12]. http://xuebao. sjtu. edu. cn/CN/column/item394. shtml.

[2] 意得辑. 该怎么写邮件给期刊编辑询问投稿状态?[EB/OL]. (2016-03-25)[2023-02-12]. https://blog. sciencenet. cn/blog-769813-964799. html.

7　人文研究的基本伦理与学术规范①

7.1　前言与学习目标 ————————————————●

　　基于人文学科的特性及其在人类社会发展中的重要作用,本章结合人文研究的特性与内在要求,聚焦人文研究的全过程,从论文选题、研究计划的设计与规划、文献的查阅与使用、学术观点的形成与发表四个方面阐述各个环节所应遵循的基本伦理准则与学术规范,进而引导学生在避免选题不当、过程失序、观点模糊与存在歧义、引文不规范等问题的同时,走向高质量的研究。

　　我们希望通过学习本章内容,学生能达成如下目标:

　　(1) 了解人文研究的学科特性及其在人类社会发展中的作用。

　　(2) 清楚人文研究除了应遵循学术研究共同的伦理与学术规范之外,还应遵循人文研究的基本伦理准则与学术规范。

　　自 21 世纪以来,我国颁发了一系列关于人文社会科学研究的规范与条例来规范与引导人文学科的研究。例如在教育部社会科学委员会于 2004 年讨论通过的《高等学校哲学社会科学研究学术规范(试行)》中,阐述了高校哲学社会科学研究的基本规范、学术引文规范、学术成果规范、学术评价规范和学术批评规范,为"加强学风建设和职业道德修养,保障学术自由,促进学术交流、学术积累与学术创新,进一步发展和繁荣高校哲学社会科学研究事业",教育部社会科学委员会[1]提供了行动指南;在教育部社会科学委员会学风建设委员会于 2009 年编写的《高校人文社会科学学术规范指南》中,进一步明确了学术规范的定义及意义,所谓学术规范

---

① 编者:闫宏秀,上海交通大学马克思主义学院教授。

"是根据学术发展规律制定的有关学术活动的基本准则,反映了学术活动长期积累的经验。学术共同体成员应自觉遵守"[2],并指出了"求真务实""诚实守信""继承创新""恪守职责""以人为本""自律与他律"六条学术伦理[2];2020 年 11 月 3 日,教育部所发布的《新文科建设宣言》明确要求"要坚持不懈挖掘新材料、发现新问题、提出新观点、构建新理论,加强对实践经验的系统总结"[3]。"人文研究的基本伦理与学术规范"与"学术伦理与学术规范"二者之间的关系如图 7‐1 所示。

图 7‐1　"人文研究的基本伦理与学术规范"与"学术伦理与学术规范"二者之间的关系

　　人文研究因其主要关注"人类生活、人类行为和经验"[4]常常被视为"人学"(human studies),其中心是人性,主要围绕人的本质及其属性、人的生存意义及其价值取向等人何以为人以及人之为何的问题展开探寻,为人类社会的发展提供理论基础与价值引领,特别是在人类社会高度科学技术化的时代,关于人性以及科学技术如何人性化等方面的研究是关乎人类生存的根本问题。"在这种理解活动中,人们的目的并不在于为了获得对某种法则的认识,而去证实和扩充这种普遍经验,就像人类、民族、国家在根本上的发展一样;而在于去理解这种普遍经验,例如这个人、这个民族、这个国家是怎样的,它们演变成了什么——广泛地说,它们是怎样成为今天这样的。"[5]

　　传统的人文研究主要基于概念或观念对人类精神生活展开定性研究,这种研究主要包括主观和客观两方面,其中,主观方面指人自身的内在精神世界,客观方面指人的内在精神外化,也正是基于此,人文研究具有个体性、多元性、开放性以及价值非中立性等特征。伴随着科学技术与人文的融合,学科交叉、数字人文、科技人文等逐渐出现,对文本、数据等的量化研究成为人文研究的趋势之一,定量和定性混合的研究成为当下人文研究的现状。

　　人文研究与自然科学、社会科学等虽然都涉及关于人的研究,但其作为"一种独特的知识,即关于人类价值和精神表现的人文主义的学科"[6],是"以人类的信仰、情感、道德和美感等为研究对象的文科系的学科"[7],研究对象通常涉及文学、语言、艺术、历史、哲学等领域,且其"区别于严格科学的确定知识和知识断定的慎思判断"[4],这主要表现为:其不是将人视为"一种既成的事实性存在即当作一种'物'来研究,致力于发现支配人这种事实性存在的种种规律"[8],而是将人视为"一种始终未完成的存在物来研究"[8],在对自我的审视中探究人的本性,寻找人的自我实现方式,追寻人的全面发展。"与自然科学相对的人文科学的独立地位更为彻底的基础——这种独立性成为目前人文科学的叙事的中心——将会通过对整个人类世界的生动经验以及它与所有自然感觉经验的不可比性的分析而在这一工作中逐步得到发展。"[9]因此,人文研究的选题、论文写作、观点的形成等有着自己的特色。

7.2　论文选题的规范

人文研究是关于人的精神的研究,而关于人的精神的研究是一个永恒的话题。人的复杂性、抽象性、历史性与区域性特征等使得对这个永恒问题的探讨极具价值,但若论文选题过于抽象即研究对象不明确,或选题过于泛化即问题不聚焦,或选题过于天马行空即不切实际,或选题过于宏大即可完成性较低,或选题过于陈旧即缺乏前瞻性,或选题过于绝对化即缺乏开放性等都不利于论文的写作,即使投入了大量的时间、人力等资源,也很难做出有价值的研究。因此,在论文写作之前,需要做好选题工作。

一个合适的选题对于论文的顺利完成具有非常重要的战略意义,是推进学科发展的必要条件。爱因斯坦在《物理学的进化》第二章"机械观的衰落"中阐述了选题对于科学发展的重要性,在他看来,"提出一个问题往往比解决一个问题更为重要,因为解决一个问题也许是一个数学上或实验上的技巧问题。而提出新的问题、新的可能性,从新的角度看旧问题,却需要创造性的想象力,而且标志着科学的真正进步。"[10]同样地,新问题的提出、新的可能性的寻找、对旧问题的新审视等是人文研究的选题的突破口。

7.2.1　确定选题的方法

众所周知,一个好的选题意味着科研成功了一半。在确定选题之前,首先应当进行充分且系统的调研,调研至少包括学科知识和社会需求两个方面。学科知识可通过图书馆、数据库和检索工具、学术会议、学术报告、研究报告等渠道来搜集与整理分析,从本学科的研究历史、研究动态、研究论域、研究趋势、研究方法五个方面来展开。资料的调研要注意资料搜集的全面性与资料挖掘的全面性,并以分层的模式进行研读,如围绕某一问题或概念的研究,应从现有的研究路径、学科布局、年份等展开宏观层面的阐释,应从研究的程度、研究观点的汇总中展开微观层面的阐释,力争做到历时性的整理与共时性的剖析相融合;社会需求的调研可通过对国内外热点与痛点问题、国家政策法规等的汇总与梳理来展开。在上述调研的基础上,撰写高质量的研究综述,凝练问题,为后续研究的开展奠定扎实的基础。此外,在撰写综述的过程中,可以采用文本顺序、主题分类、研究论域、研究路径等方式展开,且要尊重他人的研究成果,要客观、实事求是地评述已有研究、分析现实问题,不能为了某种目的而进行任何的隐瞒与淡化。

其次,就选题的确定而言,"基于学科发展、社会需求和自身的已有研究基础,结合研究的学术价值、社会影响以及可行性等确定研究题目。不应脱离学科规律、偏离社会需求而一味力求新意,盲目追求学科前沿、热点、难点而选择不切实际的选题,进而造成因选题不当而诱发的伪造、篡改与剽窃等行为。"[11]因此,研究人员可以从主观和客观两方面来确定选题,并注重选题的可行性。其中,"主观方面是指研究人员自身的知识积累与学术能力,对课题的兴趣、了解程度等;客观方面是指资料、时间、国家需求、学科需求、社会需求等。"[11]

最后,就选题的策略而言,人文研究的任务在于"揭示人文世界发生的现象以及人文现象发生过程的实质,进而把握这些现象和过程的规律性,并预见新的现象和过程,为人们在社会实践中合理而有目的地利用人文世界的规律开辟各种可能的途径。"[12]基于此,目前,各级职能管理部门如全国(或各省、自治区、直辖市)哲学社会科学工作办公室、教育部社会科学司、全国教育科学规划领导小组办公室、全国艺术科学规划领导小组办公室、中国(或各省、自治区、直辖市)科协等所发布的课题指南等指令性课题为选题提供了诸多可能性。与此同时,要严格区分国家重大攻关项目、集体合作项目和个人独立完成的项目,选择适合自己的研究能力与研究条件的选题。

7.2.2   选题应遵循的学术规范

首先,选题应有意义。"立足中国、借鉴国外,挖掘历史、把握当代,关怀人类、面向未来"[13]是我国哲学社会科学建设的立足点。人文研究的意义在于推进学科发展,为人的全面发展、人类社会的运作提供理论支撑。因此,选题应该具有理论意义与学术价值,但不能盲目夸大与虚构选题意义。

其次,要求真务实,不能主观臆造。在中共中央所发布的《关于加快构建中国特色哲学社会科学的意见》中指出:"充分体现继承性、民族性、原创性、时代性、系统性、专业性。"[13]人文研究虽然不是以实验的方式为主,但这不是意味着选题可以自由发挥,制造虚假命题,编造"学术盲点",而是需要依据时代问题与经典理论的融合,遵循逻辑自洽与资料翔实相结合的原则,在充分研判前人研究的基础上,寻找尚未解决的或者解决不充分、论证存在资料缺陷或逻辑不连贯的问题,以及伴随时代发展出现的而现有理论尚未应对或应对不充分的新现象等展开研究。

最后,选题应具有创新性,应避免低水平重复,避免在不知情的情况下陷入重复前人研究工作的尴尬境地。"所谓选题的创新性是指所选课题为目前尚未解决或尚未完全解决的、预期经过研究可获得一定价值的新成果的选题。因此,选题应注重探索前沿,要有特色和创新,体现有新观点、新理论、新方法、新技术等,不能单纯地仿造或略微改造已有的类似研究,不能停留在验证已有研究。"[11]关于此,可以通过如下方式确保选题的新颖性与原创性,使得选题具有创新性,如:

(1)面对相同或相近的选题,要充分掌握研究现状,避免诸如已有研究简单汇总模式的低水平或不知情重复。

(2)面对经典的概念或经典的问题,要注意国内外资料的系统挖掘,避免诸如因语言问题、时间问题等而造成的资料搜集不到位所带来的低水平或不知情重复。

(3)面对"新问题"或"新概念",要仔细审视其是否为真正意义上的"新",避免诸如以创造"新词汇"的模式表述无实质性研究的低水平重复。

(4)面对跨学科的研究,要充分了解跨学科的意义以及其他学科的研究现状,避免以跨学科的名义进行低水平或不知情重复。

7.2.3 选题应遵循的基本原则与伦理

选题应在结合自身优势、时代背景、学科历史与学科未来发展的基础上,遵循必需性、可行性、创新性与科学性的原则。必需性原则,即所选的研究主题应是当今社会或本学科自身发展迫切需要解决的关键性难题;可行性原则,即以现实条件为依据,选择切实可行的研究主题,切实可行应是研究生对自身的主观条件和现有的客观条件的综合思考;创新性原则,即突破传统思维模式的束缚,寻求、探索具有新意的研究主题;科学性原则,即选题应以相关的理论学说为先导,而不能与相对正确的理论学说相违背。[11]

与此同时,选题研究人员要注意选题的相关伦理问题。若选题相关的研究与访谈中涉及国家安全、人人隐私,或者需要使用涉及生物安全和生命伦理等问题的特殊材料与数据时,应进行许可审批,不能违背国家的政策、法规、条例与准则等的相关规定;若自己无法做出准确的判断,要及时向有关机构与部门咨询,以确保符合伦理要求。如瑞典人类学及社会学研究会提出"把拟定研究的各个方面,都告诉参与人;保证他们自愿同意参加,即'知情同意'原则;涉及个人信息的处理及存储,必须在尽可能严格的保密条件下进行;除为了该研究的目的外,不得将这些信息用于任何其他场合"的基本要求。[14]

就人文研究的访谈而言,知情同意、个人信息保护等被视为非常重要的伦理问题。在斯丹纳·苛费尔(Steinar Kvale)和斯文·布林克曼(Svend Brinkmann)所著的《质性研究访谈》(*Interviews: Learning the Craft of Qualitative Research Interview*)一书中,第四章以"质性访谈的伦理问题"为名,包含问题设计以及访谈过程中的知情同意、保密等伦理问题。[15]赫伯特·J. 鲁宾(Herbert J. Rubin)和艾琳·S. 鲁宾(Irene S. Rubin)在《质性访谈方法:聆听与提问的艺术》(*Qualitative Interviewing: the Art of Hearing Data*)描述了两种理想的访谈类型,一类为以探讨特定情境下所发生的事情为主的主题访谈(topic interview),另一类为以探讨普遍的、常规的、共同的经历(那些被视作理所当然的规范和价值观念、仪式),以及某个群体的期望行为为主的文化访谈(cultural interview)。[16]在这两种访谈中,选题与个人的价值判断、伦理取向等有着紧密的关系。对话伙伴的伦理责任是确保选题能否顺利进行以及是否有效的必要条件,但更为重要的是研究人员对科研的精确性和公正性的追求与被访者保护之间的张力。因此,研究人员除了考虑知情同意的伦理原则之外,还要"认真思考研究可能带来的伤害"[16],并高度关注相关的伦理要求。"研究的伦理要求不仅仅是符合伦理委员会的规定就可以,你应该提前学习伦理规范,查阅有关触犯伦理的案例,对研究可能带来的伤害变得敏感,你要预见研究成果的可能影响及被访者受伤害的可能性与程度。伦理委员会一般会要求研究不伤害任何人,但你的研究可能会关注那些确实需要被'伤害'的人,比如非法污染者或房东,他们可能会舍不得供暖,迟迟不对供暖设备进行必要的修理,也可能会不当存放有害物。你要考虑到这些可能性,综合权衡研究的预期回报与可能的伤害。"[16]

范明林等认为"最基本的伦理是研究对象的'知情权'和'受保护'的权利,这意味着要使研究者自愿作为研究对象,且研究者不能把研究对象置身于风险之中。研究者要在研究之前告知研究对象其个人信息、研究目的、研究内容及存在的风险等,并最好以文字的形式订立契约,作为研究对象知情同意的证据"[17]。在访谈的过程中,要坚守以下伦理原则:① 自愿,即在研究对象同意的情况下进行。② 真实,即研究者在梳理研究报告时要说"真话"。③ 知情,即在研究前,应清晰告诉研究对象研究的目的、需要研究对象何种支持等,让研究对象了解研究的基本情况。当研究对象在可能被贴上负面标签时,例如教育层次低、缺乏自理能力、心智不健全等,要尽量知会研究对象。在研究过程中,研究者若使用其他研究工具,例如录音、摄像等,不应欺瞒研究对象。④ 保密,即应对研究对象解释研究中的保密原则。⑤ 不批判,即应尊重、不歧视研究对象。⑥ 适当回报。[17]

此外,应处理好学术自由与学术自律的关系。《高等学校哲学社会科学研究学术规范(试行)》的总则中指出该规范是"高校师生及相关人员在学术活动中自律的准则"[1],第二十一条明确指出:"应大力倡导学术批评,积极推进不同学术观点之间的自由讨论、相互交流与学术争鸣。"[1]学术自由是促进学科发展、探究真理的必要保障,但学术自由并不是任意武断的阐释与论述,在人文研究选题的过程中,要特别注意政治与学术的关系,要自觉遵守学术规范,坚持慎思与审视相结合的理性批判,坚守学术伦理,承担学术责任。

7.3　研究的设计与规划

研究的设计与规划是展开研究的核心。人文研究由"通过感知描绘实在,这些主张构成了知识的历史成分""说明被抽象分离出来的这一现实部分内容的一致行为,这些主张构成了人文科学的理论成分"和"表达价值判断和预定规则,它们包含了人文科学的实践成分"三个层次组成,即事实、命题、价值判断和规则[9]。因此,人文研究的设计与规划要充分考虑上述三个层次的知识构成,在遵循科学性、规范性、创新性与统计学的原则[18]的基础上,注意研究内容、研究方法以及研究过程等的合理性与可行性。

7.3.1　研究方法的合理性与可行性

就人文研究而言,"自从培根那部著名的著作面世以来,各种各样讨论自然科学基础和方法的论文——特别是自然科学家向我们介绍他们在自然科学领域的研究的论文纷纷出现,其中最著名的是约翰·赫舍尔先生的介绍。对于那些广泛涉及了历史、政治理论、法学、经济学、神学、文学和艺术等各个方面的人来说,还需要其他人去履行此种类似的服务。"[9]那么,人文研究的方法应当是什么?韦尔海姆·文德尔班(Wilhelm Windelband)、亨里希·李凯尔特(Heinrich Rickert)、伽达默尔(Hans-Georg Gadamer)等从自然科学与人文科学的研究目的、研究对象等方面的不同之处出发,探寻属于人文的研究方法。

一般来讲,人文研究的方法依据不同的角度和标准主要可以分为如下四类:① 按研究对象质与量的规定性,可以区分为定性方法与定量方法。对于人文科学而言,采用定量分析方法存在着一定的困难,定性方法仍居主要地位。② 按方法的运用形式划分,有观察实验法、模拟方法、抽样方法。③ 按适用范围来划分,可分为一般的方法、特殊的方法。④ 根据综合因素划分,可分为经验方法(社会调查法、观察实验法、案例分析法)、文献方法(文献计量学法、历史方法、内容分析法)、逻辑方法(比较方法、分析与综合法、归纳与演绎法)和现代方法(统计方法、形象思维法、系统方法)[19]。

从人文研究的构成与目标来看,韦尔海姆·狄尔泰(Wilhelm Dilthey)在《人文科学导论》(*Introduction to Human Sciences*)中指出:"根据人文科学主旨,以历史批评的方式,建立一种研究必需的具体程序的价值。人文科学中知识的本性,必须通过对人类发展的全部过程的观察加以说明。"[9]因此,人文研究需要在理性思辨的基础上,采取理论和实践相结合、历史与逻辑相统一、抽象与具体相契合、文本与体验以及观察相融合的方式来阐述与分析人性。基本的研究方法主要有:

(1) 文本分析。"在印刷术产生及获得足够的速度后的历史研究中,我们能够运用统计方法分析图书馆的材料,从而测量文化智力运动的强度及给定社会时期的兴趣分布。"[9]事实上,比拥有文本更重要的是对文本的分析,特别是在大数据时代,海量数据库使得拥有文本更为便捷,然而,真正的研究需要对文本科学分析。就文本分析而言,应采用批判性的视角,从泛读到精读。通过初步对文本的构思、创新之处的泛读来确定是否需要精读,并在这个阶段进行文本的分类整理,为后续研究提供属于自己的搜索引擎与数据库。若需要,就对文本的语言、观点、内在逻辑、所使用的材料等进行系统挖掘,解读出文本的价值,并在此基础上,结合自己的选题、体验、知识储备等超越碎片式的文本整理与"挖矿"式的文本汇集,走向依据自己的研究规划去驾驭文本,如文本的转化与凝练等,形成属于自身所选研究主题的文本逻辑。

(2) 辩证思维。关于人性的研究是一项系统且答案多元的工作,因此,关于某一问题、某一观点、某一材料等的解读要借助归纳与演绎、分析与综合、抽象与具体以及比较的方法,采用辩证思维的方式展开。以思辨研究法对命题的解析为例:首先,对命题的前件展开分析,探讨命题前件的确切意义所指;其次,对命题的后件展开分析,了解其具体所指;再次,通过事实资料(包括历史事实和文献资料等)对前件和后件之间的关系进行比较、分析、鉴别,检验前件是否包含后件中的所有内容;最后,得出结论和建议,分析该命题能否成立和成立的具体条件。[12]

(3) 社会实验。对人类发展过程的观察和说明是人文科学知识的本性,通过社会实验观察人类生活、实践等是探究人文规律的重要依据。在社会实验的过程中,作为研究人员要具备如下三个条件:"智力,对获取资料有强烈的愿望,具备观察方面的知识和经验,善于分析社会现象,等等;体力,要有良好的身体条件才能胜任观察工作;道德,观察者必须摒弃偏见,公正无私。"[19]

(4) 案例分析。案例分析是"通过少数事例对特定课题进行研究的方法",其"出发点是必须有相关的事例,这些事例要完整、清晰,且最好处于不断发展之中。"[19]案例分析法可以体现研究的实践维度,并为理论提供鲜活的资料,但在选择案例的过程中,要注意案例的典型性、真实性以及相关性,不可臆造与片面节选。

(5) 新技术背景下的大数据方法。大数据的兴起带来了人文研究范式的变革,这种变革一方面表现为数据资源成了人文研究的重要资源,另一方面表现为对人文的数据化解读以及人文研究中的大规模数据分析能力的提升。合理利用大数据方法可以提升人文研究的效率,拓宽人文研究的视域,但要注意的是在人文研究的过程中要明晰人文研究的本质与数据在人文研究中的功能与效用,避免唯数据论。事实上,数据是人文研究的载体而非本质,数据赋能的本质在于助推人文研究探寻人性。

7.3.2　研究内容的合理性与可行性

"一套概念系统,一套背景知识,一套研究思路,一套评价标准"[20]被视为人文科学研究的前提条件,一项完整的研究内容如图 7-2 所示。

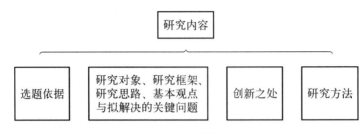

图 7-2　人文科学的研究内容

(1) 选题依据。即通过文献资料的查阅与梳理,系统阐述包括国内外相关研究的学术史、研究动态与研究状况在内的选题背景,阐明选题的学术价值与应用价值等。该部分为研究的合理性与可行性提供前期基础。

(2) 研究对象、研究框架、研究思路、基本观点与拟解决的关键问题。依据研究的总问题分出二级或三级等层级的子问题,并说明各级问题之间的内在逻辑。该部分是研究内容的核心,其为研究的合理性与可行性提供包括理论工具与逻辑基础等方面的保障。其中,就研究思路而言,可以采取"三面向—三跳出"[20]的方式,即要面向本文、面向现实、面向自我,同时也要兼顾面向本文与悬搁本文,面向现实与拉开间距,面向自我与跳出自我。

(3) 创新之处。研究的目的在于有所突破,取得创新。创新可以是新观点、新方法、新材料、新论证、新选题等,但要尊重已有研究,避免为了创新而创新的虚假创新。该部分是研究合理性与可行性的必要条件,简言之,无创新可言的研究是无意义的研究。

(4) 研究目标与研究计划。该部分旨在为研究的合理性与可行性提供进一步的详细规划,因此,需要在该部分阐明该研究预期的目标成果形式与研究成果所能带来的社会效用,并围绕时间和拟解决的问题两条主线制订研究计划。

(5) 研究方法。该部分为研究的合理性与可行性提供方法论的保障,没有恰当的方法,创新与拟解决关键问题都无法实现,具体的研究方法参照 7.3.1 节。

7.3.3　研究过程的合理性与可行性

研究过程一般为选题确立→文献搜集与研读→明确研究目标→制订研究计划(研究提纲)→论证并完成成果输出。"问题意识、学理意识和方法意识"[21]是人文社会科学研究者应有的研究意识。在研究的过程中,除了遵循一般的研究顺序与伦理规范之外，还应注意人文研究的特性。如：

（1）高质量的文献报告是研究过程中的首要环节。走出摘抄和罗列，带着问题去阅读，并按照自己的研究思路对所阅读文献进行解析，勾勒出具有自己思考的文献汇总，培养对文献的"悟性"。

（2）结合人文研究的学理特性，围绕选题提出问题，并合理划分问题模块，依据问题的难易程度以及问题之间的内在逻辑制订计划进度是确保研究可行的有效方式。其中，提出问题是推进研究进程的核心动力。

（3）注意所选题目的现实性与历史性、个体性与群体性、价值取向与事实陈述之间的关联。人文研究是"理解社会历史现实中的单一和个体、认识其形成过程中的一致性、为其未来的发展建立目标和规则。"[9]对人类历史的总结和凝练、对人类未来的预判会因时代、区域、主体等的不同而有所不同，因此，在研究过程中，要基于事实和理性，注意文献选取，注意时代问题与研究主题之间的动态联系，注意个人研究的价值判断、民族以及国家的价值底蕴与事实陈述之间的内在逻辑等。

7.4　文献资料的查阅与使用

文献资料的查阅与使用是人文研究的重要环节。选题的确定和所选课题的展开都离不开文献，"文献是记录知识的一切载体的统称，即用文字、图像、符号、音频、视频等手段记录人类知识的各种载体（如纸张、胶片、磁带、磁盘、光盘等）。"[22]因此，图书、期刊、会议文献、学术论文、会议录、地方志、年鉴、影像等均属于文献。

7.4.1　文献的分类、特点及其趋势

根据内容、性质和加工情况，文献可分为：① 零次文献，如书信、手稿、会议记录、笔记等未经正式发表或未形成正规载体的文献形式，以及未经过任何加工的原始文献，如实验记录、原始录音、原始录像、谈话记录等。② 一次文献，如期刊论文、研究报告、专利说明书、会议论文、学位论文、图书、政府出版物、科技报告、标准文献、档案等作者以本人的研究成果为基本素材而创作或撰写的文献。③ 二次文献，如书目、索引、文摘等文献工作者对一次文献进行加工、提炼和压

缩之后所得到的产物,是为了便于管理和利用一次文献而编辑、出版和累积起来的工具性文献。④ 三次文献,如综述、专题述评、学科年度总结、进展报告、数据手册等在一、二次文献的基础上,经过综合分析而编写出来的文献。[23]上述四种文献可以从不同的角度为研究的顺利展开提供材料,但各具特点。其中,零次文献具有客观性、零散性以及不成熟性等特点,一次文献具有创新性、实用性和学术性等特点,二次文献具有极强的工具性,三次文献具有情报研究的特征。

伴随科学技术的发展,文献呈现出了如下趋势:① 文献数量急剧增长。该趋势一方面丰富了文献信息资源,另一方面也给人们有效选择、利用文献获取所需文献造成了一定的障碍。② 文献内容交叉重复。现代科学技术交叉渗透,导致知识的产生和文献的内容也相互交叉,彼此重复。③ 文献寿命缩短,新陈代谢加速。④ 文献分布集中又分散。各专业之间的渗透与相互联系,导致文献资源的专业性质难以固定,会出现同一学科的论文分散在许多相关学科的刊物上,导致查找困难。⑤ 文献载体、语种及译文大量增加。[24]

7.4.2　人文研究的常用数据库与查阅方法

除了传统意义上的文献之外,数字化文献已经成为人文研究展开研究的一条重要途径。在数字时代,虽然文献的数字化使文献的获取更为便捷,但与此同时,海量数据库又为人文研究的文献查阅带来了数据过量的困扰。因此,需要了解人文研究的常用数据库,并知晓有效的查阅方法,进而有效助力研究。

1. 人文研究的常用数据库

中文数字资源。如中国知网(China National Knowledge Infrastructure, CNKI),文献资源包括学术期刊、学位论文、会议论文、报纸、年鉴、政府文件、科技报告等,网址为 https://www.cnki.net;万方数据库,该数据库收集了涉及多个学科的期刊、学位论文、会议论文、法律法规、科技成果、专利、标准和地方志等,网址为 http://www.wanfangdata.com.cn;超星数字图书馆,涉及哲学、宗教、社科总论、经典理论、民族学、经济学、自然科学总论、计算机等多个学科门类,从该数据库阅读图书全文需要下载安装专用阅读器——超星阅读器,网址为 https://www.sslibrary.com;国家哲学社会科学学术期刊数据库,该库是国家社会科学基金特别委托项目,由全国哲学社会科学规划领导小组批准建设,中国社会科学院承建的国家级、开放型、公益性的哲学社会科学信息平台,具体责任单位为中国社会科学院图书馆(调查与数据信息中心),网址为 http://www.

nssd. cn/；中国高校人文社会科学文献中心（China Academic Social Sciences and Humanities Library，CASHL），该库是唯一的国家级人文社会科学外文期刊保障体系，是教育部根据高校人文社会科学的发展和文献资源建设的需要而建，网址为 http://www. cashl. edu. cn；中国人民大学复印报刊资料系列数据库，该库涵盖人文社会科学各个学科和分类科学、历史资源与最新研究成果，是兼收并蓄的完备的社科信息数据库体系，网址为 https://www. rdfybk. com。

外文数字资源。剑桥电子期刊和电子图书数据（Cambridge Core），网址为 https://www. cambridge. org/core；爱思唯尔电子百科图书（Elsevier e-MRWs），网址为 https://www. sciencedirect. com/browse/journals-and-books；爱思唯尔电子书刊数据库（Elsevier ScienceDirect）网址为 https://www. sciencedirect. com/；哈佛大学出版社电子书（Harvard University Press eBooks），网址为 https://www. degruyter. com/；JSTOR 电子书和电子期刊，网址为 https://www. jstor. org/；牛津学术专著在线（Oxford Scholarship Online，OSO），网址为 https://www. universitypressscholarship. com/；以及 ProQuest、Sage、施普林格（Springer）等系列数据库等。

此外，诸如谷歌学术（http://scholar. google. com）、百度学术（http://xueshu. baidu. com）等学术搜索引擎也可以进行文献资料的查阅。

2. 人文研究文献资料的查阅原则与方法

当今，文献的查阅主要以信息化检索的方式进行。然而，文献的快速增长使得需要通过有效的文献检索方法避免研究重复，以节约人力、财力与物力，提升科研的成功率与效率。

在查阅文献资料的过程中，首先，应遵循学科研究的道德规范，注意文献调研的充分性、客观性、动态性与规范性。所谓充分性是指要进行充分的文献调研工作，需将所搜集资料进行分类整理与甄别，尽量通过相互印证、调查数据来源等方式去伪存真，为后续研究工作的开展提供必要的知识积累，并有助于避免研究工作的重复、研究资源的浪费，进而确保其选题的创新性。客观性是指在文献查阅的过程中，应遵循客观性原则，尊重已有的研究，并公正、公平地对待已有的研究，既不能断章取义，也不能为凸显自身的研究工作而刻意将某些文献资料规避、隐瞒、淡化等。动态性是研究者要随时关注学界动态，依据研究选题与进展不断补充文献，不能因个人原因而遗漏或忽视新的研究成果。规范性是指应依据学术规范对所查阅文献进行综合和诠释，要规范地使用文献（包括电子数据库)、准确地翻译外文文献、系统地梳理与归纳文献。

其次,查阅的方法有聚合模式和分类模式等。聚合模式有助于最大化地掌握选题的相关资料。如为满足全校师生随时随地访问学术文献电子资源的需求,上海交通大学图书馆基于学校统一身份认证系统和中国教育科研计算机网统一认证与资源共享基础设施(CARSI)开发了学术资源文献聚合访问服务,该聚合服务将复杂的操作封装在服务中,简化了用户的操作,实现了一键直接跳转,学校师生无须登录学校 VPN,便可通过统一身份认证账号及密码直接访问中国知网、Web of Science、Springer、IEEE Xplore、ScienceDirect 等图书馆购买和试用的学术文献电子资源,可用的数据库有 33 个。分类模式按照学科群、学科等细分的方式进行查阅,有助于进一步精准地获取文献。如图 7 - 3 所示,以学科群的分类方式进行检索,与当今的学科发展现状和趋势紧密契合。在当今社会日益技术化和技术日益社会化的趋势下,关于某一问题或某一概念的阐述越来越需要跨学科协同作战,上海交通大学将"人文与科技交叉"作为一个检索项,为上述问题的解决提供了便利的平台。如图 7 - 4 所示,按照学科分类,以哲学为例,可以精准查阅到学科的研究情况。按照学科群+学科+资源类型+文献类型+语种的分类方式进行查阅可以进行多次的细化,如图 7 - 5 所示。

图 7 - 3   以学科群的分类方式进行检索

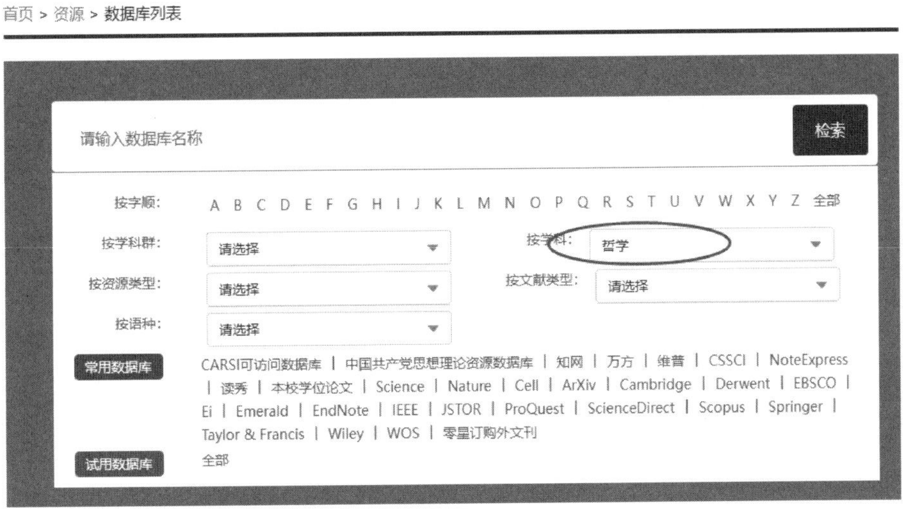

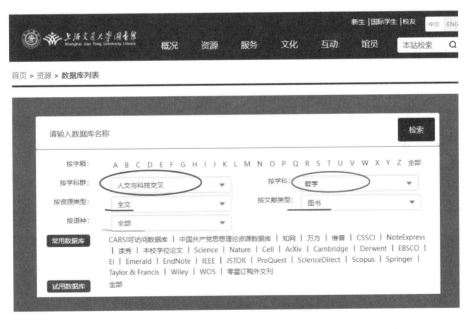

图 7－4 以学科的分类方式进行检索

图 7－5 以学科群＋学科＋资源类型＋文献类型＋语种的分类方式进行检索

7.4.3　文献资料的合理使用

1. 充分利用数据库的特征,有效解析文献资料

为了避免海量数据带来的文献查阅不便,可利用数据库自带的分析工具进行有效解析,以中国知网为例,可以利用可视化的方式,研判所选题目的学术状态。以主题的方式遴选该选题的核心要素,抓取出研究的关键问题;以发表年度与发文量相结合的分布图,了解该选题的研究单位与时间分布特征,梳理出研究的空间与时间特征;以研究层次解析该选题的研究属性,精准定位研究;以学科分布状态掌握该选题所将涉及的学科群以及占主导地位的学科,进而在跨学科与新文科的背景下,避开文献盲区与文献过量的困扰。

2. 以符合学术规范的形式合理使用文献资料

基于文献资料的研究是人文研究的重要方式,如何合理使用文献资料是从事人文研究的人员必须了解的基本知识。文献资料的引用、使用场景或目的若违背了现有的规范、法规等,均为不合理使用。《中华人民共和国著作权法》第二十四条规定:"为介绍、评论某一作品或者说明某一问题,在作品中适当引用他人已经发表的作品",这种引用"可以不经著作权人许可,不向其支付报酬,但应当指明作者姓名或者名称、作品名称,并且不得影响该作品的正常使用,也不得不合理地损害著作权人的合法权益"[25],在上述规定中,指出了适当引用的条件。在 2007 年 1 月 16 日中国科协七届三次常委会议审议通过的《科技工作者科学道德规范(试行)》中,第二十条将"侵犯或损害他人著作权,故意省略参考他人出版物,抄袭他人作品,篡改他人作品的内容;未经授权,利用被自己审阅的手稿或资助申请中的信息,将他人未公开的作品或研究计划发表或透露给他人或为己所用"[26]视为学术不端行为。

因此,文献资料的合理使用应尊重他人研究,尊重知识产权,尊重文献原意,不可断章取义,不得抄袭与剽窃他人的观点,严格区分原创与转述,严格区分原始文献与研究资料,严格区分直接使用与间接使用,严禁使用语言转换的形式掩盖原创,严禁将导师、授课教师以及同行之间沟通交流但尚未发表的思想或观点未加说明而在自己的研究中随意使用等。使用公开发表的文献资料需注明出处,且出处应准确无误并具有可追溯性。尽量使用一手文献资料,避免转引。对于尚未公开发表的文献资料包括手稿、书信、聊天记录、讲座内容、访谈实录、课

堂教学等,需在征得作者的同意后,并在保障作者权益的基础上使用。针对同一文献存在多版本的情况,"引用者必须将所引文字或观点的出处给出清晰的标示,便于读者核对原文。在标注引文出处时,不得作伪。掩盖转引,将转引标注为直接引用,引用译著中文版却标注原文版,均属伪注。伪注属于学术不端行为,不仅是对被转引作品作者以及译者劳动的不尊重,而且也是学术态度不诚实的表现"。[2]

7.5　学术成果的形成与发表

7.5.1　学术成果的形成

人文研究的特性,应从文科理论研究的三个基本维度来看:向上的兼容性,即人类认识史的总结、提炼、结晶和升华;时代的容涵性,即思想中的时代;以及,逻辑的展开性。[20]因此,在学术成果的形成过程中除了一般意义的学术伦理之外,要注意包括文字使用、标点符号、数字、图表等形式的规范性,将问题意识贯穿在整个研究之中,以问题为切入点谋篇布局,使论文结构完整,避免观点堆砌、资料堆砌、现象罗列、理论空洞,控制伦理风险,坚持价值引领,避免歧义。综上,即应从学术成果形成的形式、方式与伦理等方面助推高质量的研究。

比如,就学术成果形成中的形式而言,《高等学校哲学社会科学研究学术规范(试行)》第十二条明确指出"学术成果文本应规范使用中国语言文字、标点符号、数字及外国语言文字"[1];学术成果应使用专业术语,且清晰、简洁、质朴、不晦涩;观点表达要用语准确、理性,切勿以理论套现象的方式进行空洞的演绎;关于学术观点、材料等的质疑与批评应公正、客观、有理有据、逻辑严谨;研究结论的语言应中肯不失公允,可犀利但不得谩骂,可锋利但不得偏颇与武断;要注意引用与注释规范,具体可参见《高校人文社会科学学术规范指南》第四部分关于学术引用的作用、规则、引用与注释的内容与格式、参考文献的标注[2]。《信息与文献　参考文献著录规则》(GB/T 7714 - 2015)可以作为模板。

就学术成果形成的方式而言,可以从"解释原则的创新、概念框架的构建、背景知识的转换、提问方式的更新、逻辑关系的重组"[20]五个方面进行探讨。其中解释原则的创新为最高级别,但无论哪种方式都不得出现《高校人文社会科学学术规范指南》所列举的学术不端行为:① 抄袭剽窃、侵吞他人学术成果;② 篡改他人学术成果;③ 伪造或者篡改数据、文献,捏造事实;④ 伪造注释;⑤ 没有参加创作,在他人学术成果上署名;⑥ 未经他人许可,不当使用他人署名;⑦ 违反正当程序或者放弃学术标准,进行不当学术评价;⑧ 对学术批评者进行压制、打击或者报复等。[2]

就学术成果形成的伦理而言,文献的引用要合乎学术规范,"凡接受合法资助的研究项目,其最终成果应与资助申请和立项通知相一致;若需修改,应事先与资助方协商,并征得其同意"[1],数据的获取、采集与挖掘要遵循伦理原则。如在以访谈或口述方法形成研究成果的过程中,研究者应以合乎伦理的方式获取资料,要明晰受访者、公众、专业本身、赞助机构与档案馆等享有的权利和义务[17]。

7.5.2　学术成果的发表

关于学术成果的发表,教育部的相关文件制定了系列规范,如《高等学校哲学社会科学研究学术规范(试行)》在第九条至第十六条关于学术成果做出如下规范:

(九)不得以任何方式抄袭、剽窃或侵吞他人学术成果。

(十)应注重学术质量,反对粗制滥造和低水平重复,避免片面追求数量的倾向。

(十一)应充分尊重和借鉴已有的学术成果,注重调查研究,在全面掌握相关研究资料和学术信息的基础上,精心设计研究方案,讲究科学方法。力求论证缜密,表达准确。

(十二)学术成果文本应规范使用中国语言文字、标点符号、数字及外国语言文字。

(十三)学术成果不应重复发表。另有约定再次发表时,应注明出处。

(十四)学术成果的署名应实事求是。署名者应对该项成果承担相应的学术责任、道义责任和法律责任。

(十五)凡接受合法资助的研究项目,其最终成果应与资助申请和立项通知相一致;若需修改,应事先与资助方协商,并征得其同意。

(十六)研究成果发表时,应以适当方式向提供过指导、建议、帮助或资助的个人或机构致谢。[1]

《高校人文社会科学学术规范指南》在关于"成果呈现规范"的部分针对成果发表做出如下规定:

1. 遵守法律

人文社会科学工作者应严格依照《中华人民共和国著作权法》及相关法律法规(进行)学术成果的发表、引用、改编等事宜。

2. 避免一稿多发

稿件原则上只能在一个刊物上发表,避免一稿多发。鉴于当前不同刊物处理稿件的不同规定,投稿应注意以下情况:

(1) 由于无法掌握发表情况同时向多处投递稿件,在第一次发表后,应立即通知其他投递处停止处理稿件,如其他刊物已经处理无法撤稿又同意重复用稿,一般应公开说明首次发表情况。超过刊物退稿时间而突然发稿形成一稿两投,责任在刊物不在作者。

(2) 同意刊物转载已经发表的稿件,应明确要求刊物注明"转载"字样,并公开说明原刊载处。

(3) 未经正式出版的学术会议论文集刊登的稿件,可以再次在其他正式刊物上发表。正式出版的学术会议论文集刊登的稿件再在其他刊物上发表,应征求主编与出版部门的意见。

(4) 论文公开发表后收入论文集,应注明原来发表的出处。

7.5.3 成果署名

《高校人文社会科学学术规范指南》规定:

1. 个人论著

个人发表学术论著,有权按照自己意愿署名。没有参与论著写作的人,不应署名。不应为了发表论文随意拉名人署名;主编、导师没有参与论文写作,又没有直接提供资料和观点,不应要求或同意署名。

2. 合作论著

合作论著应联合署名,署名次序应按对论著的贡献排列,执笔者或总体策划者应居署名第一列,不可按资历、地位排列次序。贡献大致相同者也可按音序或笔画排列,由于承担义务和权利与署名排序有关,不按贡献排序时,需要明确说明,在这种情况下,署名人均可按第一顺序呈报成果。学位论文作为专著出版时,应由完成者署名,导师的观点和指导作用可在书中相关部分用注释或在前言、后记中说明。师生合作的论文视所起主要作用决定署名先后。学生听课后协助导师整理的讲稿,不应要求署名,更不可未经导师许可,用自己的名义发表,其整理的功劳可在相关处由作者说明。署名者必须对成果承担相应的学术责任、道义责任和法律责任。

3. 向资助者致谢

成果经政府部门、学校、企业或私人资助完成,公开发表时应在相关部分加以说明。[2]

7.6 本章总结

本章节基于人文研究与自然科学研究、社会科学研究的不同,指出人文研究的选题策略、规范与原则。通过四个方面对确保选题的新颖性与原创性,通过研究内容、研究方法以及研究过程等的合理性与可行性确保研究设计与规划的可执行性,通过对文献的分类、特点以及趋势的了解,在知晓人文研究的常用数据库与查阅方法的基础上,以符合学术规范的形式合理使用文献资料,撰写高质量研究综述,并从学术成果形成的形式、方式与伦理等方面助推高质量成果发表。

思考与练习

练习与简答

1. 人文研究与自然科学研究、社会科学研究的区别是什么?

2. 人文研究选题应遵循的基本原则有哪些?

3. 如何避免低水平的重复?

4. 简要说明文献的类型及其特点?

5. 人文研究的选题应注意哪些方面?

6. 人文研究学术成果的形成应注意哪些方面?

📰 **思考与讨论**

1. 如何看待人文研究中关于某一问题的结论具有多样性？
2. 如何理解人文研究的建构性与客观性？

参考文献

［1］教育部. 教育部关于印发教育部社会科学委员会《高等学校哲学社会科学研究学术规范（试行）》的通知［EB/OL］. （2004 - 08 - 16）［2023 - 5 - 30］. http：//www. moe. gov. cn/srcsite/A13/moe_2557/s3103/200408/t20040816_80540. html.

［2］教育部社会科学委员会学风建设委员会. 高校人文社会科学学术规范指南［M］. 北京：高等教育出版社，2009.

［3］教育部. 教育部《新文科建设宣言》正式发布［EB/OL］. （2020 - 11 - 03）［2023 - 5 - 30］. https：//news. eol. cn/yaowen/202011/t20201103_2029763. shtml.

［4］萧俊明，贺慧玲，杜鹃. 人文科学的全球意义与文化的复杂性：多学科进路［M］. 北京：中国书籍出版社，2019.

［5］伽达默尔 H-G. 真理与方法：哲学解释学的基本特征［M］. 王才勇译. 沈阳：辽宁人民出版社，1987：3.

［6］《简明不列颠百科全书》编辑部. 简明不列颠百科全书：第 6 卷［M］. 北京：中国大百科全书出版社，1986：760.

［7］张光忠. 社会科学学科辞典［M］. 北京：中国青年出版社，1990.

［8］汪信砚. 人文社会科学研究的学术规范与学风建设［J］. 江汉论坛，2009(12)：114.

［9］韦尔海姆·狄尔泰. 人文科学导论［M］. 赵稀方译. 北京：华夏出版社，2004：9.

［10］阿尔伯特·爱因斯坦，利奥波德·英费尔德. 物理学的进化［M］. 周肇威译. 北京：中信出版社，2019：90.

［11］复旦大学研究生院. 研究生学术行为规范读本［M］. 上海：复旦大学出版社，2019.

［12］杨吉兴，韩艳，欧阳询. 人文科学概论［M］. 武汉：华中科技大学出版社，2017.

［13］中共中央. 关于加快构建中国特色哲学社会科学的意见［EB/OL］. （2017-05-16）［2023-5-30］. http：//www. gov. cn/xinwen/2017-05/16/content_5194467. htm.

［14］曹南燕. 他山之石，可以攻玉：西方发达国家人文社会科学研究学术规范述评［J］. 中国政法大学学报，2007(1)：113.

［15］斯丹纳·苟费尔，斯文·布林克曼. 质性研究访谈［M］. 范丽恒译. 北京：世界图书北京出版公司，2013.

［16］赫伯特·J. 鲁宾，艾琳·S. 鲁宾. 质性访谈方法：聆听与提问的艺术［M］. 卢晖临，连佳

佳,李丁译. 重庆：重庆大学出版社,2010.

[17] 范明林,吴军,马丹丹. 质性研究方法[M]. 2版. 上海：格致出版社,2018.

[18] 张伟刚. 科研方法论[M]. 天津：天津大学出版社,2006：69.

[19] 徐炼,张桂喜,郑长天. 人文科学导论[M]. 长沙：中南工业大学出版社,1998.

[20] 孙正聿. 我国人文社会科学研究的范式转换及其他——关于文科研究的几点体会[J]. 学术界,2005(2).

[21] 劳凯声. 人文社会科学研究的问题意识、学理意识和方法意识[J]. 北京师范大学学报(社会科学版),2009(1)：10.

[22] 蔡丽萍. 文献信息检索教程[M]. 2版. 北京：邮电大学出版社,2017：3.

[23] 韦剑锋. 科技论文写作与文献检索[M]. 天津：科学技术出版社,2017：18-19.

[24] 徐军玲,洪江龙. 科技文献检索[M]. 上海：复旦大学出版社,2004：9-10.

[25] 中华人民共和国著作权法[Z/OL]. (2020-11-19)[2023-5-30]. http://www. npc. gov. cn/npc/c30834/202011/848e73f58d4e4c5b82f69d25d46048c6. shtml.

[26] 中国科协. 科技工作者科学道德规范（试行）[S/OL]. (2007-03-26)[2023-5-30]. http://news. cctv. com/china/20070323/105158. shtml.

8 社会科学研究的基本伦理与学术规范[①]

8.1 前言与学习目标 ●————————————————————————●

自 19 世纪 30 年代法国哲学家、社会学创始人奥古斯特·孔德（Auguste Comte）建立实证主义哲学以来，社会科学研究强调实证主义思想之风日隆。该思想最基本的原则为："一切科学知识必须建立在来自观察和实验的经验事实基础上"[1]。在过去的一个多世纪里，社会科学的实证主义研究方式发展日新月异，形成了以定量分析、质性分析等为代表的实证研究范式。不同的实证主义方法通过各自的理论和研究手段获取知识信息，从而建立起了经验世界中有关社会、政治、经济等系统演变及其运行的基本知识谱系。

应当注意的是，"人"是社会科学知识体系的永恒主题。而社会科学实证研究方法的发展，很大程度上是为了更加准确地研究人、人所构成的社会，以及人作为个体和集体所面临的问题。为实现这一目的，社会科学研究就不可避免地需要更深入地介入被研究者的私域生活，去获取当下或是多个时段的经验数据，而在采集、保存和使用这些数据的过程中，社会科学研究的伦理问题自然就凸显出来。当代社会中，对建构社会问题并探寻相应解决方案的需求迅猛增长，伴随而来的研究伦理问题也日益尖锐。首先，我们可以将社会科学研究看作一个包含完整生命周期的生命体，对其在不同阶段中所涉及的伦理问题进行归纳。其次，我们还应该对社会弱势群体予以特别关注，厘清在对该类群体进行研究时应遵守怎样的伦理与规范。这不仅是因为弱势群体是诸多社会科学学科的重点研

① 编者：杨帆，上海交通大学国际与公共事务学院副教授。

究对象,更是因为对他们进行的研究往往更容易涉及研究伦理问题,甚至突破道德底线,影响社会科学研究活动的良性有序进行。同时,不同于自然科学,社会科学研究活动并不能将研究者以及研究者和研究对象的互动等人为因素完全摒除,这就尤其需要反思研究者的反身性(reflexivity)与自身属性(positionality)会如何影响研究结果。而这也是社会科学研究伦理中独特而重要的组成部分。

我们希望通过学习本章内容,学生能达成如下目标:

(1) 能够从生命周期的视角,剖析在社会科学研究的不同阶段可能遇到的伦理问题,并采取正确措施予以应对。

(2) 建立起对社会弱势群体进行研究时的伦理敏感,并从尊重自主、不造成伤害、带来益处和公平性四项研究伦理原则出发进行研究设计和操作。

(3) 能够批判性地反思研究者自身的社会阶层、性别等属性,以及研究者与被研究者的互动关系是如何影响研究的过程和结果的。

8.2　生命周期视角下社会科学研究中的伦理问题

研究伦理一般是指研究人员与合作者、参与者和研究环境之间的伦理规范和行为准则。一项完整且良好的研究,需要在研究开始之前获得伦理审批,并在研究全过程遵循较高的伦理准则。几个世纪以来,以伊曼纽尔·康德(Immanuel Kant)和约翰·斯图尔特·穆勒(John Stuart Mill)为代表的学者一直在思考伦理学的构成,此外,关于功利主义伦理观与绝对主义伦理观的价值判断也一直存在着相当大的争议。直到 20 世纪中叶,为涉及人类的研究建立通用的伦理标准作为一项专门的研究领域得到重视,特别是在纳粹德国对俘虏实施药物实验、美国塔斯基吉梅毒实验以及威洛布鲁克州立学校肝炎研究等极端案例发生后,学界进一步强调了对研究进行严格控制并制定规范化的研究指南的必要性,从而先后产生了 1946 年的《纽伦堡法典》(*The Nuremberg Code*)、1964年的《赫尔辛基宣言》(*Declaration of Helsinki*)和 1979 年的《贝尔蒙报告》(*The Belmont Report*)。这种发展导致了伦理委员会和研究治理的建立,用以规范生物医学和社会科学研究。从广义上讲,研究伦理已成为研究者及其研究对象或社会环境在学术研究中遇到的伦理问题。

社会科学研究由一系列科学步骤有机构成：始于研究问题，因严谨的研究设计而成为科学，因实地调查得以实施，最终止于研究结果[2]。研究伦理问题贯穿整个社会科学研究的生命周期，尽管目前的研究日益关注实证过程与结果呈现两方面的伦理，但更为"前端"的研究问题与研究设计的伦理尚未得到重视。在社会科学研究中从生命周期视角明确研究各阶段的伦理问题需要引起更多重视。

8.2.1 主题选择

虽然主题选择是社会科学研究的开端，但主题选择所涉及的研究伦理问题却常常被研究者所忽视。不当的主题选择会在研究开始时就带来严重的伦理问题，并对整个研究过程产生消极影响。比如，将犯罪嫌疑人、服刑人员、特殊行业从业者等特殊群体作为研究对象时，其基本权利便容易在研究过程中被侵犯；将毒品滥用、性文化、种族歧视等具有争议性的敏感话题作为研究主题时，参与者的个人基本权利也容易被侵犯。比如1970年劳德·汉弗莱斯（Laud Humphreys）从事的"茶室交易"研究。不仅如此，针对医疗机构、教育机构和社会福利机构管理等方面研究的伦理问题也应当得到额外关注，因为这些领域所涉及的人群相对特殊，不加注意则存在侵犯弱势群体或特殊群体的基本权利的风险。"社会科学只是提供了方法，但不会告诉人们应该以什么为目的"[3]，如果在追求知识生产的道路上"不惜任何代价"，就很容易触犯研究伦理并带来难以预料的危害。

案例 1　茶室交易研究

茶室交易研究（tearoom trade：impersonal sex in public places）是一项由社会学家劳德·汉弗莱斯在 20 世纪 60 年代末至 70 年代初进行的研究。该研究关注了在密苏里州圣路易斯市公共卫生间内进行的匿名男男性行为，也称为"茶室"。为了解同性恋这一隐蔽群体在公共场所的性行为，汉弗莱斯充当公厕"把风望哨"角色以掩盖自己的研究者身份，进行了长达一年的暗中观察，并记录下男性进行匿名性行为的情况。在观察过程中，作者选择了一些参与匿名性行为的男性，偷偷记下其车牌号，从而追查到其姓名和住址，一年后以其他研究调查为借口，询问他们的动机和看法。

这项研究当时被认为是开创性的，因为它揭示了一个以前缺乏研究和被偏见影响的人类行为方面。汉弗莱斯观察和记录了参与这些性行为的男性的行为,并且后来对其中一部分参与者进行了深入的采访,以更好地了解他们的动机和经历。该研究的一个关键发现是,大多数参与者都是已婚的、"体面的"社会成员,这挑战了社会对这类行为参与者类型的假设。该研究还涉及了性身份和污名化的问题,以及这些匿名交往中存在的权力关系。

　　总的来说,茶室交易研究是社会学和性学领域重要的、有影响力的作品,一直以来被广泛引用和讨论。然而,虽然作者采取措施保护研究对象的个人材料不被泄露,但该研究的方法已被批评违反了伦理准则:没有事先征得研究对象的同意,使用了欺骗的手段,侵犯了参与者的隐私权和个人信息权等。①

　　中国越来越重视从经济社会的角度看学术界的问题,特别是有关"唯文凭""唯论文""唯帽子"等顽疾及其破解问题,这在 2018 年以来我国多个部门联合下发的《关于规范高等学校 SCI 论文相关指标使用 树立正确评价导向的若干意见》和《关于进一步弘扬科学家精神加强作风和学风建设的意见》等多个文件中得到了体现。如果研究者在学术功利主义的驱动下,不考虑自身资源和研究素养就"贸然"选择敏感性或有争议性的研究问题,甚至是反人类的研究问题,例如人类基因编辑的研究,很可能会掀开陷入研究伦理"泥沼"的"总开关"。

8.2.2　研究设计

　　作为连接研究问题和研究结果的重要环节,研究设计如果不完善,则很容易引发伦理问题。研究设计是通过设计一套科学、严谨的逻辑顺序,有效地连接研究材料、研究问题和最终结论。在实际的研究过程中,研究设计的规范和完整程度对于避免研究的伦理风险起着重要作用,特别是在实证研究和公开研究结果方面。如果没有合理的研究设计,或者设计不完善,很容易导致伦理风险。

　　为了防止科学研究违反伦理规范,英国、美国等西方国家设立了伦理审查机构并制定了伦理规范,以管控研究者的研究行为。研究者在进行研究前需要对研究计划进行设计并经过学校、医院、研究机构或政府部门等的伦理审查机构的审查。美国研究者遵循的伦理原则主要参照了 1979 年被美国国会通过的《贝尔

---

① 　修改自 HUMPHREYS L. Tearoom trade: impersonal sex in public places[J]. Society, 1972,7(3): 10-25.

蒙报告》所规定的"尊重自主""有益""公正"等三项原则。在伦理审查的内容上，研究者需要考虑研究方法和对象的选择、隐私和信任的保护、弱势群体的保护、动物和环境的保护等方面。然而，西方国家对伦理的规定仅仅是原则性的。我国也建立了相关的伦理审查机构和审查制度，但起步较晚，还在逐步完善中。由于东西方的科研伦理审查还存在漏洞和不足，违反科研伦理的事件常有发生，很多研究者并未重视伦理设计，有的研究者为了获得研究优势而选择弱势群体作为研究对象，更有甚者对研究对象进行诈骗。

不同的研究方法存在不尽相同的潜在伦理问题：

1. 实验法应用中的伦理问题

实验法可能会对参与者造成损害，因为它难以充分考虑参与者的知情同意权和最大利益权。它可能违反了诚实公开的信用原则和公平公正的社会价值观。对于任何与人相关的实验，都存在伦理上的困难。告诉参与者研究的目的和方法，并给予他们知情同意权，是非常必要的。但是，为了获得参与者的真实自然的行为反应，社会科学研究者常常采用实验室实验方法，并隐瞒实验的真实目的。这些实验可能对参与者造成身体和心理上的伤害，以及影响他们的个人发展，甚至让他们做出不道德的行为，例如 1961 年美国心理学家米尔格伦（Milgram）的"权威服从实验"。

案例 2　权威服从实验

权威服从实验是 1961 年耶鲁大学心理学助理教授米尔格伦进行的一项心理学实验。首先，实验者选择一名志愿者作为"学生"。实验者告诉志愿者，他将参加一个心理学实验，并扮演"学生"的角色。接下来，另一名志愿者被安排扮演"教师"。实验者给"学生"一份测试卷，并告诉他，他需要回答问题并且需要在"教师"的指导下完成。"教师"按照实验者的指示，要求"学生"回答问题。如果"学生"回答错误，"教师"给予"学生"电击惩罚，并要求"学生"继续回答问题，实验者观察"学生"对"教师"的服从程度。如果"学生"继续服从"教师"的要求，并接受电击，实验者可以得出结论：在权威人物的影响下，人们很容易对权威性行为进行服从。

结果表明，大多数参与者在被要求时会服从权威，并接受电击，即使他们明知这可能对自己造成严重伤害。实验结果受到了广泛的争议，一些人认为它揭示了人类对权威的服从行为，而另一些人认为它是对人类道德的不尊重。

　　权威服从实验已成为心理学研究中的重要课题，并在许多方面仍然有意义，例如研究组织中的领导行为、政治和军事领导等。但是，由于实验的伦理问题，如今它不再被允许进行。虽然该研究有极高的学术价值，却因对参与者进行隐瞒，并给参与者带来极度的情绪困扰而招致批评。[①]

　　2. 观察法应用中的伦理问题

　　观察法比其他方法容易侵犯参与者的隐私权和匿名权。观察法分为参与式和非参与式两种。非参与式观察法是民族志研究中搜集数据的主要方法之一。研究者进入参与者生活或工作领域，系统收集数据与资料，以避免研究者对参与者强加任何意义。参与式观察法可以根据研究者的身份是否公开，分为隐蔽型和公开型两种。由于担心参与者在知道自己被观察后会改变行为，或者因为研究内容敏感，研究者常常选择隐蔽型参与式观察法，这是最具有争议的观察方法，例如，1973 年的罗森汉恩实验（Rosenhan Experiment）因研究者欺骗行为等伦理问题引发了巨大争议。

案例 3　罗森汉恩实验

　　罗森汉恩实验是一项由心理学家罗森汉恩（David Rosenhan）于 1973 年进行的实验。它的目的是证明精神病院的诊断和评估方法存在严重的缺陷，这项实验对精神卫生诊所的工作方式产生了深远的影响。

　　该实验由罗森汉恩和其他 8 位心理学家作为志愿者秘密参与，他们自称有精神病症状并且表现出"聆听冥想"的症状，即听到无实际存在的声音，进入了 12 家精神病院。但是实际上，他们均健康状况良好，没有任何精神疾病的迹象。在精神病医院内，这些志愿者们被诊断为患有精神疾病，并在长达 19 天到 52 天的时间内接受治疗。其间，他们记录下精神科医生和护士对他们求助时的反应。实验结束后，罗森汉恩对精神病医院的诊断结果进行了分析，发现医生们误诊了所有志愿者，且没有任何一个医生能够正确诊断出志愿者的健康状况。

　　罗森汉恩实验表明，精神病医院对精神疾病诊断和治疗存在严重的问

---

① 修改自 BLASS T. The Milgram paradigm after 35 years：some things we now know about obedience to authority［J］. Journal of Applied Social Psychology，1999，29（5）：955-978.

题,并不能准确诊断病人的状况,也不能提供有效的治疗方案。实验也揭示了精神病诊断的主观性和不科学性,挑战了传统精神医学的观念和方法,并对当时精神卫生领域的诊断和治疗方法产生了巨大的影响,促使专业人员重新审视他们的工作方式。该实验也被认为是对心理学诊断的重要贡献,并对后来的研究和实践产生了深远的影响。①

3. 访谈法应用中的伦理问题

在使用访谈法的研究中,一个突出的伦理问题是研究者多重身份冲突导致的伦理选择困境。通过访谈法让参与者发表自己对研究现象的理解,表达自己的声音,是改变研究中权力不平等的有效方法之一。在访谈中经常面临的伦理问题包括:是否告知第三方研究中得知的违法犯罪信息或不道德行为;是否主动帮助陷入困境的参与者;甚至是否与参与者保持联系等。告知第三方会破坏研究者和参与者之间的信任关系;帮助参与者会影响研究结果;保持联系也会造成更多的伦理问题。同时,研究者在访谈中要积极建立和参与者的关系,寻找共鸣,但不能引导参与者说出他们原本不想说的感受,因为这样会超出研究范围,也可能造成参与者的难以愈合的伤痛。

案例 4　琳达·纳特的"两种身份"

琳达·纳特(Linda Nutt)是国家收养协会的工作人员,同时采用质性研究方法对收养人的日常生活进行了研究。在研究过程中她的专业身份与学术身份多次重合,使她不可避免地成为一个"戴着两顶帽子的人"。尽管她一直尽力把两种身份区分开来,但是发现十分困难,二者经常发生冲突。例如,她到一个收养人家里进行访谈,留意到屋里挂着一幅性暴露的画,而这与国际收养协会的规定相违背。经过深思熟虑,她告诉了当地有关部门自己对于那幅画的不安,以及它有可能会对被收养的孩子带来的影响。此时,她的社会工作者的专业身份压倒了研究者的学术身份,她在专业社会工作伦理规范指导下做出了选择,把孩子的安全放在对参与者保密的承诺之上。②

---

① 修改自 CHILAND C. Reflections of a child psychiatrist on the diagnosis and hospitalization in psychiatry of adults: an experience of David Rosenhan [J]. La Psychiatrie de l'enfant, 1992, 35(2): 421-479.

② 修改自侯俊霞,赵春清. 社会科学实证研究方法应用中的伦理问题剖析[J]. 伦理学研究, 2018(2): 6.

4. 问卷法应用中的伦理问题

以问卷形式采集数据的研究方法常常容易忽视对于弱势群体的保护。研究者通常在邀请信中预先告知参与者研究目的、方法、时间和要求等信息。这种量化研究相对于访谈法来说更加匿名，避免了人为刺激，同时不影响参与者的生活，看起来不像其他三种方法那样容易对参与者造成伤害。然而，在问卷设计和回答环节对脆弱人群（vulnerable groups）有特殊的伦理考量，需要引起研究者的重视。首先，参与者的自愿参与是社会科学研究伦理准则之一，在招募参与者的过程中需要考虑参与者的自愿性。在对机构进行问卷调查时，要注意负责人对参与者自愿参与的影响。这些负责人被视为数据搜集的"看门人"（gatekeeper），一方面可以帮助研究者找到参与者，但另一方面也可能导致参与者在受到威慑的情况下填写问卷，不仅损害研究伦理准则，还会降低研究结果的可信度。其次，在问卷设计环节要避免直接提出敏感性问题。

8.2.3 数据收集

伦理问题的考量贯穿整个社会科学研究过程，在收集数据时尤为重要。一般而言，数据收集环节涉及的伦理问题主要包括以下部分。

1. 知情同意

获得参与者的知情同意是研究项目开展的必要前提。知情同意是一种程序，潜在参与者在该程序中通过同意一套最低标准参与研究。1891 年，知情同意被正式应用于美国最高法院表示个体拥有自我决定权利的声明。20 世纪 50 年代后期，这一概念在美国医学界第一次得到使用，在社会科学研究中，几乎每个涉及人类的研究都采用知情同意，尽管动物不可能有知情同意权，但此类研究也用相关程序来确保对于动物的健康和人道待遇的恰当考虑。知情同意程序通常是伦理审查委员会职责的一部分，这些程序应在研究开始之前被研究人员纳入其研究计划中，并且在需要时反馈。

尽管因研究项目和机构不同，实际的知情同意书不尽相同，但普遍包括以下内容：① 对于研究的通俗易懂的介绍；② 给予参与者质询的机会；③ 给予参与者和家人或朋友讨论是否参与的机会；④ 对项目中关于参与者权利的有关事项进行说明，包括项目描述（资金来源、研究目的、研究目标、参与者作用等）以及首席研究员或伦理审查机构的联系方式；⑤ 让参与者清楚地了解到同意参与的具体内容以及参与开始和结束的时间。

知情同意书中常用的典型问题

（1）我已阅读指定研究的相关信息表格。

（2）我有机会就本研究提出质询问题。

（3）我了解本研究的目的，以及我将如何参与此项研究。

（4）我了解并接受，如果我参与研究，我可能不会从中获得任何直接的个人利益。

（5）我了解本研究中收集的所有信息将被保密，如果提交或发布，我的所有个人信息将被删除。

（6）本人确认，本人将自愿参加本研究，并理解本人可以在任何时候出于任何原因退出本研究，而不影响本人的健康或其他合法权利。

在获得知情同意的过程中，了解潜在参与者是否具有选择不参与的自主权与能力至关重要，也就是说，研究人员需要充分考虑参与者自身的情况以及他们是否可以主观选择不参与该项目。如果参与者无法选择，研究人员则需要重新评估参与研究带来的负担，以及对参与者和整个社会的价值。一般而言，研究者应当排除这些有疑问的参与者。

2. 保密与匿名

保密是指研究时不得泄露参与者的谈话内容，不得披露其姓名和角色，也不得让其他人根据线索猜测其身份。在数据收集和使用过程中，防止泄露参与者和招募机构身份是重要的伦理准则。当然，如果参与者希望公开自己的数据，可以在出版物中提到其姓名，但必须让其了解到数据的展示方式和使用场景。

匿名是指研究参与者的身份只被研究团队的指定成员知晓。最保险的方法是研究者不记录参与者的姓名。隐私的保护对于研究者和参与者之间的信任是至关重要的，这种信任关系又影响着研究的质量。只有研究者和参与者之间的信任情况良好，参与者才会遵照要求行事，坚持到研究结束并且准确回答问题。

实施匿名和保密并不像想象中那么简单。即使研究者使用化名隐藏参与者的身份，但是风险仍然会存在。如果研究所涉及的圈子很小，圈内人可能会从文字中识别出参与者。因此，一些关键信息，如地域、单位和社区等，需要被隐藏。比如，一项关于美国某大学女博士生和导师关系的质性研究，被发表在国际知名期刊的文章中，尽管大学名称没有被提到，但研究者（学生和指导教师）所在地与大学地点重合，读者很容易猜测出研究地点。文章中引用的故事可能被受访者的导师认出，导致不良后果。

研究人员应该认识到,当参与者的身份被泄露时,会对他们造成负面影响。如果未能保护好参与者的隐私,所造成的伤害是多方面的。例如读者知道了他们的身份,他们的行为就会暴露在公众的视线下,影响到他们的名誉和生活,这也是茶室交易案例中所揭示的风险。美国的一些案例表明,如果社会调查涉及非法活动,警方或法院会介入,要求研究人员披露信息,这时研究人员就面临困境。如果他们违反了保密诺言,就会置参与者于危险之中,也会影响未来的研究。

3. 诚信的现场调查

在调查过程中,研究人员与参与者的互动方式、数据收集方式对于研究伦理同样重要。例如,有关抑郁和焦虑的研究问卷中某些题目可能涉及参与者的自杀倾向,对参与者来说属于高风险题目,容易引起参与者对已往经历的痛苦回忆,还有可能使有潜在想法的参与者看到这个问题之后进行进一步思考,从而对参与者造成伤害。

此外,在使用定性方法调查时,研究人员应当保证不要过度引导受访者,而是通过"引导式对话"的方式,获得研究所需要的信息,这种方式下获得的数据仍然符合受访者的经验,并且排除了研究人员强加的先入为主的想法。因此,合乎研究伦理是研究方法得当的必要条件,并可确保数据具有较高质量,有助于为政策和实践提供有价值的信息。

4. 保护研究人员

在考虑研究伦理时,研究人员的安全常常被遗忘。某些形式的社会研究(特别是民族志)涉及不可避免的风险,但在很大程度上,大多数方法都可以利用特定的策略来确保研究人员不会面临风险。例如,采访精神病患者显然具有潜在的危险,因为研究人员经常需要独自去拜访受访者,而即使在研究人员家中访谈或调查,也存在各种潜在的人身安全风险。此外,开展这类研究,在调查之前通常对受访者的信息了解很少,甚至只知道他们的名字、地址和电话号码。在这种情况下,首先,最好让项目组成员(最好是同时从事同一项目的人,以避免保密问题)始终知道研究人员正在拜访的受访者信息;其次,研究人员应保证时刻具有联系紧急服务的能力与机会;最后,如果研究人员有任何理由认为受访者可能存在攻击或暴力倾向,那么有必要安排陪同人员。

8.2.4 数据分析

无论是基于调查统计数据还是定性访谈数据,研究分析都应当忠实于整体数据,并确保参与者的叙述得到准确表示。在定性研究中,无论是受研究人员先入为主等主观判断的影响,还是夸大部分数据记录的代表性,都会导致分析结果存在偏倚;在定量研究中,同样也可以通过选择部分统计数据或者选择不报告负面或矛盾的结果以加强特定观点,这些做法都违背了数据分析过程中的基本伦理准则。

在结果报告中,研究者要清楚、明白、完整地介绍自己的研究方法和研究过程中各种关键环节(尤其是运用调查研究法时)。研究者也有义务将研究设计的缺失及限制详细陈述,使读者和同行切实了解其研究的可信程度和研究结论的适用性。分析之后,客观诠释资料所代表的意义,并详实报道分析的结果。

8.2.5 研究结果传播

公开研究结果是评估研究者遵守研究伦理的重要途径,如果报告不当,很容易导致各种意想不到的伦理风险。首先,公开研究结果意味着研究者的道德伦理被以明确的文字形式展示在研究对象和公众面前,从而成为评价研究者伦理的重要标准。如果公开研究结果未采取保密和匿名措施,并且文字表述比较直白,那么研究者很有可能面临侵犯参与者隐私和形象权的风险。例如,1967 年出版的马林诺夫斯基(Malinowski)的《一本严格意义上的日记》(*A Diary in the Strict Sense of Term*)遗稿被发现描绘了原始部落生活中大量粗俗的内容,并采用了大量粗俗鄙夷的语言。有研究者指责说:"马林诺夫斯基从墓中发出的声音使得这个关于人类面临职业伦理困境的话题更具戏剧性"[4]。即使没有明确指名道姓,各种文字描述和术语也可能通过暗示等方式使研究对象和其他参与者感到隐私受到侵犯。

其次,研究者需要面对数据造假、学术盗用、腐败等方面的伦理问题。比如,美国社会学家怀特(Whiter)在 1955 年出版的《街角社会》被视为经典的实证研究,但另一位研究者拜欧伦(Byron)却在 19 年的时间内得出了不同的结论,指出怀特使用了错误的数据并存在欺骗行为[5]。

此外,公开研究结果也面临文本使用和解释、研究资料公开和使用、知识产权归属等方面的风险。2020 年我国教育部和科技部发布的《关于规范高等学校 SCI 论文相关指标使用 树立正确评价导向的若干意见》中提到,要规范 SCI 论文相关指标的片面、过度、扭曲使用现象,表明学术界越来越关注研究结果的公开和伦理问题。

最后,研究结果传播过程中要保护参与者的隐私,不仅需要采用技术手段进行匿名处理,还需要研究者承担社会责任,同时,更需要提高全社会的伦理意识。在报道、转述和开展学术讨论时,应该共同保护研究场域,保护参与者的隐私,不应为了增加事件的新闻效应而对参与者进行二次伤害。

8.3   社会弱势群体研究中的伦理规范问题 ————————•

本节首先来介绍一个著名的社会科学研究案例,即剑桥-萨默维尔青年研究(Cambridge-Somerville Youth Study, CSYS)。该调查被公认为犯罪学中第一个使用随机对照试验的研究项目,也是最早的社会项目随机实验之一。项目于1939 年 6 月正式启动,由哈佛大学教授里查德·克拉克·卡伯特(Richard Clarke Cabot)设计和主持。该项目的核心目标是预防社会弱势青少年犯罪,即通过生活顾问人员与青少年交朋友,对其进行指导与帮助,防止他们进行违法犯罪活动。此后,多项研究持续跟进剑桥-萨默维尔青年研究,以调查项目对犯罪和其他结果的影响以及在人们整个生命过程中导致犯罪的风险因素,包括 1948年埃德温·鲍尔斯(Edwin Powers)和海伦·维特默(Helen Witmer)的研究、1956年琼(Joan)和威廉·麦考德(William McCord)的研究、1975—1979 年琼·麦考德(Joan McCord)的研究。

案例 5   剑桥-萨默维尔青年研究

剑桥-萨默维尔青年研究是一项长期的社会心理学实验,始于 1939 年。该研究的目的是研究青少年犯罪行为的形成原因,以期找到预防犯罪的方法。

研究者联系了马萨诸塞州剑桥和萨默维尔公立学校的负责人,选择 500余名男孩作为研究对象。这些男孩的年龄在 6—12 岁之间,并且在家庭、学校和社区中都有犯罪风险。研究者使用匹配随机对照的实验设计,将参与者两两配对分成 325 组,每对中的一名成员被随机分配到干预组,另一名分配到对照组。对于干预组,施加被称为"有指导的友谊"(directed friendship)的预防性干预策略,包括由生活顾问及其助手给予心理分析和咨询、家庭指导、学业及医疗帮助,带领他们旅行和参加娱乐活动等措施,平均干预时间为5.5 年;对于对照组,不作指导和帮助,只由监督者搜集有关资料。

1948 年和 1956 年的后续调查表明,该计划对干预组没有产生显著有益效果。1975 年至 1976 年(此时,参与者平均年龄为 45 岁),琼·麦考德找到了 480 名参与者(95%)的记录,并对其中 347 人进行了采访(或发放了问卷)。直到 1979 年,持续的数据收集共找到 494 名参与者的记录,占 98%。

干预后的多次随访揭示了医源性方案的效果。干预组和对照组之间的比较表明,干预组没有在任何结果上表现得更好,在一些关键结果上甚至表现得更差。1981 年,琼·麦考德的研究结果显示,该计划对官方或非官方记录衡量的青少年犯罪率没有影响,对其成年后的犯罪率也没有显著影响,两组在严重犯罪数量、首次犯罪时的年龄、首次严重犯罪时的年龄等方面没有差异。与对照组相比,干预组显著更有可能:① 犯下不止一项罪行;② 出现酗酒情况;③ 早逝,即在 35 岁前去世;④ 患有至少一种与压力有关的疾病,尤其是高血压或心脏病;⑤ 有严重的心理健康问题;⑥ 从事声望较低的工作;⑦ 对蓝领工作的工作满意度较低。①

研究结果并没有达到预期的效果,甚至那些接受了生活顾问帮助的干预组青少年的犯罪情况以及个人发展情况更加糟糕。一些学者推测,卡伯特未将"道德预设(moralistic presuppositions)"纳入研究设计与干预措施中,最终破坏了他的研究。案例证明,遵循伦理原则不仅是对研究的参与者负责,更是对研究本身负责。

社会科学研究中的弱势群体包括两种:一是社会性弱势人群,即在政治、经济、文化等方面处于弱者地位、缺乏竞争力的人群;二是生理性弱势人群,即因为年龄、疾病等原因缺乏或失去自主能力的人。因为弱势群体面临的风险和实验伤害更多,所以需要对其实施更多保护措施,例如必要而合理地选择他们作为研究参与者,充分保障他们的知情同意权。保护弱势群体的重要伦理要求是尊重自主、有益、公正、不造成伤害,因此需要正确实施知情同意和风险获益评估,并科学选择试验对象。此外,为更好保护弱势群体,需要完善相关伦理法规,统一伦理审查标准。不能因避免伦理问题而拒绝让弱势群体参与研究。

针对弱势群体及社会工作研究,目前已经存在诸多相关的伦理准则,这些准

---

① 修改自 WELSH B C, ZANE S N, ROCQUE M. Delinquency prevention for individual change: Richard Clarke Cabot and the making of the Cambridge-Somerville Youth Study [J/OL]. Journal of Criminal Justice, 2017(52): 79-89[2023-02-12]. https://www. sciencedirect. com/journal/journal-of-criminal-justice/vol/52/suppl/C. DOI: 10. 1016/j. jcrimjus. 2017. 08. 006.

则是对博尚(Beauchamp)、柴尔德雷斯(Childress)等作者深入讨论的"生物医学伦理共同伦理原则"的延伸,比如美国全国社会工作者协会(National Association of Social Workers)的"社会工作伦理准则"(Code of Ethics for Social Work)。本节将基于博尚和柴尔德雷斯的四项伦理原则,介绍社会弱势群体研究中的伦理规范问题,同时,希望引发读者对剑桥-萨默维尔青年研究失败原因的思考。

8.3.1　不造成伤害(non-maleficence)

在任何实验或准实验研究中,最重要的原则是实验干预不应造成伤害。这一原则应当在研究设计中得到研究者重视,比如在上述剑桥-萨默维尔青年研究中,接受社会工作干预的人反而比随机分配到对照组的人的结果显著更差。在研究中,研究人员不应当在实验前提出干预更有效的预设(这种不认为干预有效的立场被称为"均衡"),而应当将让干预对象受益作为研究目的,比如通过获取特定的社会工作方法是否能有效实现其声称的目标方面的信息。一般而言,"不造成伤害"原则可以体现在:① 不威胁生命安全;② 不引起疼痛或痛苦;③ 不会导致能力丧失;④ 不引起冒犯;⑤ 不剥夺他人生命财产权利。

避免伤害原则有时与研究中数据收集时的保密要求相冲突。在社会工作实践中,不能承诺绝对保密,因为在某些情况下,免受严重伤害的原则应凌驾于保密需求之上。这是一个存在伦理争论的领域,正如众所周知的美国社会学家、人种志研究者爱丽丝·戈夫曼(Alice Goffman)的案例。她在费城与帮派一起进行民族志研究时,一位陪同她的研究参与者自愿成为司机,并在研究过程中进行了一次报复性杀人行动,但并没有通知警方。此外,有限保密也是一个需要特别谨慎对待的领域,需要进行彻底的风险效益分析。在洛森·克莱恩(Lothen-Kline)的一项调查青少年自杀意念的比较研究中,如果完全按照地区法律规定的"强制性报告"的要求,即参与者的反应表明有自杀风险,研究者就必须通知专业人士和父母,这时调查披露的青少年自杀意念发生率低于参与者承诺绝对保密时的青少年自杀意念发生率[①]。因此,更具有保护效果的做法导致低估了这些青少年自杀意念的流行率。这一案例也说明了有限保密可能会限制获得有关重要风险领域的信息。

---

① 参见 Lothen-Kline C, Howard D E, Hamburger E K, et al. Truth and consequences: ethics, confidentiality, and disclosure in adolescent longitudinal prevention research. Journal of Adolescent Health, 2003, 33(5): 385-394.

8.3.2 有益(beneficence)

社会科学研究的有益原则规定,研究中参与者的受益要高于承受的风险。这些受益包括研究对个人健康的积极影响,以及从研究中得到的知识、方法和经验对社会的积极意义。因此,对于弱势人群而言,进行合理和准确的风险收益评估显得尤为重要。这种评估应从弱势人群的角度全面审视。如果研究无法为弱势人群带来益处,即使风险很小,也不应该进行。如果风险较大但能给弱势人群带来更大的益处,在提出相关风险控制措施(如严格的随机化入组方式)的前提下,可以考虑批准进行这项研究。

8.3.3 公正性(justice)

公正性原则指的是,在科学研究中选择研究对象必须合理公正。当研究不涉及某类人群的特殊情况时,应优先选择能承受研究风险的人群作为研究对象。不能有意选择处于弱势地位的人群作为研究对象,因为这会给他们带来巨大风险,比如由于经济状况原因容易参加同意研究,或者容易受研究者操纵。参与研究需要有优先顺序,如先考虑成人再考虑儿童,并且仅在研究目标是某一特定群体时,才可以选择该群体作为参与者。

8.3.4 尊重自主权(respect for autonomy)

自主权指一个人在选择时不受他人的控制性干扰,并且有足够的理解力来促进有意义的选择,这突出了知情同意在研究中的重要性。尊重自主原则旨在保护社会科学研究中那些丧失自主能力的人,这部分人群由于无法对研究风险做出有效判断,或因某些内外因素影响了对研究获益的客观判断,或难以对自身意愿进行准确表达,而在研究中处于弱者地位。保护这部分人群体现了对人的尊重。丧失自主能力的个体或群体往往无法完整地参加知情同意的过程,他们可能遇到无法有效获取信息,或难以正确理解信息,或表达意愿受到干扰等困境。遇到这种情况时,除了必须从法定监护人那里得到知情同意书的签署,还需注意知情同意的整个过程,包括根据参与者本人的能力采取特殊的知情同意方式,如未成年人的口头同意。

我们必须承认,有些人可能会选择不行使自主权,例如,他们可能在没有阅读任何研究信息的情况下直接签署知情同意书,但研究人员应该尽可能确保他们最大限度地发挥自主权。以辛基斯（Simkiss）的家庭联系培育计划（The Family Links Nurturing Programme，FLNP）随机对照试验为例，招募试验参与者的过程需要确保尽可能了解参与或不参与试验的含义。在进行试验的地区，尽管提供了替代性的家庭支持方案，本应意味着这些家庭不参与家庭联系培育计划，但并不排除他们参与其他类型的家庭支持，包括替代养育方案①。一般来说，研究人员需要确保潜在的研究参与者了解研究目的，以及参与研究对于他们的意义，也应确保任何书面信息都能被识字能力较差的人完全理解。此外，知情同意不是一次性的过程，而需要被视为一个持续的过程，特别是对于纵向定量研究。

拓展阅读：伦理原则清单的发展

　　为了确定不同伦理原则集的差异，罗伯特·维奇（Robert Veatch）对2020年及之前出版的伦理原则清单进行了归纳汇总[8]。结果显示，不同的伦理原则清单存在诸多相同的具体原则，但它们之间的差异同样值得重视：

　　（1）单原则理论：功利主义提出效用最大化的单一原则；自由主义提出尊重自主的单一原则；医学伦理学中，希波克拉底誓言的经典理论将效用限制在对单个患者的单一关注，目标是根据医生的能力和判断使患者受益，并保护患者免受伤害，实际上更接近"不造成伤害"原则。

　　（2）两原则理论：后果论者认为受益和避免伤害在伦理上存在区别，因而提出有益和不造成伤害两项原则。恩格尔哈特（Tristram Engelhardt）在1986年出版的《生命伦理学的基础》（*The Foundations of Bioethics*）一书中，应用了尊重自主权和有益原则。

　　（3）贝尔蒙（Belmont）三原理理论：《贝尔蒙报告》在有益和尊重自主权两项原则的基础上，增加了公正性原则。

　　（4）B-C四项原则：博尚和柴尔德雷斯的四项原则在学术界应用最为广泛，该理论认为任何伦理困境都可以通过考虑四个原则进行分析：尊重自主权、不造成伤害、有益和公正性。

　　（5）布罗迪（Brody）五个主要伦理诉求：包括对后果、权利、尊重他人、美德的诉求，以及第五种诉求，即具有成本效益的公正性。

---

① Simkiss D E, Snooks H A, Stallard N, et al. Effectiveness and cost effectiveness of a universal parenting skills programme in deprived communities: multi-centre randomised controlled trial, 2013, 3(8): e002851.

（6）罗斯（Ross）六项初步责任：罗斯提出了六项"初步责任"（prima facie duties），包括忠诚的义务（细分为信守承诺、不说谎、对错误行为进行赔偿）、感恩、公正性、有益、自我保护、改善而不是伤害参与者。

（7）维奇（Veatch）七项原则：维奇在《医学伦理学理论》（*A Theory of Medical Ethics*）一书中提出他的医学伦理学整体理论，包括有益、不造成伤害、忠诚、尊重自主权、诚实、避免杀害、公正性。

（8）格特（Gert）十项伦理准则：这十项准则中，描述了具有约束力的正确行为特征，其中五种旨在防止造成伤害（包括杀戮、造成痛苦、致残、剥夺自由和剥夺幸福），另外五种用于识别可能会造成伤害的行为（包括不误导、不违背诺言、不欺骗、不违法和不忽视责任）。

剑桥-萨默维尔青年研究并没有完全遵照以上重要原则。琼·麦考德通过研究参与者的发展特征持续观察，提出四条假设以解释该计划对干预组产生破坏性结果的原因：① 生活顾问将中产阶级价值观强加给下层阶级青少年，这对青少年是没有帮助的；② 干预组的青少年变得依赖生活顾问，当项目结束时，青少年失去了帮助的来源；③ 干预组出现了标签效应；④ 生活顾问的帮助增加了干预组青少年的期望值，这种期望值无法持续，导致项目完成后的幻想破灭。

在这些假设中，麦考德发现了失败预期的经验支持，具体而言，麦考德发现与对照组相比，干预组的男性分居或离婚的比例更高，而在目前的婚姻中，干预组的男性对配偶表现出热情的人数较少，因此，干预组也不太可能更普遍地报告对工作和生活感到满意。最终，麦考德得出结论："该计划似乎提高了对参与者的期望，但也没有提供增加满意度的方法，由此产生的幻灭似乎导致了出现不良结果的可能性。"后来，麦考德提出了同伴越轨假说（peer deviancy hypothesis），观察到参加过训练营的治疗组青少年之间的互相影响似乎可以解释大部分医源性影响。这些训练营可能允许大量非结构化的社交活动，代表了进行异常训练的理想环境。通过重新分析 30 年的随访数据，麦考德发现，对于仅被送往训练营一次的男孩（$n=59$），预测不良结果的优势比（OR）为 1.33，显著高于那些没有参加训练营的人（OR=1.12）。对于不止一次参加训练营的男孩（$n=66$），不良结果的 OR 为 10.0，这意味着参与者经历不良结果的可能性是其匹配伴侣的10 倍。麦考德最终总结道："我强烈怀疑来自青年研究的男孩倾向于联合在一起，鼓励彼此的畸形价值观"。这些结论均说明针对弱势群体的社会科学研究需要考虑更广泛与更深远的伦理因素。

8.4　社会科学研究者的身份立场与反身性 ————————●

请思考和回答以下问题：进行社会科学研究的目的是什么？是要理解这个世界还是改变这个世界？对于你来说，哪个目标更加重要？研究者对这类问题的回答往往见仁见智，甚至常常引发争论。马克思的墓志铭是其在《关于费尔巴哈的提纲》中的一句话："哲学家们只是用不同的方式解释世界，而问题在于改变世界。"与此同时，也有许多社会科学研究者认为自己的工作并不直接应用于改变社会，而仅仅是以学术的方式进行社会分析，他们的工作的价值是启发实务工作者去以理解这个世界、改变这个世界。那么在社会科学研究中，研究者的身份立场如何？如何在研究中做到尽可能摆脱原有身份与利益的影响，以实现展示研究最真实的结果？

8.4.1　社会科学研究者的身份立场

随着定性研究方法的不断进步，越来越多的研究人员开始以自身作为研究工具，涉及多种实证研究，如传记、民族志、故事共构和反思民族志。因此，研究人员需要关注自我立场，更加明确地理解自己在知识创造中的作用，以及审视自己的个人经历和认知对研究的影响。这意味着研究人员需要转向自己，关注自己在研究中的立场，理解自己对研究环境、参与者、研究问题、数据收集和解释的影响。

社会科学研究人员的身份立场主要由个人特征和对参与者的情感反应共同组成。个人特征包括性别、年龄、民族、从属关系、个人经历、母语、信仰、偏见、偏好、政治立场和意识形态等。这些身份立场可能以三种方式对研究产生影响：

（1）获得研究机会。许多社会科学研究领域具有独特性与高门槛，尤其是关于弱势群体的研究。研究对象更愿意与他们认为理解他们情况且同情他们的研究者分享信息，同时研究者也更容易掌握有用的信息资源。

（2）塑造研究者与研究内容的匹配关系。研究者的身份立场影响其与参与者之间的关系，进而影响参与者愿意分享的信息，比如，女性参与者更愿意与女性研究者讨论婚姻经历，而对于男性研究者，他们可能会隐瞒很多敏感但关键的信息。

（3）影响研究方式及研究结果。研究人员的世界观和社会背景会对他们在研究中使用的语言、提问方式以及分析视角产生影响。这也将影响对于参与者提供的信息的提炼与选择，最终影响研究结果和研究结论。比如，一位失去父亲的研究者可能会以失去亲人的经历角度理解参与者的个人陈述。

这种影响在所有研究类型中都存在，但对于定性研究人员，特别是以自己为研究工具的研究人员，应该把它当作研究的内在因素，并使用反身性手段来监测研究者和被研究者之间的关系，提高研究的严谨性和伦理性。

8.4.2　反身性的基本内涵

在后现代主义中，反身性越来越被视为人类生活和科学研究的一个元素。科学研究的任务不再是否定或消除反身性，而是如何在与反身性相关的领域中捕捉反身性，以及如何在反身和自反的结合中促进对世界的理解。从反身性的角度来看，现代社会科学研究者已经开始有意识地将社会科学研究人员和社会科学本身纳入研究、反思和批评领域，这体现在以反身性社会学为标志的各种理论中。

目前，许多科学家已经给反身性下了定义，普遍认为反身性是科学家对当前研究内容的影响，以及研究过程对科学家理解的影响。反思既是一种态度，也是一系列行动；概念和实践[9]。

8.4.3　反身性视角的社会科学研究

早在20世纪70年代，古尔德纳（Alvin Gouldner）就将反身社会学定义为社会学家与社会之间的关系。进入现代，越来越多具有反身意味的理论出现。其中，布迪厄（Pierre Bourdieu）将社会学知识的反身性与其客观有效性紧密联系起来，他认为对社会学实践进行社会学的审视，即所谓的"参与性对象化"（participant objectivation）是确保社会学知识不受各种偏见的影响而对其客观性造成损害的前提条件。布迪厄鼓励研究者对自己的实践采取批判态度，即"对象化对象化"（objectifying objectivation），并认为"社会学的社会学"（sociology of sociology）是社会学认识论的基本方向。与布迪厄对客观性的追求不同，吉登斯（Anthony Giddens）则更注重社会科学知识与日常现象之间的反身性建构关系。他的双重解释学认为社会科学研究对象是已经被日常知识建构的，并且这种反身性关系是相互的，日常生活中的知识与专业知识之间互相影响。

反身性学说至少在两个层面上重新定义了当代社会科学实践：

第一，反身性概念强调研究对象（object），也就是日常行动者，拥有反思行为、建构概念和生成意义的能力。因此，日常行动者的主观知识和生活世界等问题被置于社会科学研究的核心地位。这意味着社会科学研究不仅要考虑专业性知识，还要考虑日常知识对社会生活实践的影响。社会行动者的主观经验和实践是社会科学研究的基础。因此，社会科学成了所谓的"双重解释学"（double hermeneutics），在社会科学的专业性知识和日常知识之间呈现出互相影响和辩证的关系。

第二，反身性更重要的意义体现在社会科学研究者作为主体的水平上，即反身性的概念催生了反身性社会科学的实践。反身性社会科学的基本假设是，在社会科学中，研究人员不能再将自己与他/她的研究对象（即社会）分开，进行所谓的"客观"研究，因为社会研究人员本身是其研究对象的一部分。因此，他/她必须在研究过程中提出一系列关于他/她的角色、他/她与研究对象的关系等问题——简而言之，他/她必须反思研究本身。与作为研究对象的行动者一样，反身性社会科学也指向当代社会科学中的"行动者回归"（return of the actor）。作为社会科学话语的一部分，这个行动者的视角将参与塑造社会科学知识的形式。因此，社会科学也抛弃了普遍真理的实证主义观点，成为一种社会语境化的知识形式。

总之，所谓"反身性转向"（reflexive turn）不仅改变了社会科学研究的主题，也改变了社会科学的自我认知，标志着一个新的认识论原则。反身观的哲学基础是以建构主义为代表的后实证主义科学观。这种科学观认为，科学本身不能直接反映现实，只能通过特定的认知结构来把握现实。认知结构本身就是一种结构，是科学与现实之间的一种"中介知识"（a mediated knowledge）。这种结构的构建过程取决于科研人员的理念、思维框架、研究范式和方法论原则。在这个意义上，社会科学建构了自己的研究对象；这也意味着建构主义社会科学具有反身性的特征。

8.4.4　反身性对社会科学研究的作用

质性研究的反身性的一个目标是在实践中监控它的影响，以此提高研究的准确性。这意味着研究者要考虑自己的价值观、信仰、知识和偏见，以便提高研究结果的可靠性。反身性是研究者故意试图适应对受访者的反应和研究叙述的方式，它有助于识别个人、背景和环境对研究过程或结果的潜在影响，并使研究者对自己作为研究世界的一部分有更深刻的理解。因此,通过让研究者思考"自我"等问题,反身性有助于共同构建意义,提高研究质量,使研究者更好地处理和呈现数据,并考虑其复杂的意义以及对了解社会现象和知识生产过程的贡献。缺乏反身性可能导致接受明显的线性,从而掩盖了各种未预期的可能性。

反身性对研究过程的各个阶段都至关重要,包括定义研究问题、收集和分析数据以及得出结论。例如,在进行访谈时,反思自身立场有助于研究人员识别其偏向于强调或回避的问题和内容,并了解自己对访谈、想法、情绪以及其触发因素的反应。在内容分析和报告过程中,反身性思考有助于提醒研究人员注意"无意识的校订"(unconscious editing),从而使研究人员能够更充分地参与数据分析并进行更深入的综合分析。

关于反身性对于保持研究过程伦理的贡献,一些学者指出,它能使研究人员对研究对象具有非剥削性和同情心,从而缓解对研究人员权威负面影响的担忧。反身性通过"去殖民化"(decolonizing)和"他者"(other)的话语,帮助维护研究人员和研究之间关系的伦理,并确保即使研究结果的解释始终是通过研究人员的视角和文化标准完成的,但对研究过程的影响仍然是可以监控的。

反身性通过使用第一人称语言和提供详细和透明的决策报告及其理由来证明。虽然传统上被视为个人自我监督的过程,但反身性监控已经扩展到包括团队成员关注自己的偏见以及检查彼此的反应。保持反身性的策略包括重复采访相同的参与者(same participants)、长期参与(prolonged engagement)、成员检查(members checking)、三角测量(triangulation)、同行评审(peer review)、形成同行支持网络和回话小组(forming of a peer support network and back talk groups)、为"自我监督"保留日记或研究日志(keeping a diary or research journal for "self-supervision"),以及创建一个研究人员推理、判断和情绪反应的"审计追踪"。

8.4.5　反身性社会科学的理论张力

反身性社会科学既为理论的整合提供了可能,也为当代社会科学哲学带来了新的争论课题。这种争论表现为建构论(constructivism)和实在论(realism)之间的分歧,其中,实在论以巴斯卡(Roy Bhaskar)的批判实在论为典型,而建构论则包括社会建构论(social constructivism)、科学建构论(scientific constructivism),以及激进建构论(radical constructivism)。在当代社会科学哲学中,建构论与实在论的争论取代了传统的实证主义争论,两者都承认现实的建构性质,且都接受反身性思想,但对于实在的本质持有不同的观点,建构论认为实在是由认知所建构,而实在论则认为实在是独立于认知的,只能通过形态的浮现来被认知。因此,当代实在论与主流建构论之间的差异需要一个更深刻的视角来解决。

当代的反身性社会科学需要应对建构论和实在论以外的问题,那就是知识的统一性和多元性之间的矛盾,即社会科学是一种具有普遍性的知识形式,还是持有特殊性质的知识体系?当代社会科学哲学的主流思想已经超越了历史和解释学的传统,不再把社会科学视为与自然科学不同的、有特殊方法论的知识类型,而是认为它们在受社会情境影响方面是一致的。这是因为后实证主义对主流自然科学哲学产生了影响,使自然科学也变成了一种阐释性的知识。同时,在反身性的观点下,由于社会科学本身与其研究对象具有相同的特性,研究者本人成为与研究对象同样的社会行动者,使得社会科学知识与日常的社会知识也具有了"常人方法论的无差别性(ethnomethodological indifference)"。

因此,社会科学与自然科学之间、科学知识与日常知识之间原有的隔阂已经被打破,各学科间的界限正变得越来越模糊,所有知识在反身性的层面上实现了新的"统一"。然而,在另一个层面上,当代社会科学哲学也认同了一种特殊主义的知识观,将所有的知识视为具有地方性、多元性和不确定性的。对于任何一种知识,都不存在统一的、标准化的表述,其表述是与行动、实践以及具体情境紧密相关的。未来的社会科学哲学将在这样的张力中继续展开自身的想象。

8.5 本章总结

本章围绕"社会科学研究的基本伦理及学术规范"这一主题,从生命周期视角下社会科学研究中的伦理问题、社会弱势群体研究中的伦理规范问题、社会科学研究者的身份立场与反身性三个方面展开介绍,主要涉及以下三点内容:

(1) 基于社会科学研究的生命周期的视角,依次从主题选择、研究设计、数据收集、数据分析、研究结果传播五个环节,阐述潜在的伦理问题,提供相关案例作为参考,并提出相应的应对策略。

(2) 以剑桥-萨默维尔青年研究切入,分别介绍了在弱势群体及社会工作等研究过程中尊重自主权、不造成伤害、有益和公正性四项伦理要求的具体内容，并通过拓展阅读，介绍了不同伦理原则清单的相同点与差异。

（3）介绍了随着定性研究方法的不断发展，越来越多的研究者以自身作为研究工具时，社会科学研究者身份立场对于研究的影响；并进一步引入反身性概念，阐释了反身性基本内涵、反身性视角的社会科学研究、反身性对社会科学研究的作用，以及反身性社会科学的理论张力。

思考与练习

练习与简答

1. 名词解释。

（1）研究伦理；

（2）知情同意；

（3）保密；

（4）匿名；

（5）弱势群体；

（6）反身性。

2. 请阐述社会科学研究的一般步骤。

3. 数据收集过程中需要注意哪些潜在的伦理问题？

4. 请阐述博尚和柴尔德雷斯的四项伦理原则。

5. 请阐述社会科学研究者的身份立场一般有哪些。

6. 社会科学研究者的身份立场如何影响研究？

思考与讨论

1. 请从研究伦理的角度，解释剑桥-萨默维尔青年研究失败的原因。

2. 请从研究生命周期的角度，阐述对于认知症老人代际照料的研究中需要注意的伦理问题。

参考文献

［1］李天保.马克思恩格斯语境中的六种"实证主义"［J］.现代哲学,2019(03)：17-32.

［2］唐权.人文社会科学研究过程中研究伦理的风险防控［J］.重庆大学学报(社会科学版),
2020,26(05)：121-129.

［3］梅.社会研究：问题、方法与过程［M］.李祖德译.北京：北京大学出版社,2009.

［4］吉尔兹.地方性知识［M］.王海龙,张家宣译.北京：中央编译出版社,2000.

［5］严祥鸾.危险与秘密：研究伦理［M］.台北：台湾三民书局,1998.

［6］KLINE-LOTHEN C, HOWARD D E, HAMBURGER E K, et al. Truth and consequences：
ethics, confidentiality, and disclosure in adolescent longitudinal prevention research［J］.
Journal of adolescent health, 2003, 33(5)：385-394.

［7］SIMKISS D E, SNOOKS H A, STALLARD N, et al. Effectiveness and cost-
effectiveness of a universal parenting skills programme in deprived communities：
multicentre randomised controlled trial［J］. BMJ Open science, 2013, 3(8)：e002851.

［8］VEATCH R M. Reconciling lists of principles in bioethics［J］. The journal of medicine
and philosophy, 2020, 45(4-5)：540-559.

［9］PROBST B, BERENSON L. The double arrow：how qualitative social work researchers
use reflexivity［J］. Qualitative social work, 2013, 13(6)：813-827.

9 动物实验的基本伦理与规范[①]

9.1 前言与学习目标 ●———————————————————————

　　在学习本章之前,我们先来看这样一个场景:一名研究生正在实验室里进行一个动物实验,先将一只麻醉状态下的大鼠的头骨用牙科电钻打磨成半透明状,然后进行光学成像实验。同时,旁边的台子上的一个笼子里面还有另一只差不多大小的大鼠。恰好这时学院的一名老师从门口经过,隔着实验室的透明玻璃墙比较清晰地看到了这个场景。于是他径直去了院长办公室,向院长投诉,认为这样做实验很缺乏道德——对一只大鼠进行手术的时候,却让它的同伴在旁边看着饱受"心理折磨"。这是一件真实的事例,反映的是动物实验中如何对待实验动物的伦理问题。

　　动物实验通常以各种实验动物为材料,运用物理学、化学、生物学等方法对动物进行各种实验研究,是生物医学研究的重要组成部分。然而在动物实验过程中,实验动物不可避免地会受到生理上或心理上的伤害。因此,如何处理实验需求与动物权利之间的关系,是动物实验中面临的生物医学伦理问题。生物医学伦理学作为一门新兴学科已受到越来越多的人的关注。一方面,生物医学科学的发展需要动物实验;另一方面,又需要尽量减少动物使用量、善待动物、降低对实验动物的伤害,以及维护动物基本福利等。本章我们总结了动物实验应遵循的基本伦理及规范,我们希望通过学习本章内容,学生能达成如下目标:

[①]　编者:杨国源,上海交通大学生物医学工程学院教授;童善保,上海交通大学生物医学工程学院教授。

（1）了解什么是动物实验伦理学，以及为什么要进行动物伦理审查。

（2）了解实验动物使用与管理委员会（IACUC）对动物研究的伦理审核的标准和流程。

（3）掌握动物手术、血液和组织标本采集涉及的基本伦理规范。

（4）明确动物饲养、处理、实验废弃物处理的基本规范。

（5）了解和掌握动物实验记录的基本规范。

9.2　动物实验面临的伦理学问题

9.2.1　动物保护的发展历史

1892 年，英国社会改革家索尔特（H. Salt）出版了影响颇广的《动物的权利：与社会进步的关系》（*Animal's Rights: Considered in Relation to Social Progress*）一书，提出了动物权利的概念，其最初宗旨是取缔无限制的打猎运动。20 世纪 70 年代初，戈得洛维奇（S. Godlovitch）、戈得洛维奇（R. Godlovitch）和哈里斯（J. Harris）合著了《动物、人和道德》（*Animals, Men and Morals*）一书，强调了动物权利的观点。这部著作使得动物权利主义得以复兴，并推动了后来的生物医学科学工作者不断地对其进行发展和完善。1975 年，辛格（P. Singer）出版《动物解放》（*Animal Liberation*）一书，其主要观点认为对于有感觉能力的动物都应给予平等的关心。保障动物的权益的最终目的，是希望最大限度地促进善和减少恶，所以保障动物权益的作用是提升动物的地位而非贬低人类的地位。21 世纪初，德国将动物保护的条款写入了本国宪法，表明人类对保护动物的高度重视。目前世界上许多国家和地区均设有动物保护组织，但大多仅针对动物福利并非动物权利。动物保护主义者认为人类与动物在生物学、遗传学、行为学以及哲学等范畴具有一定的共性，提倡遵循人类道德来对待动物，反对一切不人道的动物实验以及对实验动物的非必要伤害。而生命科学，尤其是生物医学的研究与发展，目前很大程度上仍然依赖于动物实验的研究结果，动物研究与动物保护在一定程度上存在着不可避免的冲突。因此，要使其相对平衡，促进人类社会和动物世界的共同发展，就需要一定的伦理规范。

9.2.2　动物福利对动物实验研究的要求

1924 年,28 个国家代表在法国巴黎签署了协议,宣布成立世界动物卫生组织(World Organization for Animal Health, OIE)。截至 2023 年 4 月,世界动物卫生组织有 182 个成员国家,中国于 2007 年参加该组织。其宗旨是通过收集并通报全世界动物疫病的发生发展情况,来制定动物及动物产品国际贸易中的动物卫生标准和规则,从而改善全球动物和兽医公共卫生以及动物福利状况。动物福利是指让动物适应其所处的环境,满足其基本的自然需求。动物福利要求满足健康、感觉舒适、营养充足、安全、自由表达其天性且不受痛苦、恐惧和压力的威胁。更高水平的动物福利需要关注疾病治疗、免疫、居所、管理、营养、人道对待。动物福利由五个基本要素组成:

(1) 生理福利,即无饥渴之忧虑。

(2) 环境福利,也就是要让动物有舒适的居所。

(3) 卫生福利,主要是减少动物的伤病以及确保符合卫生的饲养环境。

(4) 行为福利,应保证动物表达天性的自由。

(5) 心理福利,即减少动物恐惧和焦虑的心情。

目前,仅有濒危物种受到法律保护。伤害、杀死其他动物,卖作食品,或当作宠物,一般不会受到惩罚。现实中,对于实验动物的照顾还有很多不足的地方,比如实验时没有按照要求操作;不打麻醉剂或者麻醉剂用量不足;在动物尚清醒的情况下就开始手术;在实验结束后没有及时对实验动物实施安乐死就被丢弃;等等。因此,几乎所有研究机构对实验动物的饲养、运输、管理、操作、饲料、饮水、关养设施以及兽医照料等方面,都提出了需要遵守的规范。

9.2.3　动物实验的 3R 原理

20 世纪 50 年代,动物学家拉塞尔(W. M. S. Russell)和微生物学家伯奇(R. L. Burch)在《仁慈实验技术原理》(*The Principles of Humane Experimental Technique*)一书中提出了以"替代"(replacement)、"减少"(reduce)和"优化"(refinement)为核心的动物实验的 3R 原则,该原则现已被国际上大多数实验室及科学家接受和执行。

(1) "替代"原则旨在寻找其他的方法,如以细胞、组织及器官等无知觉的生物实验材料,或者物理、化学、数学模型甚至计算机模拟等进行实验,尽量避免使用动物进行活体实验,如必须使用动物,在能得到相似结果的条件下,也应尽量使用低等动物。

（2）"减少"原则旨在减少实验动物的数量,用较少量的实验动物获取同样多的实验数据或以一定数量的动物获取尽可能多的实验数据,避免以粗放的实验设计和不合理的统计方法来不必要地使用动物。

（3）"优化"原则旨在通过改进、完善实验程序,优化实验技术路线和方法,尽可能减少实验给动物造成的疼痛和不适,提高动物福利,确保动物实验获得可靠的结果。

9.2.4　活体动物实验报告规范：ARRIVE

2010 年 6 月,英国科学家基尔肯尼（C. Kilkenny）等人发表了《动物研究：体内实验的报告——ARRIVE 指南》（"Animal Research：Reporting in Vivo Experiments The ARRIVE Guidelines"）一文,这是一个接受度非常广的动物研究规范,也是英国动物研究替代、减少和优化中心（National Centre for the Replacement，Refinement & Reduction of animals in Research，NC3Rs）倡议的一部分。ARRIVE 旨在提高报告的标准,并确保动物实验的数据可以被充分利用和进行疗效评估。两年后,《英国医学期刊开放科学》（*BMJ Open Science*）发表了世界各地的科学家共同撰写的《ARRIVE 指南的修订：基本原理和范围》[①],其主要目标是提高实验报告的透明度,以解决动物设计和实验操作的常见问题,并鼓励研究人员采用更严格的科学实践。ARRIVE 指南形成了一套强大的工具和资源,为研究人员改进动物实验的设计、实施和报告提供最佳支持。目前,该指南已获得各科学期刊、资助机构、大学的认可。ARRIVE 指南的提纲可以参考网页中文版[②],主要包含以下 21 个条目的内容：

（1）关键条目（10 条）：研究设计;样本量;纳入和排除标准;随机化;盲法;结局评价;统计方法;实验动物;实验步骤;结果。

（2）建议条目（11 条）：摘要;研究背景;研究目标;伦理声明;饲养场所和饲养;动物饲养、监测;诠释/科学内涵;可推广性/转化;实验方案注册;数据获取;利益冲突声明。

---

① https://arriveguidelines.org/.

② https://arriveguidelines.org/resources/chinese-translation.

9.2.5　中国实验动物的伦理学问题

我国目前有《野生动物保护法》《实验动物管理条例》《动物防疫法》等动物保护法律法规,主要是从动物保护和生态平衡角度立法,以维护人类自身利益为立法目的,并非以保护动物福利及权利为根本。我国在动物保护方面没有形成一套完整体系,相关法律法规也没有提及动物福利,可以说我国动物福利立法仍处于理论研究阶段。2013 年,中国动物福利国际合作委员会成立。紧接着世界动物保护协会和中国兽医协会在第四届中国兽医大会上签署了合作备忘录,双方共同努力推动中国的动物福利教育、研究、标准以及宣传等工作。在此推动下,2022 年教育部将《动物福利与动物保护》教学大纲正式纳入普通高校相关专业的课程(课程编号 VET4201,总学时为 36 学时)。但国内在动物保护以及严格监督方面仍然存在不足。中国的动物实验研究开展得比较晚,在什么是动物福利,是否需要有动物福利,如何保护动物福利等方面,仍存在大量的伦理学问题有待探讨和解决,相关法律法规也在完善过程中,相关的监督、检查、宣传和培训等工作还尚待加强。

9.3　实验动物伦理审查的必要性 ——————————●

9.3.1　减少实验动物的使用量

实验动物伦理审查实质上是对所有动物实验研究的必要性、合理性及规范性进行全方位把控。审查的一个重要依据是前述 3R 原则,如审核项目中的实验动物的必要性,可以发现一些不需要动物实验也能完成的项目;审核样本量设计的统计学依据,让实验选择数量更加合理的动物,从而减少动物的使用量。

9.3.2　保证实验结果的准确可靠

实验动物质量关系到研究结果的准确性与可靠性,保证实验动物健康、愉悦是开展动物实验的基本前提,是可靠实验的实验结果的重要保障。因此,实验动物的质量审核及动物福利的保障是实验动物伦理审查的重要内容。实验要使用标准和规范饲养的实验动物,即遗传背景清楚,所携微生物、寄生虫以及饲养环境和营养均得到规范控制,符合相应实验动物标准。这些动物的饲养质量一方面关系到动物健康生存的福利,另一方面直接关系到使用这些动物进行实验得到的科研结果的准确性与可靠性。

9.3.3   促进实验动物的管理工作

实验动物伦理审查内容包括审查所有动物的饲养和使用。在动物采购、检疫和饲养、麻醉和镇痛、手术和术后照料以及安乐死等方面都有明确的规定,对于进行动物实验的操作人员有一定的资质要求。在审查过程中,必须提供实验动物生产许可证和实验动物使用许可证。这些审查和规定直接或间接地促进了动物实验操作人员培养和相关实验动物管理工作的发展。

9.3.4   符合国际学术交流的要求

国际学术交流的必要基础之一是对某些共通价值观的认同,以及遵守普遍认同的科研规范。在涉及使用实验动物的科研论文的投稿过程中,绝大多学术刊物均要求作者提供所在单位实验动物伦理委员会的审查意见,否则不予受理,这已成为国际惯例。

9.4   IACUC 实验动物伦理审查

实验动物使用与管理委员会(Institutional Animal Care and Use Committee,IACUC)是每个大学和研究机构独立建立的负责审查和监管实验动物饲养和使用的机构,通常也称为实验动物福利伦理委员会。其任务是确保实验动物受到符合伦理规范的照料、使用和对待。IACUC 根据其制定的实验动物伦理指南对动物实验项目进行事前审查、实施过程中的监督检查以及项目结束时的终结审查。IACUC 一般由在实验动物管理和使用方面有丰富经验的人员组成,包括在医学、药学、生物学等涉及动物的科研领域具有丰富经验的科研人员,以及兽医和非动物实验相关的人员(如心理学、哲学代表),或动物福利领域的志愿者等。我们以上海交通大学 IACUC 的审查为例,说明实验动物伦理审查的大体流程。

9.4.1　申请书的提交

动物实验项目负责人要向 IACUC 提交《上海交通大学实验动物研究计划》以待审查,申请最好在开展动物实验两个月前提交。申请书应该包括以下主要内容:

(1) 实验动物或动物实验项目的名称及概述。

(2) 项目负责人、执行人的姓名、专业背景简历、实验动物或动物实验岗位证书编号、环境设施许可证号。

(3) 项目的意义及必要性,项目中有关实验动物的用途、数量、饲养管理或实验处置方法、预期出现的对动物的伤害、处死动物的方法,以及项目进行中涉及动物福利和伦理问题的详细描述。

(4) 遵守实验动物福利伦理原则的声明,特殊说明,废弃物处理方式,担保书。

(5) 伦理委员会要求的其他具体内容及补充的其他文件。

9.4.2　动物实验计划的审查

IACUC 一般通过会议评审来决定是否同意项目的开展。根据实验的内容,项目审查分为快速审查和会议审查。快速审查主要针对对于实验动物损伤比较小的实验项目、已通过伦理审查后需做较小修正的实验项目,或者前次评审未通过修正后再审的项目。会议审查一般是针对对于动物损害较大的实验项目,比如需要实施动物手术、从动物体内提取组织样本、涉及病毒或有害化学药品使用等情况。会议评审时,项目的主审专家对所审项目的目的、意义、人员资质、实验方案、3R 原则的体现等方面提出主导性评审意见。然后,其他委员进行质询与讨论,项目负责人可以现场解答,最后与会委员进行投票表决,只有获 IACUC同意的研究计划,才可以开始动物实验。很多情况下,IACUC 会要求项目负责人针对提出的问题进行修改,再决定是否同意通过,所以建议预留足够的时间进行准备,以免影响研究计划。

9.4.3　伦理审查后的跟踪检查

动物实验项目通过伦理委员会审查批准后,便可以进入实际的动物实验阶段。动物实验的实施应该严格按照 IACUC 批准的方案进行。在动物实验过程中,如果需要对实验进行重大改变或变更,均须重新向 IACUC 申请和得到批准。IACUC 还会对已经批准的正在进行的研究项目进行例行检查,以确保整个研究计划按照规范进行。IACUC 的跟踪检查特别关注以下内容是否严格按照已批准的计划执行:

(1) 动物物种、数量、来源选择。

(2) 实验程序或操作方法。

(3) 动物运输及搬运。

(4) 动物驯养、饲养、手术条件。

(5) 对于动物的疼痛和不适的处理。

(6) 动物实验结束后动物的安乐死和尸体处理。

(7) 动物健康状况以及饲养和护理情况。

(8) 3R 原则和动物的 5 项自由是否得到贯彻。

(9) 存在健康安全风险的特殊实验的防护措施。

(10) 项目中主要负责人和实际操作人员是否存在变更。

(11) 是否存在其他可能对动物福利造成负面影响的问题。

若发现有不按既定审查方案进行动物实验的,IACUC 会要求整改,情节严重的会要求暂停或取消动物实验计划。

9.5　动物麻醉的伦理与规范

在实验中对动物进行麻醉,可使其肌肉达到合适的松弛度,更重要的是充分的麻醉和意识丧失可以使动物避免疼痛,同时降低由痛苦造成的实验结果的不稳定性。当然,有些麻醉药对于脑血流、代谢、神经与血管的耦合、自我调整、缺血性去极化、兴奋性中毒、炎症、神经网络以及许多与疾病相关的分子通路有影响。选择合适的麻醉药以及合适的剂量、给药方式,对于动物实验具有重要的影响,因此,在实验设计阶段应该加以考量。伦理学中建议,啮齿类动物在麻醉前应接受健康监测,麻醉剂类型及剂量都必须经过 IACUC 的批准。

9.5.1　麻醉前注意事项

麻醉前注意事项主要包括以下几个方面:

（1）麻醉前动物是否需要禁食应根据实验目的和动物的麻醉需求而定。比如,动物的血糖含量偏高会影响实验结果,或者动物(例如猫、犬、猪)在麻醉时容易呕吐,那么需要在麻醉前(12—24 小时)禁食。啮齿类动物存活性手术麻醉前,应给予动物 2 天或更长的适应时间,一般不需禁食、禁水。

（2）需要注意维持动物体温。

（3）对于麻醉超过 5 分钟的动物,必须涂抹眼膏以防止由眨眼反射消失而引起的眼角膜伤害。

（4）对于麻醉、镇静时间超过 15 分钟的动物需有相关记录。

（5）在动物手术开始前,需保证动物处于完全麻醉和无痛状态,要定期对手术过程中的麻醉深度进行复核确认。

（6）动物手术后至复苏前须有人员留在房间内,不能将正在复苏的动物立即放入饲养清醒动物的笼中,而应单独放置,笼子的一半应置于热源垫上,并每隔约 15 分钟观察一次,直至动物能自主活动,此后可按正常条件饲养。

（7）动物在复苏过程中及复苏后需监测其是否有痛苦或不适迹象,若有痛苦或不适需要按照批准的实验动物伦理委员会规程给予镇痛药。

（8）如动物出现并发症不能缓解,应进行安乐死。

9.5.2　麻醉效果的观察

麻醉的效果,特别是稳定性直接影响实验结果的可靠性。实验动物的麻醉深度可通过肉眼观察动物对于物理刺激的反应来判断,主要有以下几种方法:

（1）观察呼吸的频率和深度,麻醉后的动物呼吸应当平稳,不宜过快或者过慢。

（2）观察耳、鼻和嘴黏膜的颜色,这些部位如出现发绀或者惨白症状,说明麻醉过深,导致血氧浓度降低过多。

（3）用镊子夹脚趾、尾巴、皮肤等部位,观察动物的应激反应,完全麻醉的动物对于这些刺激不产生反应。还可以通过闭眼反射、闭颌反射、刺激耳部的摇头反射等来评估麻醉的深度。

（4）观察颈动脉的颜色和跳动频率。

不同手术对麻醉深度的要求不同,通常麻醉可以分为四个程度:

（1）浅度:此时动物对于疼痛反应十分剧烈,不宜进行手术。

（2）轻度:此时可进行获取皮肤标本等轻微的表面手术。

（3）中度：此时可进行剖腹等深层次的手术，不会产生身体移动等反应。

（4）深度：常用于一些大型的手术，比如颅骨钻洞等极为敏感的手术。

实验人员应该根据实验手术需要，查阅使用的麻醉剂达到对应的麻醉深度的剂量，并且结合上面的方法进行术中判断。

9.5.3　麻醉方法的选择

麻醉实验动物时，选择一种麻醉药还是多种麻醉药，以及选择哪种给药方式都需要根据实验的实际需要来确定。对于吸入性和注射性麻醉药，可以逐步引导麻醉的过程。在脑疾病研究中，吸入性的麻醉药优于注射性麻醉药。因为许多注射性麻醉药具有神经保护作用，而吸入性麻醉药绝大部分可以在肺部清除，一小部分在肝内代谢清除。因此，绝大多数实验都优先使用气体麻醉机，通过控制麻醉气体的吸入量，实现稳定和高效的麻醉。另外，腹腔注射麻醉药也是实验室常用的一种麻醉方式，该方法具有简便和易于操作的特点。对于没有经验的实验人员，建议参考进行了类似实验的文献。

9.5.4　麻醉药和镇痛药的选择

常见的吸入性麻醉药有异氟醚、氟烷、安氟醚、甲醚和二氧化碳等。吸入性麻醉药的特点是复苏迅速、易于获取、价格低廉和对实验动物不良影响较小。

注射性麻醉药的给药途径有腹腔注射、肌内注射、静脉注射及皮下注射等。麻醉药的效果与给药途径密切相关。短效麻醉药有异丙酚、硫喷妥钠、美索比妥等；中效麻醉药有巴比妥、氯胺酮、氯胺酮和赛拉嗪联合使用等。聚氨酯是广泛用于大鼠的长效麻醉剂，伴随最低的心血管和呼吸抑制，可以达到较好的肌松度。对于实验小鼠和大鼠，注射性麻醉药常用的给药方式是腹腔注射。注射性麻醉药价格低廉，无须安装额外的麻醉装置，操作简单易学。

镇痛药的选择也依赖于研究目的，比如大多数的镇痛药具有神经保护作用，所以在研究新的化合物或研究药物的神经保护作用实验中，不建议使用镇痛药。在可以使用镇痛药的实验中，推荐注射长效的局部麻醉药，如丁哌卡因，药效可持续4—6小时，并可以反复使用。另一种常用的镇痛药是芬太尼，它是一种短效的镇痛药，单独使用的效果就足以进行手术，但可能会伴随较差的肌松度，具有明显的呼吸抑制作用。

9.5.5　麻醉过程的基本管理

术前要进行麻醉诱导,术中要保证一定时间和深度的麻醉,使得动物生理指标尽可能接近正常值。在复杂手术中,会产生代谢性酸中毒、呼吸性酸中毒、血液流失、低温等副作用,因此麻醉药过量会导致心肺功能丧失,危及生命,必须及早发现和纠正。在使用麻醉药之前应获得动物的基本生理参数,包括体重、体温、心率、血压、呼吸频率及深度等,术中监测的参数包括体温、心率、血压、心电图、血气分析和脑电图等,具体监测哪些指标要根据实验目的和需要确定。当动物从麻醉状态苏醒过来后,应该及时辨别和定位不良反应并记录。术后应进行长期记录,记录内容包括疼痛范围评分,体重,食物、水分的消耗,切口的完整性及其他有关手术过程的观测指标。有关动物伦理的规范和指南都明确指出,动物在实验过程中不得经受疼痛,除非是实验需要,并得到了 IACUC 的批准。

9.6　动物手术的伦理与规范 ────────────●

9.6.1　生存手术

在进行完手术后预期动物能从麻醉中恢复的,即可认为是生存手术,因此手术必须是无菌操作,将微生物感染、暴露组织的机会降至最低。手术操作应在清洁消毒区域进行,实验过程中使用的仪器或植入物需要消毒灭菌。麻醉后,除去手术部位的毛发,对手术部位擦洗消毒[比如用氯己定(洗必泰)或聚维酮碘(碘伏)]。术前需根据 IACUC 批准的操作程序使用镇痛药。手术操作者应穿着干净的防护服,佩戴无菌口罩、无菌帽和无菌手套。手术操作过程中需要维持动物的体温,监测麻醉深度,确保动物处于麻醉无痛状态,并动态监测动物的生命体征,注意操作的无菌原则。手术后应根据伦理委员会的麻醉指南复苏动物,监测动物手术后的痛苦或不适症状,如异常姿势或动作、食欲不振、越来越注意到手术部位等。应根据实验动物伦理委员会批准的操作规程施用镇痛药。术后清洗、消毒和干燥所有的手术器械,及时处理用过的布、垫子、毛巾等。术后至少每天 1 次并连续 3 天监测动物是否有不适迹象,如食欲下降、伤口愈合延迟等,并记录发生的任何问题。术后 10—14 天可除去伤口缝合钉或缝合线。

9.6.2 非存活手术

手术完成后不需要恢复动物知觉的手术被称为非存活手术。非存活手术既不需要无菌技术,也不需要专业设备,动物麻醉时间短,一般不会造成感染。但非存活手术至少需要在干净整洁的环境中进行。相关人员必须遵守相应的清洁操作规范,实验中使用的试剂需是药品级别的,不可以使用过期的药物或试剂。手术过程也必须取得 IACUC 的批准,最大限度减少感染的可能性。实验结束后的动物安乐死也须遵守 IACUC 规范。

9.6.3 术后止痛

实验动物会承受一些潜在的术后疼痛,实验者要本着人道主义原则对动物的疼痛进行评估和管理,实施适当镇痛。所有实验操作人员都需要接受过训练,并在一定的监督下进行实验操作。镇痛药物需要在疼痛明显发生之前使用。术前或术中给予镇痛药物可以明显提高术后镇痛效果。啮齿类动物的止痛记录可在实验记录本上记录,并应清楚地说明正在遵循的药品监督管理部门和疼痛评估协议的条款。安乐死是在疼痛无法通过其他方式控制时才采用的措施。在一些实验中,使用镇痛药可能会干扰实验数据,这种情况必须解释清楚,IACUC 的条例中都有相关的要求。

9.6.4 血液标本采集

1. 小鼠采血的伦理与规范

动物可接受的采血量和采血频率是由外周循环血液量和红细胞更新周期决定的,采血量应局限于该范围的下限,最大血量只能从健康动物处采得。小鼠循环血量约占体重的 6%,体重 25 克的小鼠循环血量约 1.5 毫升。单次最大安全采血量可为总血量的 10%,多次采血时采血量要相应减少。每周最大采血量不超过总血量的 7.5%。在计算采血频率和采血量时,也要考虑采血所用技术。采血人员需经过培训。

2. 大鼠采血的伦理与规范

大鼠总血量为 55—70 毫升/千克体重,一只 300 克大鼠的血液量为 17—21 毫升。过量采血,可能会导致低血容量性休克甚至死亡。在未进行补液情况下单次最大采血量可为总血量的 10%。如进行补液采血量可达到总血量的 15%，补液应预热并进行皮下注射。如必须多次采血，采血量应相应减少。每周最大采血量应不超过总血量的 7.5%。如果每两周采血一次，采血量可达到总血量的 10%。重复采血时不允许为了较大采血量或频繁采血而补液。在计算采血频率和采血量时，应考虑采血所用的技术。放血时大约可收集一半的总血量，相当于大约 35 毫升/千克体重，对于一只 300 克的大鼠约为 11 毫升血液。

9.6.5 手术室清洁

动物手术应在专用的设施或空间内进行。如果手术室不可用，也可以在一个与其他实验活动隔离的区域进行操作。手术位置应便于通行且所在环境表面易于消毒。动物手术准备应在非手术区域的另一个区域进行。非手术区和手术操作区在空间位置上要相互隔离以防污染。同一个实验台面上的操作，要么仅限于手术前准备，要么仅限于手术操作。养成术前消毒手术空间及动物笼子间隔空间的习惯。所有的外科手术器械和材料须由高压蒸汽灭菌或其他适当的方法灭菌并在使用前保持无菌。在动物进入实验室之前，应清除不必要的设备和杂物，实验区物品应具有表面容易灭菌的特性，木头、纸板材料或其他不能消毒的材料制品不应出现在操作区内。通风柜或台面应定期使用适当的消毒剂清洗。移走动物之前，操作人员应穿防护服。通风柜内安放有活的动物时，不得放置任何化学物品。

应将脏鼠笼全程隔离在不会干扰实验操作的位置，以减少过敏原暴露。实验结束后，必须马上将笼子从实验室中移走。实验过程中产生的脏垫料、粪便、血液或其他污染物，必须立即清除。动物实验结束后，必须立即消毒实验区域。为防止交叉污染，还应清洁动物笼子之间相邻的表面。

9.6.6 动物安乐死

动物安乐死也称为动物无痛死，是用人道主义的方法，让动物不经历惊恐和焦虑而安静且无痛苦地死亡。安乐死使用的设备在使用前后必须清洗干净。如果可能的话，最好在动物生活的笼罩中对其执行安乐死。执行安乐死时应使用特殊的麻醉药且剂量须过量。此过程中使用的所有药物必须是医药级的。安乐死的方法应该与 IACUC 批准的一致。为了确保动物死亡，在任何化学方法之后必须再以另一个物理方法确认动物无法苏醒，如斩首、放血、颈椎脱位、双侧开胸、组织灌注或切下主要器官等。以下几种技术已普遍得到 IACUC 批准并作为啮齿类动物的安乐死方法,其他不在安乐死指南中的方法须预先得到 IACUC 同意方可执行。

(1) 二氧化碳吸入。将二氧化碳输送到一个有充足空间的容器里,必须将动物放置在该容器里足够长的时间以保证在用物理手段处理之前动物已经死亡。

(2) 吸入式过量麻醉。异氟烷过量吸入是常用的一种安乐死方式,动物可能需要较长时间的暴露才能死亡。

(3) 注入过量麻醉。其中一种方式是向动物腹腔注射至少 200 毫克/千克体重的戊巴比妥钠。最好将戊巴比妥钠溶液稀释至浓度不超过 60 毫克/毫升。其他的一些注射式麻醉药物需要经核准后过量注射。心脏注射只有在动物深度麻醉的情况下才能进行。

(4) 深度麻醉状态下的安乐死。当动物处于深度麻醉状态且在非存活手术结束后,可以采用双侧开胸、放血或灌注等方式进行安乐死。

9.6.7　实验动物组织共享项目

很多国家实施了动物组织共享项目,这是一种减少实验动物数量的长期计划。此项目允许研究者们从其他的一些研究人员那里获取新鲜的组织样品而不用再去杀害其他动物。很多国家的 IACUC 为此建立了相应的数据库系统,收集包括动物品系、组织张力、年龄、体重以及安乐死的方式等信息,供需要使用的研究人员查询。IACUC 推荐动物实验研究人员加入该组织共享项目,这样不仅能减少实验所需的动物数量,还可以促进科学家之间的合作。

9.7　动物饲养、移动、尸体处理、手术废弃物处理的规范

9.7.1　实验动物的饲养和管理

实验动物的饲养、使用、操作程序和设施条件需要通过所属研究机构的

IACUC 审批,并由 IACUC 监督和评定。IACUC 经咨询研究人员和兽医后,拟定出既适宜动物福利和保护,又符合科学研究目的的饲养管理措施。我国《实验动物 环境及设施》(GB 14925–2010)将实验动物及其饲养环境进行了分类,不同类别的实验动物对饲养环境要求也不同。此外,常规实验动物的饲养和管理还必须考虑饲养密度、营养与卫生要求。

1. 实验动物分类

根据实验动物的微生物控制标准,可以将实验动物划分为四级,即普通级、清洁级、无特定病原体(SPF)级和无菌级。普通级动物是指微生物不受特殊控制的一般动物,仅要求动物不携带人畜共患病的病原体和极少数动物烈性传染病的病原体。清洁级动物在微生物控制方面,除了要求必须不携带人畜共患病病原体和动物烈性传染病病原体外,还要求不携带对动物危害较大和对科学研究干扰较大的病原体。从 2000 年起,所有医学动物实验所使用的啮齿类动物必须达到清洁级或以上标准。无特定病原体级动物是指机体内无特定的微生物和寄生虫的动物。除要求不携带人畜共患病病原体和动物烈性传染病病原体,不携带对动物危害较大和对科学研究干扰较大的病原体外,还要求不携带主要潜在感染或条件致病菌和其他影响科学实验的病原体。SPF 实验动物是目前使用最广泛的实验动物。无菌级动物要求不携带任何现有方法可检测出的微生物。无菌级动物必须饲养在隔离环境中,所用物品须经严格灭菌后通过传递仓送入隔离器。

2. 饲养环境分类

根据环境条件,可将实验动物饲养环境分为普通环境、屏障环境和隔离环境三类。

(1) 普通环境是指环境设施符合实验动物居住的基本要求,即控制人员、物品、动物的出入,不能完全控制传染,适用于饲养普通级实验动物。

(2) 屏障环境是指将 10 000—100 000 级的无菌洁净室作为饲养室。该环境适用于饲育清洁级及 SPF 级的实验动物。实验室常采用独立通气笼盒(配合超净工作台),让经高效空气过滤器(HEPA)过滤的洁净空气流入笼盒内,保持笼盒内正压,从而减少感染的概率。该环境要求严格控制人员、物品和环境空气的进出。超净工作台使用前或使用后都要用 70% 的乙醇(酒精)喷洒擦拭并开启紫外灯照射,进入超净台的物品也需要提前用乙醇擦拭并放入超净台经紫外照射。

（3）隔离环境采用无菌隔离装置以保存无菌或无外来污染的动物，是在带有操作手套的容器中饲养动物的系统，用于饲养无菌级动物和悉生动物。环境内部须保持按微生物要求的 100 级的洁净度。操作时，实验人员只能通过隔离器上的操作手套来进行饲养或实验。

普通环境、屏障环境和隔离环境对温度、湿度、光照、噪声等环境因素的要求比较相似，但对空气洁净度的要求有所不同。具体参考《实验动物　环境及设施》（GB　14925-2010）。

3. 环境条件控制

不同动物适应的环境温度不同，啮齿类动物为 18—29℃。温度过高或过低都会对实验动物造成不同程度的影响，需要有专门设备来维持环境温度，特别是在饲养小型实验动物、鱼类和非人灵长类动物时。

大多数实验动物喜欢环境的相对湿度在 50% 左右，但是只要保持相对恒定且温度范围合适，相对湿度的范围可以在 40%—70%。根据需要安装除湿或加湿装置以保持合适的湿度。湿度水平会通过影响温度调节、动物性能和疾病易感性来影响实验结果。

通风会影响动物笼以及动物房内的温度、相对湿度、气体和微粒污染物。通风系统的设计应该保证这些参数保持在可接受的范围内。在传统的实验动物饲养条件下，饲养小型实验动物需要每 15—20 小时进行一次空气交换，但是即使达到这种通气频率也并不能保证所有笼盒都有足够的通风。

4. 实验动物的饲养、标记和记录

同一种属的动物才能被安置在同一动物室里，除非其中有隔离器或橱柜等。如空间许可，从不同的供应商那里获得的同一物种的动物，也应该根据健康状况分置在不同隔离笼里。《实验动物　环境及设施》（GB　4925-2010）对动物所需占用的最小空间做了明确规定。以常见的实验大鼠和实验小鼠为例，一只体重大于 20 克的成年小鼠单养时笼内最小底板面积为 0.009 2 平方米，笼内最低高度为 0.13 米；而一只体重大于 150 克的成年大鼠单养时笼内最小底板面积为 0.06 平方米，笼内最低高度为 0.18 米。每只笼具内饲养的动物数量必须符合以上动物占用空间的相关规定。

对于小型实验动物可以按笼子或个体标记。个体标记可以采用耳标、身体标记、尾标、皮下植入芯片等方法。

对实验动物保留完整的记录十分重要。记录的内容包括送达日期、性别、年

龄、体重、品系、颜色和标志,以及任何身体异常或其他可识别的特征。记录内容须在动物被最终处理后继续保存一年以上。在实验前或实验期间,饲养动物的笼子上还应当标记性别、数量、研究者名字和饲养条件等信息。

5. 实验动物的喂养和照顾

除非研究中有特殊要求,否则动物都应根据规定获得可口、健康、营养充足的食物。需要注意的是,某些饲料有少量的化学残留,会影响到实验结果,建议从信誉良好的供应商处购买经消毒或灭菌的饲料。此外,应该规范储存动物饲料,降低饲料污染、变质的可能性。对于某些物种,尤其是灵长类动物,需要提供多样性的食物。另外需要注意的是,适合投喂的食物不应散落在笼盒底部,以免导致污染。

除非是实验需要,否则要保证动物的饮用水充足、干净,水污染会影响动物的健康和动物实验结果,因此,一般使用透明水瓶以便观察清洁度和剩余水量。要经常更换洁净的水,而不应加一次水使用很久。

9.7.2 实验动物的移动和看护

所有动物饲养设施都应符合动物管理规范。动物管理人员每天必须至少观察一次动物状况。因为各种实验目的而移动实验动物时需要按照规范的流程。大多数家养和实验室的动物都比较温顺,日常管理比较容易,但一些大型动物如猫科、犬类、灵长类动物等,往往具有攻击性,需要遵从专门的规范。特别是在移动野生和半驯化的物种时,通常需要使用保护性的护具,或者通过使用镇静剂限制动物行为等。

9.7.3 实验动物的接收和检查

对新到的实验动物进行检查主要有以下几个目的:

(1)评估动物的健康状况。

(2)防止不同来源动物交叉污染。

(3)确保订单无误。

要注意不同来源动物的健康状况,防止不同来源动物在运输中发生交叉污染。每批新到的动物都应由接受过培训的专业人员进行接收和检查。应将新到动物放置在指定的接收区域的干净笼盒内,与观察室分开。最短预留 2 天的观察期。给予动物充分适应新环境的时间以利于其免疫功能、皮质酮水平和其他生理参数趋于稳定。对于合法获得的流浪动物、获赠的动物、野生动物等应当在接收后观察更长一段时间,比如 1—6 周。观察期的长短取决于动物种类、动物的健康状况。同时,建议对新动物进行检疫以确认是否存在病原体。

9.7.4　动物尸体、手术废弃物的处理

实验结束后,须将动物尸体、动物组织、提取物、垫料、用过的饲料等放入带有一次性衬垫和密封盖的防渗漏金属容器或塑料容器中,容器应标有"生物危害"(BioHarzad)标志。须将其当作易传染的有害垃圾处理,交由学校或者研究所的专门人员回收处理,切忌与普通垃圾一起处理。大型实验动物生病或死亡都应该立即通知兽医。确认动物死亡后,应将其放置于一次性塑料袋中并立即送至尸体检查室冷藏储存,然后根据指示进行解剖或废料处理。对于使用过的手术针头、刀片等锋利物件,应该储藏在具有醒目"生物危害"标志的利器盒里,交由专门人员回收处理。

9.8　动物实验记录的规范

为了保证动物实验结果的客观性,除了进行正确的实验操作之外,还需要如实进行实验记录,以方便后续实验评估。客观和规范的实验记录也是学术规范的重要部分。研究机构一般都会提供规范的实验记录本,用于记录整个实验过程、药物使用、动物状况等信息,研究者也可以根据实验需要记录其他内容和指标。对于大型动物实验,应针对每一只动物制作一份单独的实验记录,甚至每天制作一条记录。对于较小的动物或较简单的实验,可以几个动物共用一份实验记录。

9.9　本章总结

本章主要阐述了与动物实验和实验动物相关的基本伦理和规范,主要内容包括:

(1) 动物保护的发展历史,动物福利对动物实验研究的要求,3R 原则在动

物实验中的积极意义,以及活体动物实验报告(ARRIVE)规范。

(2) 实验动物伦理审查的原则,以及 IACUC 伦理审查的流程。

(3) 动物麻醉和动物手术的伦理与规范,实验动物组织共享计划,动物饲养、移动、尸体处理、手术废弃物处理的规范,动物实验记录的规范等。

思考与练习

练习与简答

1. (判断题)镇痛药物需要在明显的疼痛发生之前使用。

2. (判断题)动物安乐死可以用化学方法进行,也可以用物理方法进行。

3. (判断题)执行动物安乐死时,用化学方法之后必须再以另一个物理方法确认动物无法苏醒。

4. (判断题)在任何环境下,啮齿类动物可以用私人交通工具运输。

5. (判断题)接受动物运输时,可以暂时将笼盒放在实验室外的走廊里。

6. (判断题)在急性处死动物的步骤中,可以使用过期的药物来减轻疼痛。

7. (多选题)下列说法正确的是:

A. 啮齿类动物一般麻醉前不禁食,要禁水

B. 啮齿类动物一般麻醉前禁食,不禁水

C. 啮齿类动物一般麻醉前不禁食,也不禁水

D. 麻醉方法主要有气体麻醉、药物麻醉、复合麻醉

8. (多选题)下列说法正确的是:

A. 手术者应穿干净的防护服,佩戴无菌口罩和无菌手套,可不佩戴外科手术帽

B. 手术过程中应监测动物的生命体征,如呼吸模式、皮肤/黏膜颜色和麻醉深度

C. 对灭菌的器械进行无菌操作并尽量保持在无菌环境中以减小污染的可能性

D. 灭菌后手术器材及手套能在同一手术操作中重复使用

E. 术后至少需要记录：动物/笼子名称，日期，麻醉药和止痛药的剂量，手术操作过程，任何手术或麻醉并发症

F. 不以恢复知觉为目的的任何动物手术都被称为非存活手术。非存活手术一般无须保持无菌技术

9. (多选题)生物医学研究的伦理原则包括：

A. 知情同意原则

B. 控制风险原则

C. 免费和补助原则

D. 支持研究的原则

E. 保护隐私原则

F. 依法补偿原则

G. 特殊保护原则

10. 生物医学伦理的定义是什么？

11. ARRIVE 和 NC3Rs 的英文全称和中文全称是什么？如何使用 ARRIVE 指南？

12. 如何实现有效的知情同意？

参考文献

[1] du SERT N P, HURST V, AHLUWALIA A, et al. Revision of the ARRIVE guidelines: rationale and scope[J]. BMJ open science, 2018, 2(1): e000002.

[2] HOFFMANN U, SHENG H, AYATA C, et al. Anesthesia in experimental stroke research[J]. Translational stroke research, 2016, 7(5): 358-367.

[3] SOONTHON-BRANT V, PATEL P M, DRUMMOND J C, et al. Fentanyl does not increase brain injury after focal cerebral ischemia in rats[J]. Anesthesia & analgesia, 1999, 88(1): 49-55.

[4] SCHIFILLITI D, GRASSO G, CONTI A, et al. Anaesthetic-related neuroprotection: intravenous or inhalational agents? [J]. CNS drugs, 2010, 24(11): 893-907.

[5] BHARDWAJ A, CASTRO III A F, ALKAYED N J, et al. Anesthetic choice of halothane versus propofol: impact on experimental perioperative stroke[J]. Stroke, 2001, 32(8): 1920-1925.

[6] ZHAO P, ZUO Z. Isoflurane preconditioning induces eeuroprotection that is inducible nitric oxide synthase-dependent in neonatal rats[J]. The journal of the American Society

of Anesthesiologists，2004，101(3)：695-703.

[7] ZHAO P，PENG L，LI L，et al. Isoflurane preconditioning improves long term neurologic outcome after hypoxic ischemic brain injury in neonatal rats［J］. Anesthesiology. 2007，107(6)：963-970.

[8] ZHU W，WANG L，ZHANG L，et al. Isoflurane preconditioning neuroprotection in experimental focal stroke is androgen-dependent in male mice［J］. Neuroscience，2010，169(2)：758-769.

[9] ZHAO X，YANG Z，LIANG G，et al. Dual effects of isoflurane on proliferation, differentiation, and survival in human neuroprogenitor cells［J］. The journal of the American Society of Anesthesiologists，2013，118(3)：537-549.

[10] PAYNE R S，AKCA O，ROEWER N，et al. Sevoflurane-induced preconditioning protects against cerebral ischemic neuronal damage in rats［J］. Brain research，2005，1034(1-2)：147-152.

[11] ZHAO P，JI G，XUE H，et al. Isoflurane postconditioning improved long-term neurological outcome possibly via inhibiting the mitochondrial permeability transition pore in neonatal rats after brain hypoxia-ischemia［J］. Neuroscience，2014，280：193-203.

[12] COLE D J，DRUMMOND J C，SHAPIRO H M，et al. Influence of hypotension and hypotensive technique on the area of profound reduction in cerebral blood flow during focal cerebral ischaemia in the rat［J］. British journal of anaesthesia，1990，64(4)：498-502.

[13] SUKHOTINSKY I，DILEKOZ E，MOSKOWITZ M A，et al. Hypoxia and hypotension transform the blood flow response to cortical spreading depression from hyperemia into hypoperfusion in the rat［J］. Journal of cerebral blood flow & metabolism，2008，28(7)：1369-1376.

[14] SUKHOTINSKY I，YASEEN M A，SAKADŽIĆ S，et al. Perfusion pressure-dependent recovery of cortical spreading depression is independent of tissue oxygenation over a wide physiologic range［J］. Journal of cerebral blood flow & metabolism，2010，30(6)：1168-1177.

[15] CLARK J D，GEBHART G F，GONDER J C，et al. The 1996 guide for the care and use of laboratory animals［J］. ILAR journal，1997，38(1)：41-48.

[16] CASS J S，CAMPBELL I R，LANGE L. A guide to production，care and use of laboratory animals. An annotated bibliography. 7. Special techniques；preparation of

animals for use; handling; anesthesia, euthanasia, resuscitation; surgical techniques [C]. Federation proceedings. 1963, 22: 115-144.

[17] ADAMCAK A, OTTEN B. Rodent therapeutics[J]. Vet clin North Am exot anim pract, 2002, 221-237, viii.

[18] BAYNE K. Developing guidelines on the care and use of animals[J]. Annals of the New York Academy of Sciences, 1998, 862(1): 105-110.

[19] CARBONE L. Pain management standards in the Eighth edition of the guide for the care and use of laboratory animals[J]. Journal of the American Association for Laboratory Animal Science, 2012, 51(3): 322-328.

[20] BAYNE K. Revised guide for the care and use of laboratory animals available[J]. The physiologist, 1996, 39(4): 199, 208-211.

[21] ROUSH W. Care guide gives labs more freedom[J]. Science, 1996, 271(5256): 1664-1664.

[22] National Institutes of Health. Guide for the care and use of laboratory animals[M]. 8th ed. Washington D. C. : National Academy Press, 2011.

[23] DODDS W J. Animal models for the evolution of thrombotic disease[J]. Annals of the New York Academy of Sciences, 1987, 516: 631-635.

[24] PARASURAMAN S, RAVEENDRAN R, KESAVAN R. Blood sample collection in small laboratory animals[J]. Journal of pharmacology & pharmacotherapeutics, 2010, 1(2): 87.

[25] PAULOSE C S, DAKSHINAMURTI K. Chronic catheterization using vascular-access-port in rats: blood sampling with minimal stress for plasma catecholamine determination [J]. Journal of neuroscience methods, 1987, 22(2): 141-146.

[26] YOBURN B C, MORALES R, INTURRISI C E. Chronic vascular catheterization in the rat: comparison of three techniques[J]. Physiology & behavior, 1984, 33(1): 89-94.

[27] HEM A, SMITH AJ, SOLBERG P. Saphenous vein puncture for blood sampling of the mouse, rat, hamster, gerbil, guineapig, ferret and mink[J]. Laboratory animals. 1998; 32(4): 364-368.

[28] LIU L, DUFF K. A technique for serial collection of cerebrospinal fluid from the cisterna magna in mouse[J]. Journal of Visualized Experiments, 2008 (21): e960.

[29] BAYNE K. Developing guidelines on the care and use of animals[J]. Annals of the New York Academy of Sciences, 1998, 862(1): 105-110.

[30] ROZEMOND H. Laboratory animal protection: the European Convention and the Dutch

Act[J]. Veterinary quarterly，1986，8(4)：346-349.

[31] RUSSELL W M S, BURCH R L. The principles of humane experimental technique [M]. London：Methuen & Co. Ltd，1959.

[32] 梁月琴,杨波. 大鼠、小鼠给药及采血的几点体会[J]. 山西医科大学学报. 2000,31(1)：92-93.

[33] 施文,孙永强. 小鼠尾静脉注射和采血简易固定装置的制作和使用方法[J]. 免疫学杂志. 2011,27(9)：807.

[34] 吴晓晴,郝晨霞. 160 只小鼠心脏采血的操作体会[J]. 实验动物科学与管理. 2004,21(1)：50-54.

[35] 明盛金,李俊,尹维箫,等. 一种改良大鼠心脏采血方法的探讨[J]. 吉林医药学院学报, 2012,33(2)：86-87.

10 涉及人的生物医学研究的基本伦理与规范①

10.1 前言与学习目标 ————————————●

如何保证人类使用的药物或者使用的医疗器械既是安全的,又是有效的?毫无疑问,必须通过科学研究来验证。当这些药物或者医疗器械的作用对象是人时,用以验证它们安全性和有效性的研究对象也一定是人。这些参与药物或者医疗器械临床试验的人,我们称之为受试者。药物和医疗器械临床试验只是生物医学研究中的一小部分,在其他生物医学研究中也会涉及把人作为研究对象的情况,比如对人的心理行为的研究,对两种不同治疗方法的研究,对人的某些遗传学特征的研究等。这些参与生物医学研究的人,即便是仅仅提供了他们的生物样本供研究者使用,都被称为受试者。

人类受试者为生物医学科学的发展做出了巨大的贡献,可以说,没有这些受试者,生物医学科学不会发展到今天的高度。在历史上曾有一些生物医学研究存在损害受试者利益的不当行为,比如著名的塔斯基吉(Tuskegee)梅毒试验、米尔格伦(Milgram)实验等,这些研究使公众对生物医学研究产生的风险以及能否得到有效监管产生了巨大疑虑。公众的支持和社会的认可是生物医学研究得以开展、生物医学科学得以发展的必要条件。因此保护参与生物医学研究的人类受试者的生命和健康,维护他们的尊严,保障他们的合法权益,是每一个研究者以及所有相关从业人员必须深入思考的问题。

---

① 编者:江一峰,上海交通大学医学院附属第一人民医院副研究员。

我们希望通过学习本章内容,学生能达成如下目标:

(1) 熟悉生物医学研究伦理的国际指南与国内法规。

(2) 掌握生物医学研究的伦理原则及其在研究过程中的具体应用。

(3) 了解生物医学研究相关伦理委员会的组成、运行,以及伦理审查的形式、内容和方法。

10.2 相关指南与法规

10.2.1 《纽伦堡法典》

第二次世界大战后,同盟国在德国纽伦堡组织了国际军事法庭,审判在这场战争中犯有罪行的德国战犯。除了战争罪犯以外,有一群德国军医被指控谋杀等罪名,因为在战争期间他们开展了一系列人体试验,比如绝育计划、双胞胎实验、疟疾实验、新药致死剂量实验、黄磷严重灼伤救治实验等,而这些研究对受试者造成了巨大伤害,甚至是残疾和死亡。针对这些明显违反人道的科学研究,1946 年纽伦堡法庭制定了全球第一部人体试验规范——《纽伦堡法典》(*The Nuremberg Code*)[1]。《纽伦堡法典》制定了人体试验的基本准则,一共有 10 条,因而又被称为《纽伦堡十项道德准则》。

《纽伦堡法典》的 10 条准则如下:

(1) 受试者的自愿同意是绝对必要的。这意味着接受实验的人应具备表示同意的法律能力,能够自由选择,不受任何外力的干涉、欺骗、隐瞒、胁迫、诈骗或者其他隐蔽的限制或强迫;应具有充分的知识和理解能力,以便对参与的实验做出真实而准确的决定。受试者做出同意决定前,应让其知晓实验的性质、期限、目的、方法及实施的手段,所有可预料的不便和危险,以及对其本人或其他试验参与者健康的影响。确保知情同意质量的义务和责任,落在每个发起、指导和从事这项实验的个人身上。

(2) 实验应产生对社会有益的丰硕成果,这些成果用其他研究方法或手段无法获得,并且在本质上不是随机的或不必要的。

(3) 设计实验应立足于动物实验的结果,并基于对疾病自然病程和正在研究的其他问题的了解,预期的结果将证明实验的过程是合理的。

（4）开展实验时应避免给受试者造成任何不必要的身体和精神上的痛苦和创伤。

（5）事先就有依据预测会导致残疾或死亡的实验一律不得开展,除非在这些实验中实验医生把自己作为受试者。

（6）实验的风险不应超过实验所要解决的问题的人道主义价值。

（7）应做好充分的准备并提供足够的设施以保护受试者,避免其遭受甚至是最小可能的创伤、残疾和死亡。

（8）实验只能由具有科学资质的人员来开展。在实验的各个阶段,负责实施和参与的人员都应具备最高的技术水平和管理水平。

（9）在实验过程中,当受试者的身体或精神状态已不可能继续参加实验时,他应有终止参加实验的自由。

（10）在实验过程中,负责实验的科学工作者必须做好在实验的任何一个阶段终止实验的准备,当他有充分的理由相信如果实验继续进行,即使通过善意的操作、高超的技术和审慎的判断,仍有可能对受试者造成创伤、残疾或死亡的结果时。

10.2.2 《赫尔辛基宣言》

为了规范以人作为受试者的医学研究,避免受试者因为参加医学研究而在生理或心理上受到伤害,1964 年世界医学会颁布了《赫尔辛基宣言》(*Declaration of Helsinki*)[2]。《赫尔辛基宣言》自颁布起就被国际社会广泛认同并使用,是最为重要的人类医学研究伦理准则。很多国家已将这一宣言吸收进本国法律,成为规范医学研究的主要依据。

《赫尔辛基宣言》迄今为止经过 9 次修订,最近一次 2013 年 10 月在第 64 届世界医学大会上通过。2013 年修订后的《赫尔辛基宣言》分为 12 个部分共 37 条。12 个部分分别为:前言,一般原则,风险、负担和获益,弱势群体和个人,科学要求和研究方案,研究伦理委员会,隐私和保密,知情同意,安慰剂使用,试验后的规定,研究注册及研究结果的出版和发布,以及临床实践中未经证明的干预措施(全文见附录)。

10.2.3 《涉及人的生命科学和医学研究伦理审查办法》

《涉及人的生命科学和医学研究伦理审查办法》(以下简称《办法》)由中国国家卫生健康委、教育部、科技部、国家中医药局于 2023 年 2 月 18 日发布,自发布之日起施行[3]。在内容和监管方面,《办法》在内容方面明确了医疗卫生伦理委员会的职责和任务;补充了伦理审查的原则、规程、标准和跟踪审查的相关内容;阐述了知情同意的基本内容和操作规程。

《办法》明确了涉及人的生物医学研究的范围,包括① 采用物理学、化学、生物学、中医药学等方法对人的生殖、生长、发育、衰老等进行研究的活动;② 采用物理学、化学、生物学、中医药学、心理学等方法对人的生理、心理行为、病理现象、疾病病因和发病机制,以及疾病的预防、诊断、治疗和康复等进行研究的活动;③ 采用新技术或者新产品在人体上进行试验研究的活动;④ 采用流行病学、社会学、心理学等方法收集、记录、使用、报告或者储存有关人的涉及生命科学和医学问题的生物样本、信息数据(包括健康记录、行为等)等科学研究资料的活动。

在监管方面,《办法》指出开展涉及人的生命科学和医学研究的二级以上医疗机构和设区的市级以上卫生机构(包括疾病预防控制、妇幼保健、采供血机构等)、高等学校、科研院所等机构是伦理审查工作的管理责任主体,应当设立伦理审查委员会。同时,项目研究者应实现有效的知情同意,保障受试者享有的权利。而在基本要求方面,《办法》规定涉及人的生命科学和医学研究应当符合 6 项基本要求:控制风险,知情同意,公平公正,免费和补偿、赔偿,保护隐私权及个人信息,特殊保护。

10.2.4 《药物临床试验质量管理规范》

《药物临床试验质量管理规范》(以下简称《规范》)由中国国家药监局和国家卫健委在 2020 年 4 月 23 日修订并颁布,自 2020 年 7 月 1 日起施行[4]。《规范》的目的是为了保证药物临床试验过程规范,数据和结果的科学、真实、可靠,保护受试者的权益和安全。《规范》适用于在我国为申请药品注册而进行的药物临床试验,共 9 章 83 条。

《规范》参考国际通行做法,细化了药物临床试验中包括申办者、研究者、临床试验机构和伦理委员会在内的各方职责。《规范》将伦理委员会作为单独章节,指出伦理委员会的职责是保护受试者的权益和安全,并对伦理委员会的组成、工作职责、审查规范、文件档案等均提出了具体要求。《规范》进一步强调了受试者保护,要求伦理委员会应当特别关注弱势受试者,审查受试者是否受到不正当影响,受理并处理受试者的相关诉求。

10.3　伦理原则及其应用

在讨论涉及人的生物医学研究的伦理原则时,首先需要了解医学伦理发展历史上的一个著名事件:塔斯基吉梅毒实验。梅毒是一种古老的性传播疾病,曾于15、16世纪在全球蔓延,并传播流行至今。在20世纪早期,梅毒还是一种无法被治愈的疾病。为了研究这种疾病的自然病程,1932年美国公共卫生部支持开展了一项研究,在亚拉巴马州塔斯基吉大学的协助下招募了大约600名非洲裔黑人男子参加。这些黑人受试者中,约400人是梅毒感染者,另200人未感染梅毒。研究人员对受试者隐瞒了真实情况,没有一个受试者被告知这项研究的真正目的,他们以为他们参加的是一项免费治疗"坏血病"的实验。为了研究梅毒的传播以及对人体的损害情况,研究人员也没有向这些黑人受试者提供针对梅毒的治疗,尽管当时并没有可治愈这种疾病的有效手段。到了20世纪40年代,青霉素已经成为梅毒的标准治疗用药,梅毒的治疗手段有了根本性的突破,但是研究人员仍然阻止这些黑人受试者获得相关的信息且未提供相应的治疗。实验在这种情况下持续了40年,一直到1972年,有媒体发现了真相并向公众进行了披露,这项在伦理和道德上存在重大缺陷的研究才不得不终止。而当实验终止时,在这些黑人受试者中,已有一百多人死于梅毒或梅毒的并发症,此外还有数十人的亲属被传染了梅毒。

塔斯基吉梅毒实验的真相一经披露就在当时的美国社会引起轩然大波并遭到广泛谴责。为了规范涉及人类受试者的生物医学和行为学研究,美国在1974年批准了国家研究法,同时组建了一个11人的委员会专门负责研究保护人类受试者的伦理原则和指南。到了1979年,委员会将他们的研究结果编成了《贝尔蒙报告:保护参加科研的人体试验对象的道德原则和方针》(*The Belmont Report: Ethical Principles and Guidelines for the Protection of Human*

Subjects of Research）并发布在美国联邦政府公报上，这份文件通常被称为《贝尔蒙报告》[5]。

《贝尔蒙报告》基于美国联邦法规制定了保护受试者的伦理原则，全文共分为三个部分，包括临床医疗与医学研究的界限、人体研究的基本伦理原则、伦理原则的应用。《贝尔蒙报告》在全文的第二部分中对涉及人体的生物医学和行为学研究的伦理原则进行了如下阐述："在被我们文化传统广泛接受的原则中，有三个基本原则与涉及人体的科学研究密切相关：对人的尊重、有益和公正"。

10.3.1　尊重原则与知情同意

在涉及人的科学研究中，"尊重"包含了两层意思。第一是个人享有自主权。在研究中，只要所有参与研究的研究对象具有自主能力，那么他们个人的意见和选择就必须得到尊重和保护。只要研究对象没有对别人造成危害，就不能妨碍他的选择和行动。反之，如果随意否定研究对象的想法和观点，剥夺他们基于这些想法和观点去实施行动的自由，或者阻碍他们去获得有用的信息，则是不尊重研究对象的表现。第二是保护丧失自主能力的人。现实中，并不是每个人都具有自主能力，有些人由于躯体或精神上的疾病导致自主能力部分或全部缺失，或者因为其他因素比如自由受到限制而丧失了一定的自主权，这时候就应该为这些人提供特别的保护，以防止研究对他们造成伤害。

尊重原则要求根据受试者的能力，向他们提供选择的机会，让其决定是否参加某项试验。而这个选择机会体现在提供知情同意的过程中。由此可见，获取受试者的知情同意体现了伦理道德中最基本的一个原则：对人的尊重。

知情同意是涉及人的科学研究开展过程中的必要环节，但是在实践中，研究人员常常会忽视受试者的知情同意权。有时候，可能是因为研究者缺乏知情同意的理念，而更多的时候，则是研究者未能真正理解知情同意的概念和相关知识。

那么，什么是知情同意呢？知情同意是一个在研究者和受试者之间发生的信息交换的过程，这个过程从受试者第一次接触研究信息时已经开始，并可能一直延续到研究结束后研究结果的公布。因此，知情同意可以发生在研究开始前、研究过程之中，甚至是研究结束后。知情同意包含了三个要素：信息、理解和自愿。三要素与"知情同意"四个字相对应，"知"就是理解，"情"表示信息，"同意"即为自愿。

信息指的是在研究者和受试者之间交流与传播的内容。在涉及人的科学研究中,有些信息必须向受试者进行传播,这些信息包括研究目的、研究过程、受试者如何被挑选、受试者的风险和获益,以及受试者的权利等。在特殊情况下,某些信息如果向受试者公开可能会减弱研究的有效性,比如一些社会心理学的研究,当受试者知道研究的目的和方法时,可能会对研究结果产生重大影响。这时候,在保证对受试者没有潜在危险的前提下,可以暂时不向受试者公开这些信息。但是在适当时候,比如研究结束后,这些信息还是应该告知受试者。

理解意味着在研究者和受试者交流的过程中,信息需要得到有效地传播。有效传播首先要求研究者根据受试者的能力决定传达信息的方式,比如受试者是正常成年人还是婴儿或儿童,抑或是精神疾病患者。其次要求研究者采取有效的措施保证让受试者理解所传达的信息,这些措施包括信息传递时研究者清晰地表达,给予受试者充分思考的时间和提问的机会。必要时研究者可以测试受试者的理解能力。对于那些理解能力受限的受试者,需要制定特殊的规定,比如当受试者是未成年人时,知情同意需要由法定监护人代为实施。

自愿指的是在信息向受试者传播并被理解后,得到受试者的有效同意。这就要求研究者不仅不能强迫受试者做出决定,同时也不能过度影响受试者做出的决定。比如,当研究者是领导或老师的身份,而受试者是下属或学生时,后者往往会受到前者的无形压力,这时候需要研究者进行适当的声明以消除受试者的压力;又比如,当研究项目向参与者提供高额的经济补偿时,有些贫困人群可能会因为这些经济诱惑而同意参与并不适合自己的实验,尤其当参与者为此而隐瞒自身存在的禁忌证时会造成非常大的风险,这时候需要研究者帮助受试者排除这些诱惑,使受试者能够按照自己的意愿做出合理的选择。

知情同意是一个信息交换的过程,在一项研究开展前、过程中和结束后,知情同意包括几个阶段:① 受试者招募阶段。受试者通过各种资料信息知晓这项研究,在临床试验中,招募广告即为典型的研究前提供给受试者的信息。② 受试者阅读知情同意书阶段。受试者准备参与研究,通过知情同意书文本了解研究的信息,此时研究者可以进行解释。③ 受试者提问和研究者回答阶段。受试者对不理解的地方提出问题,研究者进行回答。④ 签署知情同意书阶段。受试者理解研究信息后,自愿同意参与研究,受试者和研究者共同在知情同意书上签字。⑤ 研究过程中的沟通阶段。包括研究者告知新产生的各种信息,以及向受试者提供各种咨询。⑥ 研究结束后的信息交流阶段。研究者得到研究结果后可通过不同途径公布对受试者有用的信息。

从上述六个阶段中可以发现,知情同意书是体现知情同意的重要信息载体。一份合格的知情同意书不仅以文字的形式承载了科学研究中受试者所应获得的大量信息,同时也以签字的形式确定了研究者和受试者双方的权利与义务。可以说,知情同意书是保障受试者知情同意的法律性的文件,正因为如此,知情同意书文本的审查是研究项目伦理审查的核心环节之一。

一份完整的知情同意书通常来说需要包括三部分要素:一般要素、科学要素和伦理要素。一般要素应该包括:① 阐明"研究"的性质,即受试者参与的是一项研究或试验,所涉及的干预手段或方案是否存在不确定性;② 研究资料的保密,包括哪些人可以接触资料,哪些信息可能会被公开,个人身份识别信息的保护,以及资料存放和销毁的措施;③ 受试者在研究中需要承担的责任;④ 研究人员的姓名和联系方式。科学要素包括:① 研究的背景和目的;② 研究的时间和期限;③ 研究中需要招募的受试者数量;④ 研究的方法,这其中包含了需要让受试者了解的两项重要内容,即受试者入组方式和研究过程,通俗地说,就是让受试者知道"我是被如何分组的",以及"入组后我应该做些什么"。伦理要素包括:① 研究可能出现的风险;② 研究预期的获益;③ 受试者在研究中受到损害后的救治措施和补偿;④ 受试者自愿参加研究的权利;⑤ 受试者可能在研究中需要自行支付的费用;⑥ 受试者参加研究将会获得的费用。

除了要素完整性,语言表述也是判断一份知情同意书合格与否的重要因素。科学研究所面对的受试者绝大部分没有相关的科学专业背景,这就决定了要让受试者理解研究信息,必须在知情同意书中使用非技术性语言。有些情况下,在描述研究背景、目的、方法时可能需要用到一些专业用语,这时应该尽可能使用使受试者更容易理解的描述方式,必要时可以加入注解。此外,一项研究可能会在不同的地区甚至不同的国家同时开展,这时候,知情同意书应该使用本地化的语言,以更符合该地区或国家受试者的习惯。

为了确保知情同意完全出自受试者本人的意愿,研究者必须合理地获取知情同意。首先,应该由合适的人去获取知情同意,包括有必要的身份,比如主要研究者、研究者助手、翻译或律师等,以及有必要的专业能力和沟通能力。其次,应该在合适的时间和地点去实施知情同意的过程。在时间上要留给受试者充分的时间去考虑或者咨询他人的建议,当一些研究的风险比较大时,还可以鼓励受试者与家人一起讨论并做出决定;在进行沟通和双方在知情同意书上签字的时候,应该提供一个独立、不易被打扰的场地,特别在一些涉及敏感问题的研究中,场地的私密性尤其重要。最后,应该用正确的方式去获取知情同意,包括前面已经提到的对知情同意书的阅读、解释、提问、回答和签字,当涉及一些弱势群体比如儿童或认知障碍者时,还应该注意受试者法定监护人的作用。

10.3.2　有益原则与风险获益评估

有益原则要求让参与科学研究的受试者获得高于所承担风险的直接或间接的收益。这些收益可能是研究所带来的对个体状况比如健康的正面影响,也可能是通过研究得到的知识、方法或经验所带来的对整个社会的积极意义。涉及人的科学研究中,有益首先表现为不伤害。不伤害一直都是医学道德领域的基本原则之一,在研究领域同样如此——要求研究者不得从主观的角度做出各种损害受试者安全和权益的行为。需要注意的是,不伤害原则并非意味着科学研究过程中对受试者身体或精神上绝对不造成任何伤害,研究过程中风险总是存在的,不伤害所要求的是研究者不能有任何主观的伤害意图。

在没有主观伤害的基础上,有益原则进一步表现为研究中尽可能降低潜在风险并提高可能的获益。有时候一项研究的风险很小,但当其无法使受试者或社会获益时,即使风险再小也不应该被执行;有时候一项研究尽管风险较大,但却能给受试者或社会带来更大的收益,这个时候可以考虑予以批准研究,但前提是必须提出具有针对性的风险管理和控制的措施,比如科学的纳入标准和排除标准,严格的随机化入组方式等。

要实现科学研究的风险最小化和获益最大化,需要研究的实施者和监管者对研究项目进行风险获益评估。研究风险指的是受试者在参与研究的过程中可能遭受的损害。这些损害可能是躯体上的,也可能是心理上的。有些损害比较明显,比如躯体的创伤或身体机能的缺失;有些损害则容易被忽视,比如数据安全出现问题导致受试者个人身份识别信息泄露。研究者应该正视每一类研究风险,不论其大小,因为再小的风险都有可能对受试者造成伤害,当这种伤害未得到及时处置,或者即使处置也会对受试者产生不可逆的影响时,损害的不仅是受试者个人的权益,同时也会对研究者和研究机构带来经济上或声誉上的损害。获益可以是直接的,即为受试者本人带来的各种益处,比如更为准确地诊断疾病,或是更好地改善身体状况;也可是间接的,有时候一些研究并不能直接给受试者带来益处,但研究结果可能给其他人群带来益处,这种社会的获益即为间接获益,比如采集生物样本开展肿瘤基因的研究并不能使样本提供者直接获益,但却可能为这类肿瘤病因或治疗手段的研究提供证据。

在研究过程中,风险获益评估是持续不间断的,而非仅在研究启动时。作为专业人员,研究者在设计研究方案时就必须全盘考虑研究的目标、方法、措施所可能产生的获益以及潜在的风险。在研究实施过程中,研究者需要根据研究进展结合新出现的信息持续评估潜在的风险有没有增加的可能性,风险和获益比是否会随之出现变化。当研究结束后,在进行研究结果的分析、总结和发布时,研究者仍应该评估这项研究是否会给受试者个体带来后续的风险,比如有些药物的不良反应可能是远期的,这时就需要研究者制订一个更为长期的受试者随访计划。有些研究结束后,研究者甚至还要考虑研究结果是否有可能对整个人群或社会带来错综复杂的影响,这一点在一些人类生命科学前沿领域的研究中显得尤为重要,比如基因编辑研究、异种器官移植研究等。

与研究者一样,伦理委员会同样需要不断地进行风险获益评估,这样的评估体现在伦理审查的整个环节,从初始审查开始,到定期的跟踪审查,再到结题审查,期间还要对各种情况如方案修正、不良事件发生、方案违背、研究暂停或研究提前终止等进行审查,以保证研究的风险和获益始终置于伦理审视之下,使受试者的安全和权益得到保障。

风险获益评估的难度在于,每个人基于自身的科学和伦理考量,对于同一件事会产生不同的评价。风险是大还是小,影响显著还是轻微,获益明显还是不明显,现实中往往很难用定量的方法进行评估甚至是描述。所以在对风险和获益进行评估时,应尽可能进行系统性和规律性的分析。这就要求评价者积累关于这项科学研究的全部信息并加以综合分析,同时充分掌握相关的背景知识或其他可用的研究结论辅助判断。此外,评价者应尽可能包含不同的专业和社会背景的研究人员,如来自生物医学、社会学、伦理学、法学等不同领域,以及来自不同专业机构和不同社区等。评价者可以通过建立体系、制度和操作规范来实现以上几点,最终得到一个多数人认可的、相对完整的、更贴近于客观事实的评估结论。

最后,在评估科学研究项目的合理性时应考虑以下三点:① 任何非人道地对待受试者的行为在道德上都是绝对不允许的,此时无须评估风险和获益。② 潜在的风险应减少到对于达到研究目标而言是必须的程度。风险是始终存在的,无法完全消除,但可以通过修正研究方法和措施而减少。③ 当研究存在对受试者产生较大损害的风险时,研究者和监管审核机构应特别注意研究的合理性,并综合评估受试者能否从研究中获益,以及受试者参与研究是否完全出于自愿。

10.3.3　公正原则与受试者选择

涉及人的科学研究中的公正原则意味着必须正确选择试验对象。任何一项涉及人的科学研究,只要其研究目的不与某类人群的特殊情况有关,那么就应该优先选择那些更有能力承担研究风险的人群作为受试人群。如果试验并非出于直接的研究目的而招募弱势群体,其中的原因包括有些人群更容易因经济状况而参加研究,或者是在研究中更容易被研究者随意支配其行为,那将给弱势人群带来巨大的潜在风险。因此合理地选择受试者,必须有一个优先顺序,比如成人先于儿童,精神正常者先于精神疾病患者等。只有当研究是以一类特殊人群为研究的目标人群时,这类人群才可以作为受试者参加试验。因此,研究者在选择受试人群的过程中,应极力避免某些处于弱势的群体并非因为与研究有直接关系而被有意选择。

哪些人群属于弱势群体?在社会学定义中,弱势群体主要是指那些在政治、经济、文化等方面处于弱者地位,因而在社会活动中缺乏竞争力的人群。而在参与科学研究的受试者中,弱势群体所包含的人群范围除了社会性的弱势人群外,还包括生理性的弱势人群,即那些因为年龄、疾病等原因缺乏或者丧失自主能力的人。生理性的弱势人群往往因为无法自主参与知情同意的过程,不能充分表达自己的真实情感,因而在科学研究中处于更易被摆布的地位,比如儿童、孕妇、精神疾病者和认知障碍者等。而社会性的弱势人群由于缺乏社会竞争力或者话语权,在科学研究中更容易受到外部压力或诱惑的影响,从而承受更大的研究风险,比如囚犯、终末期病人、雇员和学生等。将各类弱势群体作为受试者时应注意以下事项。

(1) 儿童:儿童由于在认知、判断和表达等诸多方面能力不足,无法有效理解科学研究的各类信息并正确评估风险与获益。此外,从法律角度上看儿童属于未成年人,在参与科学研究时尚未达到签署知情同意文件的法定年龄,不具备完全民事行为能力,需要由其法定监护人代为签署。

(2) 孕妇:孕妇由于其怀孕期间的特殊状况而面临更多潜在的、额外的研究风险。一方面,孕妇本身的健康状况有别于一般人,另一方面,研究也会给胎儿带来风险。后者更需要引起注意,因为有些研究比如药物试验尽管对孕妇本身没有伤害,却可能给胎儿带来无法预计的影响。

(3) 精神疾病者和认知障碍者:由于这两类人群在理解科学研究知情告知信息及做出理性决定的能力方面有存在缺陷的可能,因此属于弱势群体。但这种能力缺陷具有时间和程度的特征,即缺陷可能在一定时间内存在或有轻重程度的差异,因此在具体实践中应对个体的行为能力进行认定,以判断其是否能够执行自主权利。

(4) 终末期病人:尽管有很多终末期病人在社会地位、经济实力等方面都不属于弱势的人群,但这类人群更容易在一些医学研究中获得潜在的收益,即健康状况有可能得到改善,出于对生存的渴望,从而接受研究的风险甚至接受在某些情况下不愿意接受的研究要求,比如提供生物样本进行额外的遗传学研究。

(5) 囚犯:不同于普通人,囚犯更容易受到外部的压力和诱惑的影响。相较于传统的强制力而带来的压力,来自"自由"的诱惑更值得关注。在一些风险很高的药物临床试验中,参与的囚犯会在试验期间获得更多的与家人接触甚至共同生活的机会,在这种情况下,这部分人群将有更大的意愿去承受研究的带来风险。

(6) 雇员和学生:一些科学研究为了在短期内招募合格的受试者,会选择其公司的雇员或研究者的学生参与试验。由于雇员和学生都属于"下属人群",他们的地位使他们在做出选择决定的时候更有可能受到过度的压力,比如担心如果拒绝参加研究会影响到他们的职位、晋升机会或者与导师的关系,等等。

在科研中,弱势群体可能会比普通受试者面临更多的风险或受到更严重的研究伤害,这是由于这些群体的个人能力、经济状况、社会地位和健康状况等因素决定了他们会受到比普通人更大的压力、更多的诱惑,或者更易被支配。因此,弱势群体需要在研究过程中得到比普通受试者更多的保护。维护科学研究的公正原则,从选择弱势群体作为受试者的合理性和必要性方面进行充分考虑,是保护弱势群体的首要环节。弱势群体不应该被刻意选择参与那些可以由非弱势群体承担的,或者无法从中获得直接或间接收益的临床试验。

值得注意的是,弱势群体并非科学研究的禁区,为了避免伦理问题而拒绝接纳弱势群体参与可能使其获益的科学研究,恰恰是对弱势群体最大的不公正。把弱势群体排除在科学研究之外,是保护弱势群体的伦理认知所面临的另一个问题。"公正"在社会学中的定义为人人享有自由平等的权利,因此弱势群体同样享有参与科学研究的权利。没有风险就没有收益,一旦拒绝接纳弱势群体参与科学研究,那么很多针对特殊人群的有益的研究结果将最终无法准确而又有效地获得。比如因缺乏临床有效性和安全性数据,导致儿科大量使用成人药物,经常发生超说明书用药的情况;再比如孕妇通常被排除在药品、疫苗和医疗设备的临床试验之外,结果当孕妇不得不使用这些药品、疫苗或设备时,医务人员却对其安全性和有效性知之甚少。这些试验数据的缺乏对整个未成年人和孕妇群体而言,有失公允。

10.4　伦理委员会和伦理审查 ─────────────●

10.4.1　伦理委员会的职能和组成

1. 医疗机构中的伦理委员会

在医疗机构中,根据职能的不同会设置不同的伦理委员会。比如我国《人体器官移植条例》要求"医疗机构从事人体器官移植,应当具备下列条件:有由医学、法学、伦理学等方面专家组成的人体器官移植技术临床应用与伦理委员会"[6];《人类辅助生殖技术管理办法》要求"申请开展人类辅助生殖技术的医疗机构应当符合下列条件:设有医学伦理委员会"[7],并在《人类辅助生殖技术和人类精子库伦理原则》中规定"实施人类辅助生殖技术的机构应建立生殖医学伦理委员会,委员会应由医学伦理学、心理学、社会学、法学、生殖医学、护理学专家和群众代表等组成"。同样地,开展人体相关的科学研究也必须设立相应的伦理委员会。《涉及人的生命科学和医学研究伦理审查办法》中规定了"开展涉及人的生命科学和医学研究的二级以上医疗机构和设区的市级以上卫生机构(包括疾病预防控制、妇幼保健、采供血机构等)、高等学校、科研院所等机构是伦理审查工作的管理责任主体,应当设立伦理审查委员会,并采取有效措施提供资源确保伦理审查委员会工作的独立性"。

不同性质的伦理委员会职能各不相同,人体器官移植技术临床应用与伦理委员会主要负责人体器官移植的相关伦理审查和培训,生殖医学伦理委员会则主要负责辅助生殖的相关伦理审查和培训。而本节主要阐述涉及人的生物医学研究的伦理委员会,它的主要职责是对本机构开展涉及人的生物医学研究项目进行伦理审查,组织开展相关伦理审查培训,从而实现保护受试者合法权益,维护受试者尊严,促进生物医学研究规范开展的目的。在医疗机构内,这些伦理委员会可以分别独立设置,也可以联合设置成一个总的伦理委员会,下设不同分委会。不管采用哪种形式,医疗机构必须保障每一个伦理委员会的顺畅运作,提供必要的人力、场地和经费,并确保伦理委员会的独立运行。

2. 涉及人的生命科学和医学研究相关伦理委员会

医疗机构开展涉及人的生命科学和医学研究,必须设立伦理委员会,这些研究必须通过伦理审查后方可开展。那么哪些研究属于"涉及人的生命科学和医学研究"呢?《涉及人的生命科学和医学研究伦理审查办法》中将这些研究分为四类并进行了明确定义:① 采用物理学、化学、生物学、中医药等方法对人的生殖、生长、发育、衰老等进行研究的活动;② 采用物理学、化学、生物学、中医药学、心理学等方法对人的生理、心理行为、病理现象、疾病病因和发病机制,以及疾病的预防、诊断、治疗和康复进行研究的活动;③ 采用新技术或者新产品在人体上进行试验研究的活动;④ 采用流行病学、社会学、心理学等方法收集、记录、使用、报告或者储存有关人的涉及生命科学和医学问题的生物的样本、信息数据(包括健康记录、行为等)等科学研究资料的活动。简而言之,无论是干预性研究还是观察性研究,只要是和人相关的,都必须由伦理委员会进行伦理审查。

医疗机构的伦理委员会(专指涉及人的生命科学和医学研究相关伦理委员会,下同)是独立于临床或基础研究机构之外的常设机构,其主要职能是保护参与科学研究的人类受试者的权利与福祉。伦理委员会对科学研究的审查具有独立性,其他个人或部门不可以更改伦理委员会的审查结果。依照《涉及人的生命科学和医学研究伦理审查办法》,在医疗机构中,伦理委员会审查的研究项目包括临床研究、涉及人的基础研究,以及与人相关的其他研究。伦理委员会需要制定伦理审查的章程、制度和标准操作规程,为所有涉及人的生命科学和医学研究项目提供独立的伦理审查和监督。

根据研究发起人的不同,临床研究项目又可以分为申办者发起的临床试验和研究者发起的临床研究。有些医疗机构还单独设置了专门审查申办者和研究者发起的临床研究项目的伦理委员会。这类伦理委员会在英语中一般称为Institutional Review Board(IRB)。

伦理委员会必须遵循国内相关法规、规章和一些国际伦理指南。前者包括《涉及人的生命科学和医学研究伦理审查办法》《药物临床试验质量管理规范》《医疗器械临床试验质量管理规范》《中华人民共和国人类遗传资源管理条例》等一系列文件,后者包括《纽伦堡法典》《赫尔辛基宣言》《涉及人的生物医学研究国际伦理准则》和《生物医学研究审查伦理委员会操作指南》等。

伦理委员会的成员一般包括主任委员、副主任委员、委员、秘书和工作人员。主任委员、副主任委员和委员负责对临床试验方案进行审阅、讨论及评估,拥有伦理审查和投票的权力。秘书和工作人员负责人员接待、资料交接、形式审查、会议准备、文档保管等伦理委员会的日常运行,但不具有伦理审查和投票的权力。伦理委员会的委员包括生命科学、医学、生命伦理学、法学等不同领域的专家,在人员隶属关系上必须包括本机构和非本机构的委员,在性别上必须包括不同性别的委员。根据《涉及人的生命科学和医学研究伦理审查办法》,伦理委员会的委员人数不能少于七人。委员必须经过培训后方可正式参加伦理审查工作并拥有审查权和投票权。当委员自身的学术背景或专业能力无法满足某个研究项目的审查要求时,伦理委员会还可以聘请独立顾问提供咨询意见,但独立顾问没有投票权。此外,对于伦理委员会出席审查会议的委员人数和取得有效审查结果的投票人数均有法定要求,没有达到法定人数时,伦理委员会的审查会议或审查结果是无效的。

伦理委员会除了对生物医学研究项目开展伦理审查,提供审查意见,并进行跟踪审查之外,还可对开展试验的机构和人员进行实地访查,受理受试者的申诉并协调处理,接受其他管理部门的稽查与视察。当遇到主要研究者初次执行临床试验研究方案、新的机构开展研究工作、发生严重不良事件或者严重方案违背事件、经常性不递交伦理审查文件等情况时,伦理委员会可指派委员开展实地访查,以监督研究者及研究机构规范开展临床试验,保障受试者的安全和权益。当受试者对其自身权益或福利有疑虑时,伦理委员会有责任受理受试者的咨询或申诉,与受试者就权益问题进行沟通,并采取必要的行动。当其他管理部门有合法合规的稽查或视察要求时,伦理委员会应进行充分准备来回答相关部门及访视人员在评估、稽查或视察中所提出的问题。

伦理委员会对研究项目的档案负有管理和保护的责任,应保证所有研究文档在准备、维护、递送、归档过程中的完整性和保密性，并且在任何时候都能方便地被调阅。伦理委员会保存的文档包括法规指南、章程制度、标准操作规程、委员档案、培训记录、伦理记录文档和工作日志等。其中，伦理记录文档包括伦理审查的书面记录、委员信息、递交文件、会议记录和相关往来记录，根据《药物临床试验质量管理规范》和《医疗器械临床试验质量管理规范》的要求，药物和医疗器械临床试验的伦理记录文档应分别保留至试验完成后至少 5 年和 10 年[4, 8]。

10.4.2　伦理审查的形式和内容

1. 形式审查

在开展涉及人的科学研究之前，研究者应该准备好伦理审查资料并向伦理委员会递交，在通过伦理审查后，研究方可开展。有些研究项目在伦理审查前还需要根据所在机构的要求完成项目的备案或立项。由申办者发起的注册类临床试验，还须由申办者向所在地的省、自治区、直辖市药品监督管理部门进行备案。

送伦理委员会审查的资料必须根据伦理委员会要求进行准备，一般包括：研究材料诚信承诺书伦理审查申请表、研究方案、知情同意书文本、研究项目负责人信息和研究项目所涉及机构的合法资质证明等。资料送审前，研究者应与伦理委员会进行充分沟通，了解送审文件的形式及份数、装订要求等。

由申办者发起的注册类临床试验，还需要根据相应的法规提供完整的伦理审查资料。比如药物临床试验需要提供的伦理审查资料包括：临床试验方案、知情同意书及其更新件、招募受试者的方式和信息、提供给受试者的其他书面资料、研究者手册、安全性资料、包含受试者补偿信息的文件、研究者资格证明文件和伦理委员会履行其职责所需要的其他文件。医疗器械临床试验需要提供的资料则包括：临床试验方案、知情同意书文本和其他提供给受试者的书面材料、招募受试者和向其宣传的程序性文件、研究者手册、病例报告表文本、研究者资格证明文件、临床前研究相关资料、基于产品技术要求的产品检验报告、试验医疗器械研制符合医疗器械质量管理体系相关要求的声明和伦理审查相关的其他文件。

伦理委员会收到送审资料后，受理送审申请和送审文件，并进行形式审查。秘书或者工作人员根据伦理委员会对送审资料的要求核对送审文件，确保所需文件没有遗漏，如有遗漏，则须立即通知申请人并要求申请人补齐相关遗漏文件后再次送审。此外，还需要检查伦理审查申请表是否填写完整，是否经主要研究者或项目负责人签署姓名和日期。

伦理委员会可以进一步核查送审的研究方案及知情同意书文本是否完整。研究方案应包括以下内容：① 研究的基本信息，如研究方案名称、版本号、日期，研究者姓名、职称、职务等；② 研究背景资料，如研究目标人群、干预方式、对受试人群已知或潜在的风险和收益、数据来源和参考文献等；③ 研究目的；④ 研究设计，如对照方式、盲法、随机方法、干预或观察的方法、研究终点、受试者参与研究期间的安排、暂停或终止研究的标准、数据采集、处理记录等；⑤ 统计学考虑；⑥ 研究结果发表的约定。在一些干预性的临床试验中，研究方案还应该包括安全性评价方法、有效性评价方法、对不良事件的规定等内容。必要时还需要提供研究经费来源和临床试验保险等说明。

知情同意书应包括以下内容：① 研究目的、研究基本内容、流程、方法及研究时限；② 研究者基本信息及研究机构资质；③ 研究可能给研究参与者、相关人员和社会带来的益处，以及可能给研究参与者带来的不适和风险；④ 对研究参与者的保护措施；⑤ 研究数据和研究参与者个人资料的使用范围和方式 ，是否进行共享和二次利用，以及保密范围和措施；⑥ 研究参与者的权利，包括自愿参加和随时退出、知情、同意或不同意、保密、补偿、受损害时获得免费治疗和补偿或赔偿、新信息的获取、新版本知情同意书的再次签署、获得知情同意书等；⑦ 研究参与者在参与研究前、研究后和研究过程中的注意事项；⑧ 研究者联系人和联系方式、伦理审查委员会联系人和联系方式、发生问题时的联系人和联系方式；⑨ 研究的时间和研究参与者的人数；⑩ 研究结果是否会反馈研究参与者；⑪ 告知研究参与者可能的替代治疗及其主要的受益和风险；⑫ 涉及人的生物样本采集的，还应当包括生物样本的种类、数量、用途、保藏、利用（包括是否直接用于产品开发、共享和二次利用）、隐私保护、对外提供、销毁处理等相关内容。

在《国际人用药品注册技术协调会的临床试验质量管理规范》(ICH-GCP)中，对提供给受试者的书面的知情同意书及其他文字材料提出了 20 项要求内容[9]：① 参与的是一项研究/试验；② 试验目的；③ 试验中的治疗及随机分配到各种治疗的可能性；④ 试验过程，包括所有的有创操作步骤；⑤ 受试者的责任；⑥ 试验中的实验性部分；⑦ 对受试者造成的合理、可预见性的风险或不便（包括对胚胎、胎儿、哺乳的婴儿）；⑧ 受试者的合理、可预期的获益，如果没有直接临床获益必须明示；⑨ 受试者可获得的可替代治疗，及其风险和获益；⑩ 发生试验相关的伤害后，受试者可获得的治疗及补偿；⑪ 给受试者（因参与试验）的预计的费用;⑫ 需受试者(因参与试验)支付的预计的费用;⑬ 受试者自愿参与试验,可以拒绝或中途退出而不会受到利益上的损害;⑭ 在受试者的许可下,监察稽查等人员可直接访问受试者信息;⑮ 法律允许范围内,受试者的身份识别信息将获保密,包括试验结果发表时;⑯ 如果获得与受试者继续参加试验的愿望相关的信息,将及时向受试者通报;⑰ 提供联系人(如需进一步了解试验信息和受试者权利,或受试者受到试验相关伤害时);⑱ 受试者可能被终止参与试验的可能情况或原因;⑲ 受试者参与试验的预计期限;⑳ 参加试验的预计受试者人数。

完成形式审查后,伦理委员会根据标准操作规程对送审的临床试验方案进行编号,并签收存档。通过形式审查的研究项目将被安排进行伦理审查。

2. 初始审查

伦理委员会完成临床试验方案的受理和形式审查后,安排伦理审查。目前伦理审查的形式主要有三种:会议审查、快速审查和紧急会议审查。会议审查指伦理委员会通过审查会议的形式,对临床试验方案和知情同意书等文件进行充分讨论并表决形成决定,审查会议必须符合伦理委员会的会议规则。快速审查又称简易程序审查,由伦理委员会指定的1至2名委员进行审查,产生审查结果后报告伦理委员会形成决定。如果遇到直接或间接影响公众利益、造成国家经济损失、危及研究安全性或受试者生命等紧急情况,则召开紧急会议进行审查。

采用哪种审查形式主要根据研究风险的大小来决定。《涉及人的生命科学和医学研究伦理审查办法》要求在一般情况下临床试验项目都应通过会议审查的方式进行审查,只有当研究风险不大于最小风险时可以采用快速审查即简易审查程序进行审查。因此在决定一个研究项目的审查形式时,需要评估这个项目的研究风险是否属于"最小风险"。在生物医学研究中,最小风险指的是试验中预期风险的可能性和程度不大于日常生活或进行常规体格检查或心理测试的风险。

无论采用会议审查还是快速审查的形式,伦理委员会都要对研究项目的科学性和伦理性进行审查。为了兼顾伦理审查的科学性和伦理性,伦理委员会的成员必须包括不同领域的专业人员,且每次出席审查会议或者负责快速审查的委员必须来自不同领域。生物医学领域的委员重点审查研究方案的科学性,伦理学、法学、社会学等领域的委员则重点审查研究方案和知情同意的伦理性。对研究方案的科学性审查,主要审查研究设计、潜在风险、预期获益、风险的预防和控制、受试者的选择等;伦理性审查,主要审查知情同意书文本的内容和语言、获取知情同意的过程、招募广告等。此外,伦理委员会还应审查研究者的资质和能力、研究者的利益冲突问题、研究机构的资质和条件,涉及生物样本采集、保藏和使用的,还应审查遗传资源的保护问题。

研究设计:对研究项目的科学设计进行审查时,主要考虑前期研究结果是否支持试验假说,研究设计是否能回答所提出的科学问题,受试者样本量大小是否合适,选择和分配受试者入组的方法是否存在偏倚,研究终点和统计方法是否合适。值得注意的是,有些研究由于研究本身的性质,往往在方案设计时无法避免各种偏倚,这将对伦理委员会的审查能力提出巨大挑战,比如有些医疗器械临床试验,由于存在器械特征明显、评价主观性大等特点,在平行对照设计的科学性和可行性方面会存在一定的缺陷。

潜在风险和预期获益:只要是涉及人的研究,就会存在研究风险,区别只在于风险的大小。一般情况下,干预性研究均有可能存在较大的研究风险,并可能对受试者造成负担。因此伦理委员会必须准确评估研究可能对受试者个人或群体造成的潜在的风险,考虑这些风险是否已经最小化,并将潜在风险和预期获益进行比较。只有当一项研究的预期获益大于潜在风险,并已对潜在风险实施合理、有效的管控措施时,这项研究才符合伦理要求。

风险的预防和控制:必须评估研究者是否已对研究的相关风险进行了充分考量,并已建立风险预防的具体方案,对研究风险进行了最小化处理,尽可能避免或降低受试者受到伤害的可能性。同时,评估研究者是否对潜在风险提出了足够的应对措施,使受试者一旦受到伤害后能得到及时而有效的处置,尽可能降低受试者受伤害的程度。

受试者的选择:评价受试者的选择是否公平公正,包括所选择人群的公正性,即考虑哪些类型的人群可以参加一项特定的研究,尤其是这类人群是否具有负担这项研究的能力,以及所选择个体的公正性,即每个潜在的受试者是否有同样的机会在承担研究风险的同时通过研究获益。

知情同意书文本的内容:研究者必须将必要的研究信息告知受试者,因此伦理委员会需要对知情同意书文本中所包含研究信息的完整性进行审查。知情同意的内容在《涉及人的生命科学和医学研究伦理审查办法》《药物临床试验质量管理规范》和《医疗器械临床试验质量管理规范》等法规中都有明确的要求,伦理委员会应参照法规要求对不同类型研究的知情同意书文本内容提出有针对性的审查要求。在审查过程中,应重点对受试者权利(比如受试者可以拒绝参加试验而不会受到不公正的待遇,受试者可以在试验过程中随时退出等)、风险揭露、获益描述、信息保护、受试者受损害后的赔偿和补偿等内容进行评审。

知情同意书文本的语言:研究者应确保受试者理解研究相关信息,因此伦理委员会需要评价知情同意书等文字材料的语言是否通俗易懂,能够为不具备研究相关领域专业知识的人群所理解。知情同意书文本的语言应注意不能包含太多的技术性词汇,在一些技术性词汇必须出现时,应有比较通俗的解释;在审查全球多中心临床试验时,还应注意知情同意书文字及语句的本地化,对于不适用于本土的文字表述(比如一些海外专有的医疗保险的描述),应参照本地区的风俗习惯或社会情况予以修正。

获取知情同意的过程:伦理委员会通过审查研究者获取受试者知情同意的过程来确保受试者的同意决定真实有效。这项审查主要评估获取知情同意的研究人员是否合适,获取知情同意的时间和场所是否恰当,获取的方式方法是否对受试者存在诱导、压迫或其他的不当影响。

伦理委员会应及时对所审查的研究项目做出决定并向研究者传达。伦理决定分三类:① 批准,即认为该项研究符合伦理要求,同意该项研究开展,伦理委员会直接出具同意性文件;② 修改后批准(做出必要修正后批准),即研究方案或知情同意书文本等需要进行修改,伦理委员会提出详细的修改意见,研究者(在注册类临床试验中为申办者)须按照意见完成修改并再次递交伦理委员会进行复审;③ 不批准,即认为该项研究不符合伦理要求,因而不同意该项研究开展,此时伦理委员会需给出不批准的详细理由。需要指出的是,在《药物临床试验质量管理规范》和《医疗器械临床试验质量管理规范》中,伦理委员会的审查决定分为以上三类,而在《涉及人的生命科学和医学研究伦理审查办法》中,伦理委员会的审查决定除以上三类外,还有一类修改后再审。修改后再审,即一些关键内容如研究方案或知情同意书等需要进行较大修改,由伦理委员提出详细的修改建议,由研究者或申办者参照建议完成修改后,伦理委员会再次进行会议审查并做出决定。修改后再审与修改后批准的区别在于,前者修改幅度较大或修改内容较为复杂,伦理委员会需要根据修改后的情况进行再一次的会议审查,而后者只需要根据伦理委员会提出的具体审查意见进行简单修改,伦理委员会则采取快速审查的形式核对修改内容是否符合要求。由于各项法规之间存在差异,因此不同伦理委员会的审查决定类别也会存在差异。

3. 跟踪审查

研究项目通过伦理审查后,伦理委员会仍须对每一项研究进行跟踪审查。跟踪审查包括修正案审查、持续审查、暂停或终止研究审查、结题审查,以及严重不良事件审查和方案违背审查。和初始审查一样,跟踪审查的形式包括会议审查、快速审查和紧急会议审查。

修正案是指对研究方案的修改变更或正式澄清的书面说明。这里的研究方案是广义的,包括研究方案本身、知情同意书文本、病例报告表、研究者手册和招募广告等所有研究相关文件。修正案包括了对研究相关文件所做的任何修改、变更、澄清或注释,但不包括文字勘误。在研究进行期间,研究方案的任何修改均应经伦理委员会审查并同意后方可实施。伦理委员会应从保障受试者安全和权益的角度评估是否接受对研究方案提出的修正。伦理委员会对修正案的审查主要关注:研究设计的改变,包括纳入或排除标准的改变、干预方式的改变(如新增/剔除治疗、给药途径改变、用药剂量改变等)和受试者数量的改变等;研究管理的改变,比如主要研究者的变更、研究机构的变更;受试者权益的改变,比如知情同意书文本的修改、招募广告的增加。审查结果和初始审查一样,可以包括批准、修改后批准、修改后再审和不批准。

持续审查是指年度或定期跟踪审查。伦理委员会初审时根据研究的风险程度决定持续审查频率,根据法规要求,持续审查频率至少为每12个月一次。持续审查的目的是在研究实施的过程中定期评估受试者遭受的风险的程度。研究者应按照伦理委员会的要求按时提交研究进展报告。伦理委员会在持续审查时主要关注:研究的进展情况、研究过程中发生的严重不良事件和方案违背情况、受试者安全情况(是否有受试者受到伤害,是否有受试者退出)、研究者情况(是否有研究者变更,是否有新的利益冲突),以及是否有改变研究风险或者获益的信息。审查结果包括继续开展研究、补充资料后重审、暂停或终止研究。

终止研究审查是指对研究者或申办者提前终止研究进行审查,目的是审查研究提前终止后受试者的安全和权益是否能够得到有效保障。研究者或申办者应向伦理委员会报告提前终止研究的原因,以及对受试者的后续处理措施。伦理委员会在终止研究审查时主要关注:研究的开展情况、研究中发生的严重不良事件和方案违背情况、受试者安全情况、研究终止的具体原因、研究的后续计划(包括数据及样本的处理计划、知情同意计划、受试者善后计划等)。审查结果包括同意终止、补充资料后重审、暂缓或不同意终止。

　　结题审查是指对研究项目的结题报告进行审查,目的是为了审查整个研究过程中受试者的安全和权益是否得到了保障。研究者或申办者应向伦理委员会报告研究的完成情况。伦理委员会在结题审查时主要关注：研究的完成情况、研究中发生的严重不良事件和方案违背情况、受试者安全情况、研究的后续计划(是否有后续信息以及是否有后续的治疗性干预)。审查结果包括同意结题、补充资料后重审、暂缓结题。

　　严重不良事件审查是指对研究者或申办者报告的严重不良事件进行审查,包括审查严重不良事件的程度与范围、对研究风险和获益的影响,以及对受试者的保护措施。在临床试验相关法规中,对严重不良事件有明确的定义,指的是临床试验过程中发生的需住院治疗、延长住院时间、伤残、影响工作能力、危及生命或死亡、导致先天畸形等事件。伦理委员会应确保研究者掌握严重不良事件上报的政策和程序,并在获知严重不良事件发生后及时进行审查与讨论。对严重不良事件的审查要点为：① 判断事件与研究干预措施的因果关系,是肯定有关、可能有关、可能无关、肯定无关,还是无法判定? ② 分析事件对研究产生的影响,主要评估是否会产生新的研究风险,风险可能影响的范围,风险是否可控或者可避免,以及是否改变了研究的风险/获益比。③ 采取必要的措施和行动,对于个体的受试者,评估其是否应继续参加研究,对于研究方案,则评估是否需要对其进行修正,当伦理委员会认为继续开展研究可能会对个体受试者或者受试者群体产生更大的或更多的伤害时,可以做出暂停或终止研究的决定。

　　方案违背审查是指对研究实施过程中发生的不依从或违背研究方案的事件进行审查,以评估该事件是否影响受试者的安全和权益,以及是否影响研究的风险和获益。伦理委员会应要求申办者或研究者就事件的原因、影响及处理措施予以说明。方案违背审查的要点为：① 判断事件的严重性,尤其是对受试者的影响;② 分析事件发生的原因,是研究者的责任,还是受试者的问题,或者是研究方案设计不合理;③ 采取必要的措施和行动,包括进一步提供相关信息,对研究者或受试者进行额外的培训或教育,对研究方案进行修正,甚至暂停或终止研究。

　　伦理跟踪审查是保护参与科学研究的受试者的安全和权益的重要手段,研究者必须熟悉相关法规,根据伦理委员会的要求及时递交文件资料,并遵从伦理委员会的审查意见,执行伦理委员会的审查结果。

10.5　本章总结 ———————————————————————————●

　　为了维护参与生物医学研究的人类受试者的尊严,充分保护他们的生命和健康,各国际组织纷纷提出了保护人类受试者的伦理指南。其中最著名的是《纽伦堡法典》和《赫尔辛基宣言》。《纽伦堡法典》制定了人体试验的基本准则,包括受试者的自愿同意绝对必要,人体试验应得到有益的结果,人体试验应立足于动物实验的结果,必须尽力避免受试者肉体上和精神上的痛苦以及受试者残疾甚至死亡。《赫尔辛基宣言》规定了以人作为受试者的医学研究的伦理原则和限制条件,包括一般原则,风险、负担和获益、弱势群体和个人、科学要求和研究方案,研究伦理委员会,隐私和保密,知情同意,安慰剂使用,试验结束后的规定,研究注册、研究结果的出版和发表,临床实验中未被证明的干预措施。我国《涉及人的生命科学和医学研究伦理审查办法》和《药物临床试验质量管理规范》也明确了对受试者安全和权益的保护,并对伦理委员会和伦理审查提出了具体的规范和要求。

　　有三个基本原则与涉及人的科学研究密切相关:对人的尊重、有益和公正。尊重原则要求根据受试者的能力,向他们提供选择的机会,让他们决定是否参加某项实验,这个选择机会体现在知情同意的过程中。有益原则要求让受试者获得高于所承担风险的直接或间接的收益,因此需要研究的实施者和监管者对研究项目进行风险和获益评估。公正原则意味着必须正确选择试验对象,应该优先选择更有能力承担研究风险的人群作为受试者,并且对已经参与研究的弱势群体提供特别的保护。

　　医疗机构开展涉及人的生物医学研究,必须设立伦理委员会,这些研究必须通过伦理审查后方可开展。医疗机构的伦理委员会是独立于临床或基础研究机构之外的常设机构,对科学研究的审查具有独立性。伦理委员会的组成必须符合我国相关法规的要求,其职能是对生物医学研究项目开展伦理审查,提供审查意见,进行跟踪审查,并对开展实验的机构和人员进行实地访查,受理受试者的申诉,接受其他管理部门的稽查与视察。伦理审查的流程包括研究者递交审查材料,伦理委员会进行形式审查,通过后安排伦理审查,最终做出审查决定并传达。伦理审查的形式包括会议审查、快速审查和紧急会议审查,采用何种审查形式主要根据研究风险的大小来决定。伦理审查的重点包括研究设计、潜在风险、预期获益、风险管理、受试者选择,以及知情同意书文本的内容和语言、获取知情同意的过程、研究者和研究机构的资格、研究者利益冲突和遗传资源保护等。通过伦理审查后,伦理委员会仍须对每一项研究进行跟踪审查,包括修正案审查、持续审查、暂停或终止研究审查、结题审查,以及严重不良事件审查和方案违背审查。

思考与练习

 练习与简答

1. 为何在纽伦堡审判中有医生被指控谋杀等罪名?

A. 未对患者进行积极救治

B. 诊治患者过程中导致患者死亡

C. 开展了反人道的人体试验

D. 开展人体试验的过程中伪造了数据

2. 为什么说塔斯基吉梅毒研究是不符合伦理原则的研究?

A. 没有给受试者足够的经济补偿　　B. 对受试者进行了隐瞒和欺骗

C. 受试者全部是黑人　　　　　　　D. 研究没有得到国家批准

3.《贝尔蒙报告》的主要内容是:

A. 伦理委员会的审查方法指南

B. 人体试验中的知情同意与损害赔偿

C. 生物医学和行为研究中的受试者保护

D. 社会公众医学信息的隐私与保护

4. 如何在临床试验中体现"对人的尊重"?

A. 做好知情同意　　　　　　　　B. 进行风险评估

C. 正确选择受试者　　　　　　　D. 为受试者提供合理补偿

5. 哪一类人群不属于临床试验中的弱势群体?

A. 未成年人　　B. 妇女　　　C. 囚犯　　　　D. 精神疾病患者

6. 下列哪种审查方式不是伦理委员会常规的审查方式?

A. 会议审查　　　B. 快速审查　　　C. 紧急审查　　　D. 公开审查

7. 伦理委员会的审查方式根据什么来决定?

A. 课题申报的时限　　　　　　B. 研究的风险

C. 研究的类别　　　　　　　　D. 研究的预期结果

8. 涉及人的临床研究必须通过伦理委员会审查是为了:

A. 保护受试者的权利与福祉　　B. 获得伦理委员会的批准文件

C. 满足相关论文发表的要求　　D. 当受试者受到损害时可避免赔偿

9. 关于伦理委员会的组成,下列哪一项说法是错误的?

A. 伦理委员会的职务包括主任委员、委员和秘书等

B. 伦理委员会的委员必须包括非医学背景的委员

C. 伦理委员会的委员必须包括伦理学专业的委员

D. 伦理委员会的委员必须包括非本单位的委员

10. 关于知情同意的描述,下列哪项是正确的?

A. 是一个在研究者和受试者之间发生的信息交换的过程

B. 是一个在伦理委员会和受试者之间发生的信息交换的过程

C. 是一份研究者签署的表示承诺并执行义务的文件

D. 是一份受试者签署的表示知情并同意参与的文件

📑 思考与讨论

1. 在涉及人的生物医学研究中,研究者在保护受试者安全和权益方面有哪些职责?

2. 有些研究,比如一些社会心理学实验,一旦需要获取受试者的知情同意,研究将无法得到有效的结果,这时知情同意是否可以豁免? 如果可以的话,需要哪些必要条件?

📑 案例分析

结合安全规范及诚信规范的内容,讨论以下案例中涉及的伦理问题。

2016 年 6 月开始,时任南方科技大学副教授的贺某私自组织包括境外人员

参加的项目团队,蓄意逃避监管,使用安全性、有效性不确切的技术,实施国家明令禁止的以生殖为目的的人类胚胎基因编辑活动。2017 年 3 月至 2018 年 10 月,贺某通过他人伪造伦理审查书,招募 8 对志愿者夫妇(艾滋病病毒抗体男方阳性、女方阴性)参与实验。为规避艾滋病病毒携带者不得实施辅助生殖的相关规定,策划他人顶替志愿者验血,指使个别从业人员违规在人类胚胎上进行基因编辑并植入母体,最终致使 2 名志愿者怀孕,其中 1 名已生下双胞胎女婴(其余 6 对志愿者有 1 对中途退出实验,另外 5 对均未受孕)。

2018 年 11 月 26 日,贺某宣布,一对基因编辑双胞胎已于当月在中国出生,这对双胞胎的一个基因经过修改,意在使她们出生后即能天然抵抗艾滋病病毒感染,如果成功,她们将成为世界首例免疫艾滋病的基因编辑婴儿。消息一出,立刻引发国内外科学界的质疑和谴责。112 位中国科学家针对此实验发表联合声明,称实验存在严重的生命伦理问题。

虽然此次贺某通过基因编辑人类胚胎的目的看似正义,但却是对伦理道德发起的一次挑战。作为基因编辑婴儿,这对双胞胎在胚胎阶段就被进行改造,她们可以说是"被迫"地接受了编辑,两个新生儿在生命之初就丧失了选择"正常人生"的权利,更无从谈及研究者对生命的尊重。同时,基因编辑存在的种种潜在风险,包括给双胞胎女婴和她们家庭带来的影响,绝不是贺某一句"我本人会负起责任"就可以承担的。

(提示:从基本伦理、安全、诚信角度开展讨论。)

参考文献

[1] 麦克林,孙彤阳.《纽伦堡法典》的重新审视——当今的普遍性和相关性[J]. 中国医学伦理学,2017,30(4):531-532.

[2] World Medical Association. World Medical Association declaration of Helsinki:ethical principles for medical research involving human subjects[J]. Journal of the American Medical Association,2013,310(20):2191-2194.

[3] 中华人民共和国国家卫生健康委员会. 涉及人的生命科学和医学研究伦理审查办法[EB/OL].(2023-02-18)[2023-05-30]. http://www. gov. cn/zhengce/zhengceku/2023-02/28/content_5743658. htm content_5227817. htm.

[4] 中华人民共和国国家品监督管理局,中华人民共和国国家卫生健康委员会. 药物临床试验质量管理规范[EB/OL].(2020-04-26)[2023-02-10]. https://www. nmpa. gov. cn/xxgk/fgwj/xzhgfxwj/20200426162401243. html.

［5］U. S. Department of Health and Human Service. The Belmont report.［EB/OL］.（1979-04-18)［2023-02-10］. https://www. hhs. gov/ohrp/regulations-and-policy/belmont-report/read-the-belmont-report/index. html.

［6］中华人民共和国国务院. 人体器官移植条例［EB/OL］.（2007-04-06)［2023-02-10］. http://www. gov. cn/flfg/2007-04/06/content_575602. htm.

［7］中华人民共和国卫生部. 人类辅助生殖技术管理办法［EB/OL］.（2001-02-20)［2023-02-10］. http://www. gov. cn/gongbao/content/2002/content_61906. htm.

［8］中华人民共和国国家品监督管理局,国家卫生健康委员会. 医疗器械临床试验质量管理规范［EB/OL］.（2022-03-31)［2023-02-10］. https://www. nmpa. gov. cn/xxgk/fgwj/xzhgfxwj/20220331144903101. html.

［9］ICH. ICH-GCP E6（R2)［EB/OL］.（2016-11-09)［2023-02-10］. https://database. ich. org/sites/default/files/E6_R2_Addendum. pdf.

附录 1

赫尔辛基宣言
——涉及人类受试者的医学研究伦理原则

于 1964 年 6 月在芬兰赫尔辛基的第 18 届世界医学会联合大会通过。

并在以下几届修订：

第 29 届世界医学会联合大会，日本东京，1975 年 10 月；

第 35 届世界医学会联合大会，意大利威尼斯，1983 年 10 月；

第 41 届世界医学会联合大会，中国香港，1989 年 9 月；

第 48 届世界医学会联合大会，南非西苏玛锡，1996 年 10 月；

第 52 届世界医学会联合大会，苏格兰爱丁堡，2000 年 10 月；

第 53 届世界医学会联合大会，美国华盛顿，2002 年 10 月；

第 55 届世界医学会联合大会，日本东京，2004 年 10 月；

第 59 届世界医学会联合大会，韩国首尔，2008 年 10 月；

第 64 届世界医学会联合大会，巴西福塔雷萨，2013 年 10 月。

前言

1. 世界医学会（WMA）制定《赫尔辛基宣言》（以下简称《宣言》），是作为对涉及人类受试者的医学研究（包括对可识别身份的人体材料和数据的研究）的有关伦理原则的一项声明。

《宣言》应整体阅读，其中每一段落的运用都应考虑到其他相关段落的内容。

2. 与世界医学会的一贯宗旨相同，《宣言》主要针对医生。但世界医学会鼓励参与涉及人类受试者的医学研究的其他相关人员采纳这些原则。

一般原则

3. 世界医学会的《日内瓦宣言》用下列词语约束医生："患者的健康是我的首要考虑。"而且《国际医学伦理准则》也宣告："医生在提供医护时应从患者的最佳利益出发。"

4. 促进和保护患者的健康和权益（包括那些参与医学研究的患者）是医生的责任。医生的知识和良心应奉献于实现这一责任的过程。

5. 医学的进步是以研究为基础的，这些研究必然包含了涉及人类受试者的研究。

6. 涉及人类受试者的医学研究的基本目的是了解疾病的起因、发展和影响，并改进预防、诊断和治疗干预措施（方法、操作和治疗）。即使对当前的最佳干预措施，也必须通过研究不断对其安全性、有效性、效率、可及性和质量进行评估。

7. 医学研究应遵循的伦理标准是促进并确保对所有人类受试者的尊重，保护他们的健康和权利。

8. 尽管医学研究的根本目的是为产生新的知识，但此目的不能凌驾于受试者个体的权益之上。

9. 参与医学研究的医生有责任保护受试者的生命、健康、尊严、公正、自主决定权、隐私和个人信息。保护受试者的责任必须由医生或其他医疗卫生专业人员承担，决不能由受试者本人承担，即使他们给予同意的承诺。

10. 医生在开展涉及人类受试者的研究时，必须考虑本国伦理和法律、法规所制定的规范、标准，以及适用的国际规范和标准。本《宣言》所阐述的任何一项受试者保护条款，都不能在国内或国际伦理和法律、法规所制定的规范、标准中被削减或删除。

11. 医学研究应在尽量减少环境损害的情况下进行。

12. 涉及人类受试者的医学研究必须由受过适当伦理和科学培训，且具备资质的人员来开展。对患者或健康志愿者的研究要求由一名能胜任的且具备资质的医生或医疗卫生专业人员负责监督管理。

13. 应为那些在医学研究中没有被充分代表的群体提供适当的机会，使他们能够参与研究。

14. 当医生将医学研究与临床医疗相结合时，只可让其患者作为研究受试者参加那些于潜在预防、诊断或治疗价值而言是公正的,并有充分理由相信参与研究不会对患者健康带来负面影响的研究。

15. 必须确保因参与研究而受伤害的受试者得到适当的补偿和治疗。

风险、负担和获益

16. 在医学实践和医学研究中,绝大多数干预措施具有风险,并有可能造成负担。只有在研究目的的重要性高于受试者的风险和负担的情况下,涉及人类受试者的医学研究才可以开展。

17. 在所有涉及人类受试者的医学研究项目开展前,必须认真评估该研究对个人和群体造成的可预见的风险和负担,并比较该研究为他们或其他受影响的个人或群体带来的可预见的益处。必须考量如何将风险最小化。研究者必须对风险进行持续监控、评估和记录。

18. 只有在确认对研究相关风险已做过充分的评估并能进行令人满意的管理时,医生才可以参与涉及人类受试者的医学研究。当发现研究的风险大于潜在的获益,或已有决定性的证据证明研究已获得明确的结果时,医生必须评估是继续进行、修改还是立即结束研究。

弱势的群体和个人

19. 有些群体和个人特别脆弱,更容易受到胁迫或者额外的伤害。所有弱势的群体和个人都需要得到特别的保护。

20. 仅当研究是出于弱势人群的健康需求或卫生工作需要,同时又无法在非弱势人群中开展时,涉及这些弱势人群的医学研究才是正当的。此外,应该保证这些人群从研究结果,包括知识、实践和干预中获益。

科学要求和研究方案

21. 涉及人类受试者的医学研究必须符合普遍认可的科学原则,这应基于对科学文献、其他相关信息、足够的实验和适宜的动物研究信息的充分了解。实验动物的福利应给予尊重。

22. 每个涉及人类受试者的研究项目的设计和操作都必须在研究方案中有明确的描述。研究方案应包括与方案相关的伦理考量的表述,应表明本《宣言》中的原则是如何得到体现的。研究方案应包括有关资金来源、申办方、隶属机构、潜在利益冲突、对受试者的诱导，以及对因参与研究而造成的伤害所提供的治疗和/或补偿条款等。临床试验中，研究方案还必须描述试验后如何给予适当的安排。

研究伦理委员会

23. 研究开始前，研究方案必须提交给相关研究伦理委员会进行考量、评估、指导和批准。该委员会必须透明运作，必须独立于研究者、申办方及其他任何不当影响之外，并且必须有正式资质。该委员会必须考虑到本国或研究项目开展所在国的法律、法规，以及适用的国际规范和标准，但是本《宣言》为受试者所制定的保护条款决不允许被削减或删除。该委员会必须有权监督研究的开展，研究者必须向其提供监督所需的信息，特别是关于严重不良事件的信息。未经该委员会的审查和批准，不可对研究方案进行修改。研究结束后，研究者必须向委员会提交结题报告，包括对研究发现和结论的总结。

隐私和保密

24. 必须采取一切措施保护受试者的隐私并对个人信息进行保密。

知情同意

25. 个人以受试者身份参与医学研究必须是自愿的。尽管与家人或社区负责人进行商议可能是恰当的，但是除非有知情同意能力的个人自由地表达同意，否则他/她不能被招募进入研究项目。

26. 涉及人类受试者的医学研究中，每位潜在受试者必须得到足够的信息，包括研究目的、方法、资金来源、任何可能的利益冲突、研究者组织隶属、预期获益和潜在风险、研究可能造成的不适等任何与研究相关的信息。受试者必须被告知其拥有拒绝参加研究的权利，以及在任何时候收回同意退出研究而不被报复的权利。特别注意应为受试者个人提供他们所需要的具体信息，并注意提供信息的方法。在确保受试者理解相关信息后，医生或其他合适的、有资质的人应该设法获得受试者自由表达的知情同意，最好以书面形式。如果同意不能以书面形式表达，那么非书面的同意必须进行正式记录并有证明人在场。必须向所有医学研究的受试者提供获得研究预计结果相关信息的选择权。

27. 如果潜在受试者与医生有依赖关系，或有被迫表示同意的可能，在设法获得其参与研究项目的知情同意时,医生必须特别谨慎。在这种情况下,知情同意必须由一位合适的、有资质的且完全独立于这种关系之外的人来获取。

28. 如果潜在受试者不具备知情同意的能力,医生必须从其法定代理人处设法征得知情同意。这些不具备知情同意能力的受试者决不能被纳入他们没有获益可能的研究之中,除非研究的目的是为了促进该受试者所代表人群的健康,同时研究又不能由具备知情同意能力的人员代替参与,并且研究只能使受试者承受最小风险和最小负担。

29. 当一个被认为不具备知情同意能力的潜在受试者能够表达是否参与研究的决定时,医生在设法征得其法定代理人的同意之外,还必须征询受试者本人的这种表达。受试者的异议应得到尊重。

30. 当研究涉及身体或精神上不具备知情同意能力的受试者时(比如无意识的患者),只有在阻碍知情同意的身体或精神状况正是研究目标人群的一个必要特点的情况下,研究方可开展。在这种情况下,医生必须设法征得法定代理人的知情同意。如果缺少此类代理人,并且研究不能被延误,那么该研究在没有获得知情同意的情况下仍可开展,前提是参与研究的受试者无法给予知情同意的具体原因已在研究方案中被描述,并且该研究已获得伦理委员会批准。即便如此,仍应尽早从受试者或其法定代理人那里获得继续参与研究的同意意见。

31. 医生必须完全地告知患者在医疗护理中与研究项目有关的部分。患者拒绝参与研究或中途退出研究的决定,绝不能妨碍患者与医生之间的关系。

32. 对于使用可辨识的人体材料或数据的医学研究,通常情况下医生必须设法征得对收集、分析、存放和/或再使用这些材料或数据的同意。有些情况下,同意可能难以或无法获得,或者为得到同意可能会对研究的有效性造成威胁。在这些情况下,研究只有在得到伦理委员会的审查和批准后方可进行。

安慰剂使用

33. 一种新干预措施的获益、风险、负担和有效性,必须与已被证明的最佳干预措施进行对照试验,但下列情况除外:

在缺乏已被证明有效的干预措施的情况下,在研究中使用安慰剂或无干预处理是可以接受的;或者有强有力的、科学合理的方法论支持的理由相信,使用任何比现有最佳干预低效的干预措施或使用安慰剂或无干预处理对于确定一种干预措施的有效性和安全性是必要的,并且接受任何比现有最佳干预低效的干预措施或使用安慰剂或无干预处理的患者,不会因未接受已被证明的最佳干预措施而遭受额外的、严重的或不可逆伤害。要特别注意,对这种选择必须极其谨慎以避免滥用。

试验后的规定

34. 在临床试验开展前,申办方、研究者和主办国政府应制定试验后规定,以照顾所有参加试验,并仍需要获得在试验中确定的有益干预措施的受试者。此信息必须在知情同意过程中向受试者公开。

研究的注册及研究结果的出版和发布

35. 每项涉及人类受试者的研究在招募第一个受试者之前,必须在可公开访问的数据库进行登记。

36. 研究者、作者、申办方、编辑和出版者对于研究成果的出版和发布都有伦理义务。研究者有责任公开他们涉及人类受试者的研究结果,并对其报告的完整性和准确性负责。他们的报告应遵守被广泛认可的伦理指南。负面的、不确定的结果必须和积极的结果一起发表,或通过其他途径使公众知晓。资金来源、机构隶属和利益冲突必须在出版物上公布。不遵守本《宣言》原则的研究报告不应被接受发表。

临床实践中未经证明的干预措施

37. 对个体的患者进行治疗时,如果尚无被证明有效的干预措施或其他已知干预措施无效,医生在征得专家意见并得到患者或其法定代理人的知情同意后,可以使用尚未被证明有效的干预措施,前提是根据医生的判断这种干预措施有希望挽救生命、重建健康或减少痛苦。随后,应将这种干预措施作为研究对象,并对评估其安全性和有效性进行设计。在任何情况下,新信息都必须被记录,并在适当的时候公之于众。

附录 2

思考与练习参考答案

1 工程师和工程设计的基本伦理与规范

练习与简答

1. ① 确定相关的道德规范;② 明确主要矛盾冲突;③ 获取足够多的相关信息;④ 考虑所有可能的选项。

2. 可持续发展是既要满足当前需要,又不对子孙后代满足其自身需要的能力构成危害的发展。

3. 略

思考与讨论

略

案例分析

略

2 实验数据采集、保存及共享的基本规范

练习与简答

1. 采集数据质量要符合 ALCOA＋原则,即可归因性(attributable)、易读性(legible)、同时性(contemporaneous)、原始性(original)、准确性(accurate)、完整性(complete)、一致性(consistent)、持久性(enduring)和可获得性(available when needed)。

2. 建议数据采集之前注意:① 明确数据来源;② 明确抽样方案;③ 明确数据采集方法;④ 明确数据分析方法;⑤ 明确参与人员和场地的时间安排。欢迎读者根据实践经验补充更多。

3. 都不对。

4. 科学数据管理的"FAIR 指导原则",即改善数字资产的可查找性(Findability)、可获取性/可访问性(Accessibility)、互操作性(Interoperability)和重用性(Reusability)。

5. 建议中间数据保存考虑:① 过程的可溯源;② 过程的可重现。欢迎读者根据实践经验补充更多。

6. 前三个不对,D 是对的。

7. 数据共享中的风险包括:① 私密性的维护;② 匿名化被重新识别;③ 数据滥用;④ 共享数据造成的"偏见"。

思考与讨论

略

案例分析

讨论问题

1. 略

2. 略

3. 略

3 实验数据采集、分析及发表的统计学基本规范

练习与简答

1. False

2. False

3. ABCD

4. A

5. B

6. False

7. E

8. B

9. False

10. False

思考与讨论

略

4　学术交流与演讲的基本规范

练习与简答

1. False

2. ABC

3. B

4. A

5. C

6. B

7. ACD

8. ABCD

9. False

10. D

思考与讨论

略

5　学术论文写作的基本规范

练习与简答

1. ABC

2. BC

3. B

4. BC

5. AC

6. AD

7. B

8. ACD

9. 我们在投稿文章的同时一般要签署版权转移的协议,原则上当我们完成投稿的同时,文章的版权已经转移给所投杂志,所以一稿多投是违反版权协议的。

10. 由于论文的指导老师需要负责论文的修改以及最后核准论文出版等,按照作者资格条款应该具有署名资格。规范的署名,一般 First name 以及 Last

name需要全拼,只有 middle name 采用缩写。

11. 如果要在正文中引用前人的学术观点来佐证自己的观点,正确的引用方法是用自己的语言描述文献中的学术观点再添加引用。

12. 讨论部分非常关键,应该通过与前人研究结果的比较讨论研究结果的优点,提炼研究结果背后的原理,同时讨论潜在的局限以及可能的解决方案等。

13. 任何研究结果,只有他人能重复、验证,其结果才是真实可信的,才能成为知识进行传承。因而作为研究论文,在描述实验材料与方法时,一定要足够详细,让读者能够根据这些参数重现实验结果,否则会造成学术不端,导致发表的论文被撤稿。

14. 可以采用故事板的方式,把关键结果分别总结在便签纸上,改变顺序以找到最符合逻辑的陈述方式。

15. 过渡词主要有平滑、转折以及原因等,至于选择的过渡词是否合理,其判断标准和句子本身的逻辑关系一致。

思考与讨论

略

6   回复评审意见的基本规范

练习与简答

1. BCD

2. ABC

3. AD

4. CD

5. ABCD

6. 改善语言问题之后,明确回复审稿人已经解决该问题。

7. 需要,并讲述解决该问题的必要性和合理性。

8. 礼貌地表示感谢。

9. 在第一个问题处详细回答,后面可以引用前面的回答。

10. 客观阐述研究方法的合理性。

思考与讨论

略

7　人文研究的基本伦理与学术规范

练习与简答

1. 人文研究与自然科学、社会科学等虽然都涉及关于人的研究,但人文研究主要是"以人类的信仰、情感、道德和美感等为研究对象的文科科系的学科,研究对象通常涉及文学、语言、艺术、历史、哲学等领域",且其"区别于严格科学的确定知识和知识断定的慎思判断"。

这主要表现为:其不是将人视为"一种既成的事实性存在即当作一种'物'来研究,致力于发现支配人这种事实性存在的种种规律,而是将人视为'一种始终未完成的存在物来研究',在对自我的审视中探究人的本性,寻找人的自我实现方式,追寻人的全面发展。"与自然科学相对的人文科学的独立地位更为彻底的基础——这种独立性成为目前人文科学的叙事的中心——将会通过对整个人类世界的生动经验以及它与所有自然感觉经验的不可比性的分析而在这一工作中逐步得到发展。

2. 在遵循学术规范的基础上,选题应在结合自身优势、时代背景、学科历史与学科未来发展的基础上,遵循必需性、可行性、创新性与科学性的原则。必需性原则,即所选的研究主题应是当今社会或本学科自身发展迫切需要解决的关键性难题;可行性原则,即以现实条件为依据,选择切实可行的研究主题,切实可行应是研究生对自身的主观条件和现有的客观条件的综合思考;创新性原则,即突破传统思维模式的束缚,寻求、探索具有新意的研究主题;科学性原则,即选题应以相关的理论学说为先导,而不能与相对正确的理论学说相违背。

3. 面对相同或相近的选题,要充分掌握研究现状,避免诸如已有研究简单汇总模式的低水平或不知情重复;

面对经典的概念或经典的问题,要注意国内外资料的系统挖掘,避免诸如因语言问题、时间问题等而造成的资料搜集不到位所带来的低水平或不知情重复;

面对"新问题"或"新概念",要仔细审视其是否为真正意义上的"新",避免诸如以创造"新词汇"的模式表述无实质性研究的低水平重复;

面对跨学科的研究,要充分了解跨学科的意义以及其他学科的研究现状,避免以跨学科的名义进行低水平或不知情重复。

4. 根据文献内容、性质和加工情况,文献可分为:① 零次文献,如书信、手稿、会议记录、笔记等未经正式发表或未形成正规载体的文献形式,以及增加未经过任何加工的原始文献,如实验记录、原始录音、原始录像、谈话记录等;② 一次文献,如期刊论文、研究报告、专利说明书、会议论文、学位论文、图书、政府出版物、科技报告、标准文献、档案等作者以本人的研究成果为基本素材而创作或撰写的文献;③ 二次文献,如书目、索引、文摘等文献工作者对一次文献进行加工、提炼和压缩之后所得到的产物,是为了便于管理和利用一次文献而编辑、出版和累积起来的工具性文献;④ 三次文献,如综述、专题述评、学科年度总结、进展报告、数据手册等在一、二次文献的基础上,经过综合分析而编写出来的文献。

上述四种文献可以从不同的角度为研究的顺利展开提供材料,但各具特点。其中,零次文献具有客观性、零散性以及不成熟性等特点,一次文献具有创新性、实用性和学术性等特点,二次文献具有极强的工具性,三次文献具有情报研究的特征。

5. 除了遵循研究应遵循的一般原则之外,人文研究人员要注意选题的相关伦理问题。若选题相关的研究与访谈中涉及国家安全、个人隐私,或者需要使用涉及生物安全和生命伦理等问题的特殊材料与数据时,应进行许可审批,不能违背国家的政策、法规、条例与准则等的相关规定;若自己无法做出准确的判断,要及时向有关机构与部门咨询,以确保符合伦理要求。

应处理好学术自由与学术自律的关系。学术自由是促进学科发展、探究真理的必要保障,但学术自由并不是任意武断的阐释与论述,在人文研究选题的过程中,要特别注意政治与学术的关系,要自觉遵守学术规范,坚持慎思与审视相结合的理性批判,坚守学术伦理,承担学术责任。

6. 依据人文研究的特性,在学术成果的形成过程中除了一般意义的学术伦理之外,要注意包括文字使用、标点符号、数字、图表等形式的规范性,将问题意识贯穿在整个研究之中,以问题为切入点谋篇布局,使论文结构完整,避免观点堆砌、资料堆砌、现象罗列、理论空洞,控制伦理风险,坚持价值引领,避免歧义。综上,即应从学术成果形成的形式、方式与伦理等方面助推高质量的研究。

就学术成果形成的方式而言,可以从"解释原则的创新、概念框架的构建、背景知识的转换、提问方式的更新、逻辑关系的重组"五个方面进行探讨。其中解释原则的创新为最高级别,但无论哪种方式都不得出现《高校人文社会科学学术规范指南》所列举的学术不端行为:① 抄袭剽窃、侵吞他人学术成果;② 篡改他人学术成果;③ 伪造或者篡改数据、文献,捏造事实;④ 伪造注释;⑤ 没有参加

创作,在他人学术成果上署名;⑥ 未经他人许可,不当使用他人署名;⑦ 违反正
当程序或者放弃学术标准,进行不当学术评价;⑧ 对学术批评者进行压制、打击
或者报复等。

就学术成果形成的伦理而言,文献的引用要合乎学术规范,凡接受合法
资助的研究项目,其最终成果应与资助申请和立项通知相一致;若需修改,
应事先与资助方协商,并征得其同意,数据的获取、采集与挖掘要遵循伦理
原则。

思考与讨论

略

8　社会科学研究的基本伦理与学术规范

练习与简答

1. 名词解释

(1) 研究伦理一般是指研究人员与合作者、参与者和研究环境之间的伦理
规范和行为准则。从广义上讲,研究伦理已成为研究者及其研究对象或社会环
境在学术研究中遇到的伦理问题。

(2) 知情同意是一种程序,潜在参与者在该程序中通过同意一套最低标准
参与到研究中。

(3) 保密指的是无论研究以何种形式面世,研究者不应泄露参与者说了些
什么,做出了什么,这里包括既不能点破其姓名角色,也不能让人根据文中线索
做出合理的推断,追溯到参与者的身份。

(4) 匿名指的是研究参与者的身份只能为研究小组中指定的成员知晓,而
最保险的办法则是研究者不记录参与者的姓名。

(5) 社会科学研究中的弱势群体既包括社会学定义中"在政治、经济、文化
等方面处于弱者地位,因而在社会活动中缺乏竞争力的人群",即社会性弱势人
群,还包括"因为年龄、疾病等原因缺乏或者丧失自主能力的人",即生理性弱势
人群。

(6) 反身性是研究人员对正在进行的研究内容具有的影响的认识,以及研
究过程如何影响研究人员的认识。反身性既是一种态度,又是一系列行动;既是
概念,又是实践。

2. 首先,主题选择是社会科学研究的起始步骤;其次,研究设计是衔接研究

问题与实证研究的"纽带";再次,数据收集、数据分析是社会科学研究主要的实证过程;最后,研究结果的公开与传播是社会科学研究的归宿。

3. 一般而言,数据收集环节涉及的伦理问题主要包括以下部分: ① 知情同意;② 保密与匿名;③ 诚信的现场调查;④ 保护研究人员。

4. 博尚(Beauchamp)和柴尔德雷斯(Childress)的四项原则在学术界应用最为广泛,该理论认为任何伦理困境都可以通过考虑四个原则进行分析：尊重自主、不造成伤害、有益和公正性。

5. 社会科学研究者的身份立场主要包括个人特征与对参与者的情感反应两类,其中,个人特征包括研究者性别、年龄、民族、从属关系、个人经历、母语类型、信仰、偏见、偏好、政治和意识形态立场等。

6. ① 定性研究中反身性的一个目标是监测其影响,从而提高研究的准确性;② 在访谈期间,对于自我身份立场的反思有助于研究人员识别其倾向于强调或回避的问题和内容,并了解自己对访谈、想法、情绪及其触发因素的反应。③ 在内容分析和报告期间,由于自身的敏感性,反身性思考有助于提醒自己注意"无意识的校订",从而能够更充分地参与数据并对其进行更深入的综合分析;④ 关于反身性对保持研究过程伦理的贡献,有学者指出"反身性使研究人员对研究对象具有非剥削性和同情心",从而有助于解决对研究人员权威负面影响的担忧;⑤ 反身性通过使用第一人称语言和提供详细和透明的决策报告及其理由来证明。

思考与讨论

1. 研究结果并没有达到预期的效果,甚至对于接受了生活顾问帮助的干预组青少年,他们的犯罪情况以及个人发展情况却更加糟糕。一些学者推测,卡伯特未将"道德预设"纳入研究设计与干预措施中,最终破坏了他的研究。案例证明,遵循伦理原则的研究不仅是对参与者负责,更是对研究本身负责。

2. 从主题选择、研究设计、数据收集、数据分析、研究结果的传播五个方面论述,言之有理即可。

9 动物实验的基本伦理与规范

练习与简答

1. True

2. False

3. True

4. False

5. False

6. False

7. CD

8. BCEF

9. ABDEFG

10. 伦理学就是指在处理人与人、人与社会和人与自然之间相互关系时应遵循的道理和准则。是指一系列指导行为的观念,是从概念角度上对道德现象的哲学思考。它不仅包含着对人与人、人与社会和人与自然之间关系处理中的行为规范,而且也深刻地蕴涵着依照一定原则来规范行为的深刻道理。它既是指做人的道理,包括人的情感、意志、人生观和价值观等方面,又是指人和人之间符合某种道德标准的行为准则。

生命伦理学关注的是生物学、医学、控制论、政治、法律、哲学和神学这些领域的互相关系中产生的问题。医学伦理学是将价值观应用于临床医学实践和科学研究的一整套道德原则体系。医学伦理是建立在一整套价值观的基础上,在任何混乱或冲突的情况下,专业人士可用以参考的价值观。生命伦理学牵涉到许多公共政策的问题,这些问题时常被政治化。因此有些生物学家和从事科技发展的人会认为只要提到"生命伦理学"就是在企图妨碍他们的工作,并因此对它产生抵触心理,不过事实上并非如此。像超人类主义的生物学家就可能会抱持这样的心态,他们认为他们的工作在本质上是道德的,并且批评生命伦理学是在误导大众。

11. ARRIVE 的英文为"Animal Research: Reporting in Vivo Experiments"。中文全称为《动物研究: 体内实验报告》。NC3Rs 的英文为 National Centre for the Replacement, Refinement & Reduction of animals in Research。中文为国家动物研究替代、减少和优化研究中心。

指南主要包括实验的题目、摘要、导言、材料和方法、结果、讨论;这些内容在整个动物实验研究过程中都是有用的。

在动物实验研究的计划期间: 指南及其解释与说明文件对活体动物实验的设计、减少偏倚、样本量估算以及统计分析等方面提供了建议,以帮助研究人员设计严谨和可靠的试验。

在动物实验研究的实施期间：参考指南有助于让研究人员将研究方法的重要信息记录下来，这些信息将对后期的稿件撰写有帮助。

撰稿时：可以使用指南及其解释与说明文件作为备忘，确保稿件包含了所有相关的信息。

审稿时：可以使用指南及其解释与说明文件，确保所有研究相关的信息都具备以用于评价该研究。

12. 项目研究者应当按照知情同意书的内容向受试者逐项说明，其中包括：受试者参加的是研究而不是治疗，研究的目的、意义和预期效果，可能遇到的风险和不适，以及可能带来的益处或者影响；有无对受试者有益的其他措施或者治疗方案；保密范围和措施，以及发生损害的赔偿和免费治疗等。项目研究者应当给予受试者充分的时间理解知情同意书的内容，由受试者作出是否同意参加研究的决定并签署知情同意书。在心理学研究中，因知情同意可能影响受试者对问题的回答，从而影响研究结果的准确性的，研究者可以在项目研究完成后充分告知受试者并获得知情同意书。

10　涉及人的生物医学研究的基本伦理与规范

练习与简答

1. C

2. B

3. C

4. A

5. B

6. D

7. B

8. A

9. C

10. A

思考与讨论

略